新型雷达遥感应用丛书

微波地物目标特性测量与分析

邵　芸　张婷婷　刘致曲等　著

科学出版社
北　京

内 容 简 介

本书为《新型雷达遥感应用丛书》之五，以典型地物目标微波特性测量及其分析结果为核心，系统总结了微波目标特性测量与仿真成像科学实验平台建成五年来取得的创新性基础科学成果。本书共六章，介绍了微波目标特性测量与仿真成像科学实验平台这一大科学实验装置的性能指标和功能结构，并对可控环境微波散射特性测量规范与技术、土壤目标微波特性测量结果、农作物目标微波特性测量结果、湿地植被目标微波特性测量结果、陆表场景微波特性测量结果等进行了深入、全面、系统的阐述和分析。

本书可供从事微波遥感基础理论研究、技术开发和应用拓展的科技人员阅读，也可供高等院校遥感科学与技术、地图学与地理信息系统、环境遥感等专业的师生参考。

图书在版编目(CIP)数据

微波地物目标特性测量与分析 / 邵芸等著. —北京：科学出版社，2023.7

(新型雷达遥感应用丛书)

ISBN 978-7-03-075248-2

Ⅰ. ①微… Ⅱ. ①邵… Ⅲ. ①微波测量-研究 Ⅳ. ①TM931

中国国家版本馆 CIP 数据核字（2023）第 047040 号

责任编辑：王 运 张梦雪 / 责任校对：何艳萍

责任印制：吴兆东 / 封面设计：图阅盛世

科学出版社 出版

北京东黄城根北街 16 号

邮政编码：100717

http://www.sciencep.com

北京中科印刷有限公司 印刷

科学出版社发行 各地新华书店经销

*

2023 年 7 月第 一 版 开本：787×1092 1/16

2023 年 7 月第一次印刷 印张：12 1/4

字数：300 000

定价：178.00 元

（如有印装质量问题，我社负责调换）

《新型雷达遥感应用丛书》
编辑委员会

丛书序

合成孔径雷达（synthetic aperture radar，SAR）具有全天时、全天候对地观测能力，并对表层地物具有一定的穿透特性，对于时效性要求很高的灾害应急监测、农情监测、国土资源调查、海洋环境监测与资源调查等具有特别重要的意义，特别是在多云多雨地区发挥着不可替代的作用。我国社会发展和国民经济建设的各个领域对雷达遥感技术存在着多样化深层次的需求，迫切需要大力提升雷达遥感在各领域中的应用广度、深度和定量化研究水平。

2016 年，我国首颗高分辨率 C 波段多极化合成孔径雷达卫星的成功发射，标志着我国雷达遥感进入了高分辨率多极化时代。2015 年，国家发布的《国家民用空间基础设施中长期发展规划（2015—2025 年）》，制订了我国未来“陆地观测卫星系列发展路线”，明确指出“发展高轨凝视光学和高轨 SAR 技术，并结合低轨 SAR 卫星星座，实现高、低轨光学和 SAR 联合观测”是我国“十三五”空间基础设施建设的重点任务。其中，L 波段差分干涉雷达卫星星座已经正式进入工程研制阶段，国际上第一颗高轨雷达卫星“高轨 20 米 SAR 卫星”也已经正式进入工程研制阶段。与此同时，中国的雷达遥感理论、技术和应用体系正在形成，为我国国民经济的发展做出越来越大的贡献。

随着一系列新型雷达卫星的发射升空，新型雷达遥感数据处理和应用研究不断面临新的要求。SAR 成像的特殊性使得 SAR 图像与人类视觉系统和光学遥感的成像原理有着本质差异，因此，雷达遥感图像在各个领域中的应用和认知水平亟待提高。

本丛书包括五个分册，是邵芸研究员主持的国家重点研发计划、国家自然科学基金重点项目、国家自然科学基金面上项目等多个国家级项目的长期研究成果结晶，代表着我国雷达遥感应用领域的先进成果。她和她的研究团队及合作伙伴，长期以来辛勤耕耘于雷达遥感领域，心无旁骛，专心求索，锐意创新，呕心沥血，冥思而成此作，为推动我国雷达遥感科学技术发展和服务社会经济建设贡献智慧和力量。

本丛书侧重罗布泊干旱区雷达遥感机理与气候环境影响分析，农业雷达遥感方法与应用，海洋雷达遥感方法与应用，雷达地质灾害遥感，微波地物目标特性测量与分析等五个方面，聚焦于高分辨率、极化、干涉 SAR 数据处理技术，涵盖了基本原理、算法模型和应用方法，全面阐述了高分辨率极化雷达遥感在多个领域的应用方法与技术，重点探讨了新型雷达遥感数据在干旱区监测、农业监测、海洋环境监测、地质灾害监测中的应用方法，展现了在雷达遥感应用方面的最新进展，可以为雷达遥感机理研究和行业应用提供有益借鉴。

在这套丛书付梓之际，笔者有幸先睹为快。在科技创新不断加速社会进步和地球科学发展的今天，新模式合成孔径成像雷达也正在展现着科技创新的巨大魅力，为全球的可持续发展发挥越来越重要的作用。相信读者们阅读丛书后能够产生共鸣，期待各位在丛书中寻找到雷达遥感的力量。祈大家同行，一起为雷达遥感之路行稳致远贡献力量。

2020 年 12 月 31 日

序

大科学实验装置是科学发现与技术创新的基石，在促进科技进步、推动人类认识客观世界方面具有重要意义。合成孔径雷达系统是一种工作在微波波谱范围内的主动式遥感手段，具有全天时、全天候地球观测优势，并对某些地物具有一定的穿透能力。对于时效性要求很高的灾害应急监测、农情监测、国土资源调查、海洋环境监测与资源调查等具有特别重要的意义，特别是在多云多雨地区发挥着不可替代的作用。地物目标微波散射、极化特性研究是雷达遥感数据理解和应用的前提，但微波波段的电磁波与地物目标相互作用的机理和过程非常复杂，面对雷达遥感图像，我们往往知其然，不知其所以然。且与光学遥感比，地物目标的微波特性测量尤为困难。

针对我国一直缺乏大型、全要素微波特性测量实验环境的问题，邵芸研究员以其在微波遥感领域深耕多年的独到视野和科学求索精神，克服重重困难，终于建成了国际先进、高度集成的微波目标特性测量与仿真成像科学实验平台。她创新设计了该平台核心指标参数：0.8～20GHz 连续微波波谱、0°～360°方位角、0°～90°入射角、全极化、单双站模式。在 24m（长）×24m（宽）×17m（高）空间内构建了纯净无干扰的微波测试环境；可以实现天线与待测目标之间定量化的相对位置与相对运动控制。该实验平台提供了原创性基础研究所需的实验条件，为深刻认识地物目标的微波特性积累基础科学数据，促进微波传感器新概念的产生与设计，为新型高分辨率机载和星载微波传感器提供预研实验验证与可行性分析的试验环境，为微波遥感应用提供基础理论支撑，为开拓新型微波遥感应用领域创造可能。

在国家自然科学基金委重点基金项目“可控环境下多层介质目标微波特性全要素测量与散射机理建模（4143000137）”的支持下，邵芸研究员和她的团队提出了可控环境下“组件-目标-场景”定量化实验方法体系，明确了微波电磁波与土壤、水稻、水生植物、陆表场景等地物的相互作用机理，为相关应用提供了模型基础。开展了典型地物目标的多波段、全极化、多角度等全要素微波目标散射特性测量实验，以及多模式 SAR 仿真成像等原创性实验测量工作；共完成了土壤、农作物、水生植物、陆表场景等 32 类目标的测量工作，获得了 5000 万条数据和 3 万多个图像；构建了我国首个典型目标微波特性基础实验数据库，涵盖水稻、土壤、水生植被等典型目标的雷达后向散射系数以及多波段、多极化 SAR 仿真图像。

邵芸研究员集几十年在微波遥感领域探索和实践的深厚积累，在书中以可控环境下典型目标-场景微波全要素测量试验为主线，还原了多种典型地物目标-场景利用实验平台进行微波测量实验的全过程，得出了原创性的结论，从根本上弄清了微波与多种地物目标-

场景的相互作用机理，填补了我国在微波遥感基础科学数据积累和全要素实验测量方面的空白。我非常欣慰地看到，邵芸研究员带领的团队所取得的成就及《微波地物目标特性测量与分析》一书的出版，为我国遥感科技工作者、高等院校师生提供了一部微波特性测量与分析的工具书，提供了微波遥感科学与应用实践的基础，我期盼他们为我国微波遥感科学发展做出更大的贡献。

在这里，我热诚推荐此书，以飨广大读者。

吴一戎

2022 年 9 月 4 日

前　　言

地物目标的电磁波波谱是遥感的一种基本信息，在可控环境下，对地物目标进行野外或室内电磁波特性测量是遥感的基础。我国过去长期存在缺乏大型、全要素微波特性测量实验环境，微波电磁波与地物目标相互作用过程不明、机理不清等问题。对地物目标微波特性的了解不够全面深入，制约了雷达遥感数据应用的深度和广度。

雷达遥感基础研究是催生相关模型、算法与应用技术的根本。科学认识地物目标的微波散射、极化特性需要在严格可控的条件下，利用实验手段精确获取地物目标基本组成物质的介电特性、在特定几何结构和物理化学条件下所表现出来的微波散射、极化特性，再基于完备的电磁散射理论建立严格、完善的正演模型，才能正确描述电磁波与特定目标相互作用的行为特征。针对自然地物目标，基础实验测量是电磁计算模拟所不能替代的，因为大多数自然地物是无法完整准确地进行数学描述，进而开展电磁计算模拟的。而实验可以对待建模的真实目标-场景进行直接观测，获取最接近于卫星图像的实验数据。

作者经过多年的努力，设计建成了亚洲唯一、国际先进、高度集成的微波目标特性测量与仿真成像科学实验平台，创新设计了该平台核心指标参数：0.8～20GHz 连续微波波谱、0°～360°方位角、0°～90°入射角、全极化、单双站模式；提出了可控环境下“组件-目标-场景”定量化实验方法体系，完成了组件级到场景级典型地物目标全过程分步建模；明确了微波电磁波与多种地物目标的相互作用机理，为相关应用提供了模型基础；构建了我国首个典型目标微波特性基础实验数据库，包括植被、水体、土壤、人工目标等 32 类，以及 5000 万条数据和 3 万多个图像。

本书为《新型雷达遥感应用丛书》之五，系统总结了作者及她带领的研究团队利用微波目标特性测量与仿真成像科学实验平台进行典型地物目标微波特性全要素测量的工作成果，重点介绍了微波目标特性测量与仿真成像科学实验平台这一实验装置的性能指标与功能结构，可控环境微波散射特性测量技术，土壤、农作物、湿地植被目标、陆表场景等的微波特性测量结果。本书是作者及其研究团队在地物目标微波特性基础研究领域多年研究成果和科研经验的分享，期盼能为从事相关领域科研工作的同仁提供专业的科学参考数据，为有志于从事相关领域科研工作的研究生和学者提供启发性的科学研究素材。

全书共 6 章。第 1 章介绍了微波目标特性测量与仿真成像科学实验平台的建设目的、性能指标和功能结构；第 2 章介绍了可控环境下目标微波散射特性测量技术，包括背景抵消、系统定标、数据采集与处理等；第 3 章介绍了土壤和双层含水土壤两个场景的微波散射特性测量实验与分析结果；第 4 章介绍了以水稻为例的农作物不同生育期微波散射特性测量实验与分析结果；第 5 章介绍了以芦苇和茭白为例的湿地植被微波散射特性测量实验与分析结果；第 6 章介绍了包含草地、水体和裸土的典型陆表场景微波散射特性测量实验与分析结果。

本书第 1 章由邵芸、张婷婷、刘致曲编写；第 2 章由邵芸、刘致曲、张婷婷编写；第

3 章由张婷婷、邵芸编写；第 4 章由李坤、邵芸编写；第 5 章由魏秋方、邵芸编写；第 6 章由肖修来、邵芸编写。全书由邵芸、张婷婷统合定稿。

本书是国家自然科学基金重点项目“可控环境下多层介质目标微波特性全要素测量与散射机理建模（41431174）”研究成果的总结，相关研究工作得到了中国科学院空天信息创新研究院、浙江省微波目标特性测量与遥感重点实验室和浙大城市学院的大力支持，得到了郭华东院士和吴一戎院士的悉心指导和鼓励，在此表示衷心感谢。同时，感谢所有关心本书撰写出版的同仁。本书疏漏和不妥之处在所难免，敬请读者批评指正。

邵　芸

2022 年 9 月 4 日

目　录

第1章　微波目标特性测量与仿真成像科学实验平台

1.1　建设目的

微波目标特性测量与仿真成像科学实验平台（简称实验平台）提供了可控的纯净无干扰微波特性全要素测试环境，可以进行0°～360°方位角、0°～90°入射角、全极化方式、0.8～20GHz范围内任意频段的全要素散射特性测量，以及介电特性测量和合成孔径雷达模拟成像。整个实验测量装置的内部结构尺寸为24m（长）×24m（宽）×17m（高）。平台的精密轨道系统定位精度达到毫米级，可以实现天线与待测目标之间高精度、定量化的相对位置与相对运动控制；平台的高精度射频测量系统动态范围可达100dBsm，灵敏度优于-60dBsm。平台可以实现从spotlight（聚束模式）、stripmap（条带模式）、ISAR（逆合成孔径雷达）等常规SAR成像模式到PolSAR（极化合成孔径雷达）、InSAR（合成孔径雷达干涉测量）、PolInSAR（极化合成孔径雷达干涉测量）等复杂SAR成像模式的成像，最高空间分辨率可达1cm。

针对“组件-目标-场景”等不同层级的微波目标特性测量需求，该平台可以满足从样本制备、场景模拟到微波成像的全方位需求。在平台严格可控的测量条件下，再现各部分机理过程，进而开展定量化描述，实现实验建模。实验建模可以针对微波电磁波传播过程中的各个环节进行实验再现与精度控制，避免了建模过程中存在的理论假设、统计假设、纯假设等所导致的精度漂移。另外，针对自然地物目标，基础实验测量是电磁计算模拟所不能替代的，因为大多数自然地物是无法完整准确地数字化，进而开展电磁计算模拟的。而实验可以对需要建模的真实“目标-场景”进行直接观测，获取最接近于卫星图像的实验数据，从而为微波遥感基础研究与应用提供支持。

1.2　实验平台结构

实验平台是一个典型的室内雷达散射截面（radar cross section，RCS，简称雷达截面）测试场，在24m（长）×24m（宽）×17m（高）的范围内模拟了自由空间，利用10m的照射距离实现了近似远场的观测条件。整个测试空间由半球体穹顶、吸波材料、天线滑行撬、测量拱、载物转台、旋臂及线性轨道组成。吸波材料覆盖整个测试空间，能够减少由暗室结构带来的直接后向散射；而天线与载物转台相距 10m，能够有效避免暗室杂波以及目标与地面、墙壁的耦合效应，形成相对纯净的 RCS 测试环境。旋臂引导两侧的天线滑行撬在 180°的空间内转动，使得搭载的四组首发天线能够形成单站和双站的 RCS 观测能力。载物转台能够旋转 360°，配合线性轨道能够形成全方位角度以及逆合成孔径雷达的观测能力。

实验平台的射频系统则由矢量网络分析仪、信号发射单元、信号接收单元、射频电路、喇叭天线组、供电和控制单元组成，如图 1.1 所示。整套系统目前采用频率步进雷达观测体制，这种体制采取的宽带频率步进波形，能够达到较高的距离向分辨率，支持高分辨率成像，并且可以设置距离门，将目标区之外的杂波限制在距离门外而得以消除。

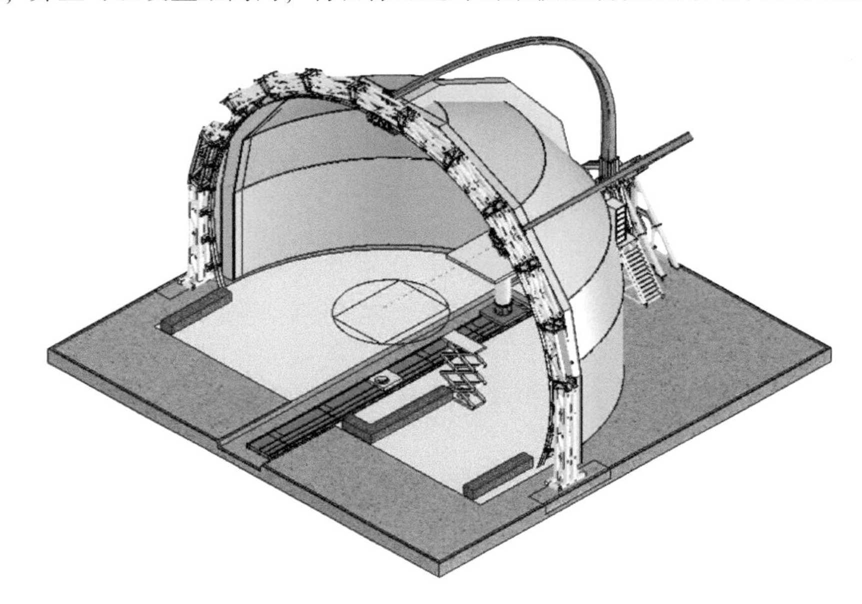

图 1.1　实验平台内部结构图

为保障测试过程中的目标定位，构建了实验平台的系列坐标系。实验平台坐标系包括平台运动控制对应的轨道坐标系、数据产品对应的图像坐标系与像素坐标系，进行如下定义。

1. 轨道坐标系

实验平台以天线运行轨道半圆的圆心为中心 O 点（O 点距实验平台水平面距离为 50cm，距天线口面距离恒为 9.3m），定义如图 1.2 所示的轨道坐标系。

以 O 点为原点，X 轴指向暗室门对侧；经过 O 点的实验平台法线为 Z 轴，指向天顶方向；Y 轴以 O 点为中心，俯视平台时顺时针旋转 90°后与 X 轴重合。轨道坐标系坐标轴单位均为 m。实验平台沿 X 轴移动，X 轴坐标范围为 $-2.4 \sim 2.4$m。假设 $\overrightarrow{OA}$ 为与矩形实验平台长边平行的矢量，当 $\overrightarrow{OA}$ 逆时针旋转时，与 X 轴正向的夹角即为方位角 ϕ，范围为 $0° \sim 180°$；当 $\overrightarrow{OA}$ 顺时针旋转时，与 X 轴正向的夹角 ϕ 范围为 $0° \sim -180°$。因此，实验平台方

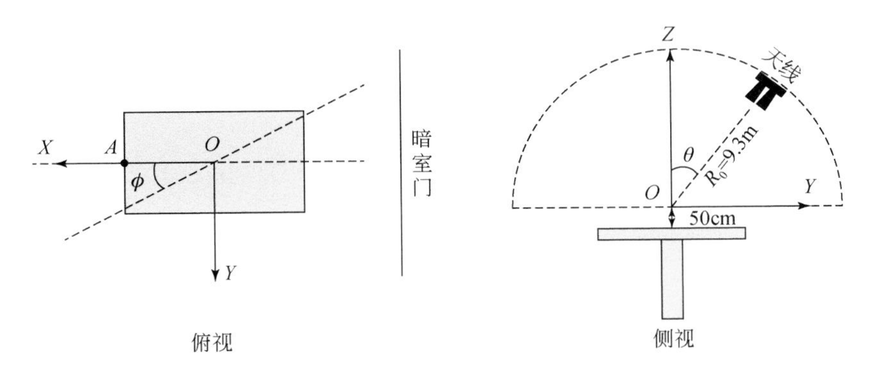

图 1.2 实验平台轨道坐标系

位角的坐标范围为$-180°\sim180°$。Z 轴与天线的夹角为入射角 θ 。单侧天线入射角 θ 范围为 $0°\sim90°$。

2. 图像坐标系与像素坐标系

实验平台图像坐标系的原点 o 点一般与天线运行轨道半圆的圆心 o 点（o 点距实验平台水平面距离为 50cm，距天线口面距离恒为 9.3m）重合，坐标系定义如图 1.3 所示。

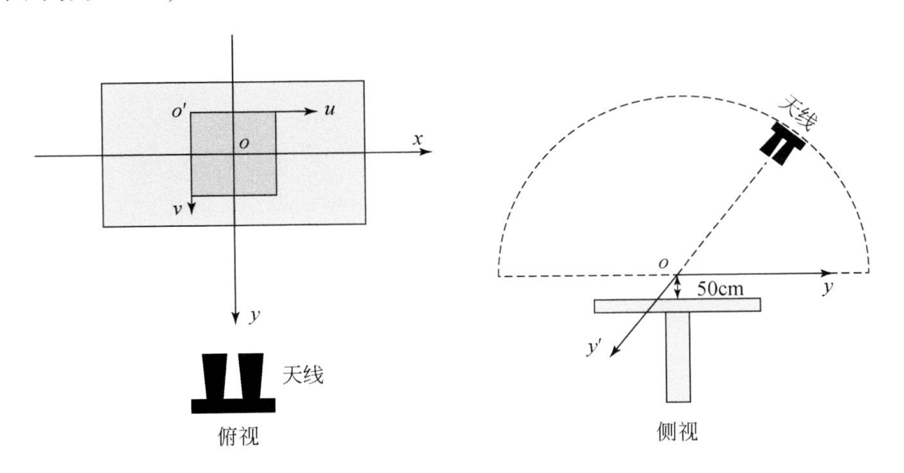

图 1.3 实验平台图像坐标系与像素坐标系

实验平台图像坐标系为地距坐标系（坐标轴单位均为 m），以 o 点为原点，y 轴指向天线方向，x 轴指向图像的方位向。y' 轴为斜距坐标（单位 m），以 o 点为原点，靠近天线口面坐标为负，远离天线口面坐标为正。

实验平台的像素坐标系 $uo'v$（单位为像素），以图像左上角点 o' 为原点，u 轴与图像坐标系的 x 轴平行且指向一致，代表图像像素所在的列；v 轴与图像坐标系的 y 轴平行且指向一致，代表图像像素所在的行。

第 2 章　可控环境下目标微波散射特性测量技术

2.1　背 景 抵 消

室内微波散射特性测量以获取理想化、无干扰的回波信号为主要目的，在实际测量过程中，接收端天线很难直接获取理想化的回波信号。在测量过程中针对不同被测目标布设相应的背景空屋，以背景空屋的回波信号作为背景噪声信号，再用被测目标的回波信号减去背景噪声信号就可得到相对无干扰的目标回波信号，获取理想回波信号的公式如式（2.1）所示，因此，目标场景及其背景空屋的布设是影响测量精度的关键因素之一（许小剑，2017）。

$$\boldsymbol{S} = C(\boldsymbol{S}^m - \boldsymbol{I}) \tag{2.1}$$

式中，$\boldsymbol{S}$ 为理想回波信号；$\boldsymbol{S}^m$ 为测量得到的目标极化散射矩阵；$\boldsymbol{I}$ 为测量得到的背景空屋极化散射矩阵；C 为校准系数。

如图 2.1 所示，在距离门 ΔR 内的回波信号不仅仅包含了被测目标，还包含部分低散射支架的回波信号，因此，在给被测目标铺设吸波材料时，应尽可能把除被测目标外的空隙铺满吸波材料。在选择背景空屋时，也应考虑目标测量场景测量时有效距离门内所包含的信号，图 2.1 展示了目标场景及其背景空屋布设图示，在相同的距离门内，背景空屋包含了部分支架回波信号。将背景空屋的回波信号带入式（2.1），即可获取目标较理想回波信号。

这种背景空屋对消法测量目标 RCS 已经普遍应用于微波暗室测量（许小剑，2017），在选择背景空屋时，应该遵循完全遮挡容器边缘、不留空隙的原则。以土壤场景为例，图 2.2（a）是直接在容器上表面铺设吸波材料，吸波材料完全覆盖容器上边缘；图 2.2（b）是在容器上表面嵌入平板吸波材料，平板吸波材料与上边缘齐平，因此没有覆盖住容器上边缘，且平板吸波材料中间有拼接细缝。

两种背景空屋的对消效果如图 2.3 所示，可以看出图 2.3（b）的图像中心出现短粗亮条纹噪声，这种在目标中心的噪声比图 2.3（a）的图像中上下长条纹噪声要严重些，因此我们认为图 2.3（a）的对消效果要更好。

在处理回波信号时，需要截取 ΔR（距离门）内的回波信号，以 30cm 金属球为例，分别测量图 2.1 中的目标场景和背景空屋场景，图 2.4 左侧为不同距离门内金属球的回波信号；右侧为相应频率域 RCS 测量值。引入平均绝对偏差（MAD）和标准差（σ_s）作为测量精度评价指标。

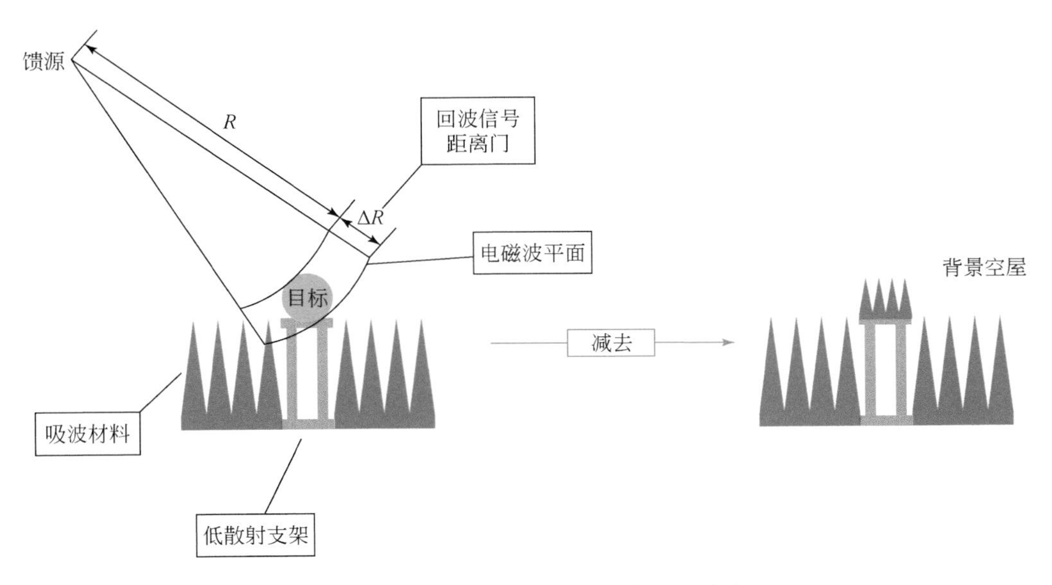

图 2. 1　被测目标对应不同背景空屋图示

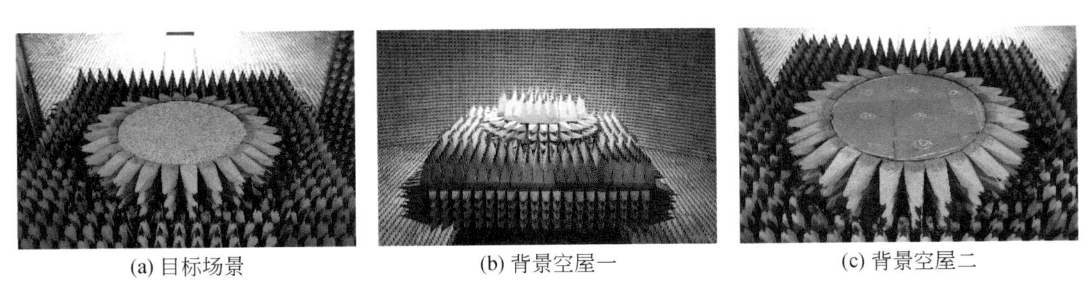

图 2. 2　土壤场景及其两种背景空屋

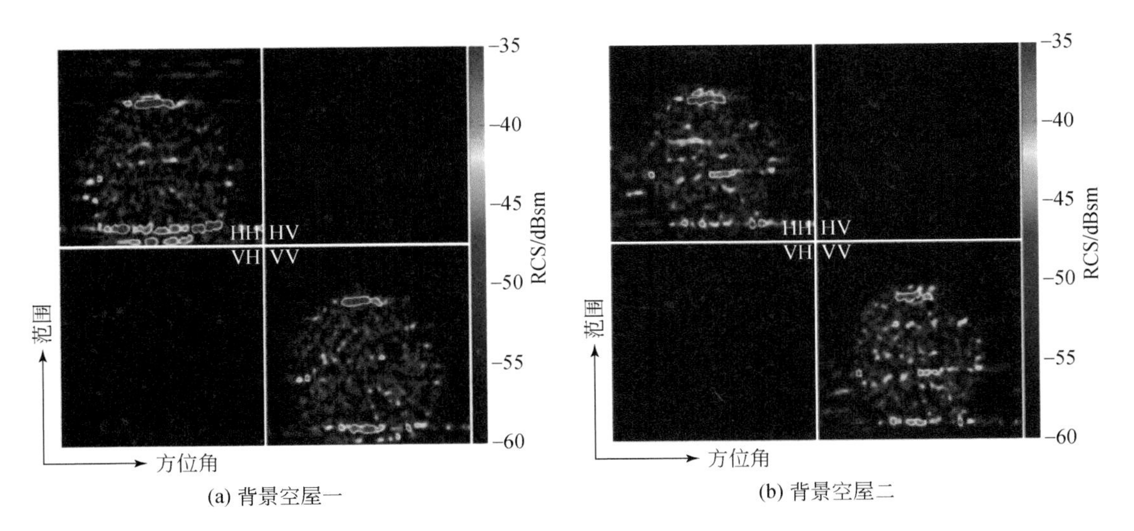

图 2. 3　两种背景空屋对消后成像效果

$$\mathrm{MAD}=\frac{1}{N}\sum_{i=1}^{N}|M_i-M_0| \tag{2.2}$$

$$\sigma_s=\sqrt{\frac{\sum_{i=1}^{N}(M_i-M_0)^2}{N}} \tag{2.3}$$

式中，M_0为真实值；M_i为第 i 次测量值，在这里指的是第 i 个频点测量值；N 为频率点数。

不同距离门对应 RCS 测量值的 MAD 和 σ_s 统计结果如表 2.1 所示。当距离门内只有一个主瓣回波时，其 MAD 和 σ_s 分别为 1.5057dBsm 和 1.9285dBsm，随着距离门的增大，对应 RCS 测量值的 MAD 和 σ_s 逐渐减小，当距离门增大到 0.3m 时，MAD 和 σ_s 达到最佳，之后随着距离门的增加，RCS 测量值的 MAD 和 σ_s 也随即增大。

表 2.1　不同距离门对应 RCS 测量值的 MAD 和 σ_s 统计表

距离门/m	0.05	0.15	0.3	0.6	0.8	1.0	1.6
MAD/dBsm	1.5057	0.5218	0.4575	0.6726	0.9061	1.0361	1.1021
σ_s/dBsm	1.9285	0.7648	0.6051	0.9813	1.2639	1.4764	1.5606

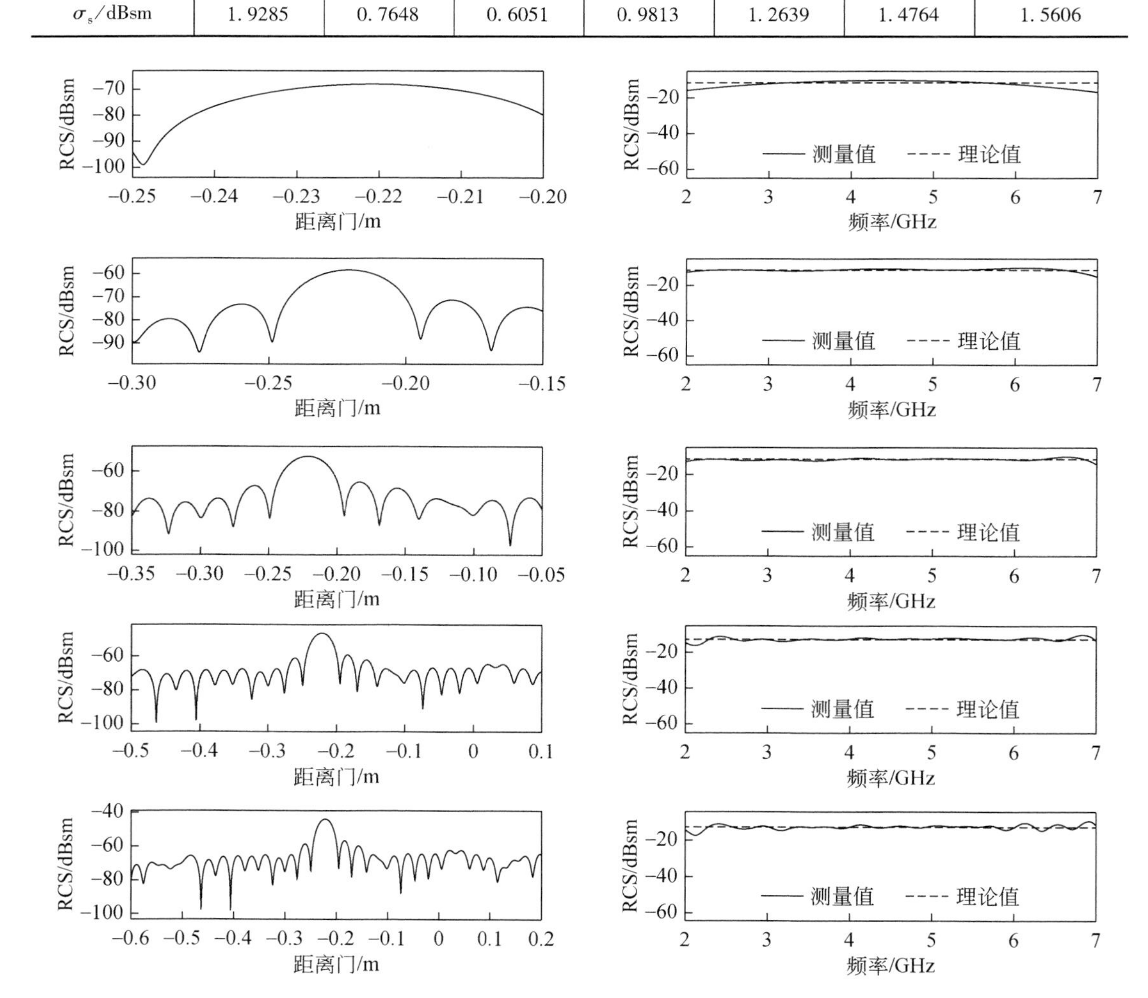

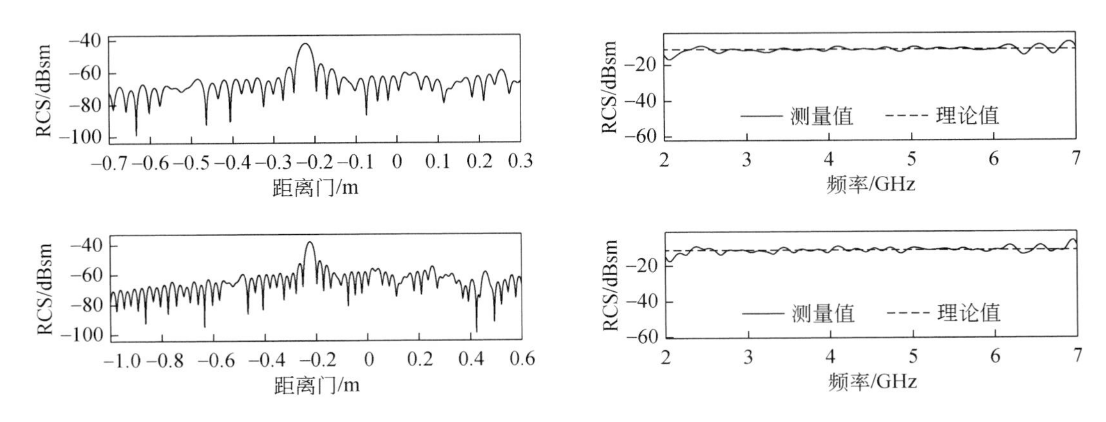

图 2.4　距离门与其对应处理结果

随着距离门的增大，其 RCS 测量值在真实值附近起伏分布越明显，这是距离门内其他干扰噪声造成的。因此，在处理回波信号时，应避免选择太宽的距离门以防其他干扰信号。

2.2　系统定标

室内测试场测量不同目标的收发系统频率、极化、天线增益、发射功率与测试距离等参数相同，可采用替代法，即用已知 RCS 的定标体计算定标系数后，对地物目标进行 RCS 定标。单极化通道 RCS 定标可用金属球、金属板与角反射器作为定标体，极化散射矩阵定标可用金属板、两面角反射器与倾斜 45°两面角反射器作为定标体（Wiesbeck and Kahny，1991）。

以极化定标为例，真实/理论极化散射矩阵 $\boldsymbol{S}$ 的计算公式为

$$\boldsymbol{S}=\boldsymbol{R}^{-1}(\boldsymbol{S}^{m}-\boldsymbol{I})\boldsymbol{T}^{-1} \tag{2.4}$$

式中，$\boldsymbol{S}^{m}$ 为测量得到的目标极化散射矩阵；$\boldsymbol{I}$ 为测量得到的背景空屋极化散射矩阵；$\boldsymbol{R}$ 和 $\boldsymbol{T}$ 分别为接收与发射天线转移误差矩阵项。

通过矩阵变换，式（2.4）可以转换为

$$\begin{bmatrix} \boldsymbol{S}_{\mathrm{VV}}^{m}-\boldsymbol{I}_{\mathrm{VV}} \\ \boldsymbol{S}_{\mathrm{HH}}^{m}-\boldsymbol{I}_{\mathrm{HH}} \\ \boldsymbol{S}_{\mathrm{VH}}^{m}-\boldsymbol{I}_{\mathrm{VH}} \\ \boldsymbol{S}_{\mathrm{HV}}^{m}-\boldsymbol{I}_{\mathrm{HV}} \end{bmatrix}=\begin{bmatrix} \boldsymbol{R}_{\mathrm{VV}}\boldsymbol{T}_{\mathrm{VV}} & \boldsymbol{R}_{\mathrm{VH}}\boldsymbol{T}_{\mathrm{HV}} & \boldsymbol{R}_{\mathrm{VV}}\boldsymbol{T}_{\mathrm{HV}} & \boldsymbol{R}_{\mathrm{VH}}\boldsymbol{T}_{\mathrm{VV}} \\ \boldsymbol{R}_{\mathrm{HV}}\boldsymbol{T}_{\mathrm{VH}} & \boldsymbol{R}_{\mathrm{HH}}\boldsymbol{T}_{\mathrm{HH}} & \boldsymbol{R}_{\mathrm{HV}}\boldsymbol{T}_{\mathrm{HH}} & \boldsymbol{R}_{\mathrm{HH}}\boldsymbol{T}_{\mathrm{VH}} \\ \boldsymbol{R}_{\mathrm{VV}}\boldsymbol{T}_{\mathrm{VH}} & \boldsymbol{R}_{\mathrm{VH}}\boldsymbol{T}_{\mathrm{HH}} & \boldsymbol{R}_{\mathrm{VV}}\boldsymbol{T}_{\mathrm{HH}} & \boldsymbol{R}_{\mathrm{VH}}\boldsymbol{T}_{\mathrm{VH}} \\ \boldsymbol{R}_{\mathrm{HV}}\boldsymbol{T}_{\mathrm{VV}} & \boldsymbol{R}_{\mathrm{HH}}\boldsymbol{T}_{\mathrm{HV}} & \boldsymbol{R}_{\mathrm{HV}}\boldsymbol{T}_{\mathrm{VH}} & \boldsymbol{R}_{\mathrm{HH}}\boldsymbol{T}_{\mathrm{VV}} \end{bmatrix}\begin{bmatrix} \boldsymbol{S}_{\mathrm{VV}} \\ \boldsymbol{S}_{\mathrm{HH}} \\ \boldsymbol{S}_{\mathrm{VH}} \\ \boldsymbol{S}_{\mathrm{HV}} \end{bmatrix} \tag{2.5}$$

简化式（2.5），引入误差矩阵 $\boldsymbol{C}$ 为

$$\boldsymbol{S}^{m}-\boldsymbol{I}=\boldsymbol{C}\times\boldsymbol{S} \tag{2.6}$$

其中误差矩阵 $\boldsymbol{C}$ 可以展开为

$$
\begin{bmatrix} \boldsymbol{C}_{11} & \boldsymbol{C}_{12} & \boldsymbol{C}_{13} & \boldsymbol{C}_{14} \\ \boldsymbol{C}_{21} & \boldsymbol{C}_{22} & \boldsymbol{C}_{23} & \boldsymbol{C}_{24} \\ \boldsymbol{C}_{31} & \boldsymbol{C}_{32} & \boldsymbol{C}_{33} & \boldsymbol{C}_{34} \\ \boldsymbol{C}_{41} & \boldsymbol{C}_{42} & \boldsymbol{C}_{43} & \boldsymbol{C}_{44} \end{bmatrix} \tag{2.7}
$$

因此，求解出误差系数矩阵中16项误差项，便可以通过式（2.8）得到校准后的极化散射矩阵 $\boldsymbol{S}$ 为

$$
\boldsymbol{S} = \boldsymbol{C}^{-1}(\boldsymbol{S}^{m} - \boldsymbol{I}) \tag{2.8}
$$

实验主要通过图2.5中三种定标器及其背景空屋数据计算误差项。以30cm直径的金属圆盘为唯一参考标准定标器件，构建其同极化理论值矩阵 $\boldsymbol{S}_1$，假设金属圆盘减去背景空屋后的测量值矩阵为 $\boldsymbol{M}_1$，同理，直立二面角反射器和旋转45°二面角反射器减去背景空屋后的测量值矩阵分别为 $\boldsymbol{M}_2$、$\boldsymbol{M}_3$，则16项误差系数计算公式分别为

$$
\boldsymbol{C}_{11} = \boldsymbol{M}_1^{\mathrm{HH}} / \boldsymbol{S}_1^{\mathrm{HH}} \tag{2.9}
$$

$$
\boldsymbol{C}_{44} = \boldsymbol{M}_1^{\mathrm{VV}} / \boldsymbol{S}_1^{\mathrm{VV}} \tag{2.10}
$$

$$
\boldsymbol{C}_{21} = \left(\boldsymbol{M}_2^{\mathrm{VH}} - \boldsymbol{M}_1^{\mathrm{VH}} \frac{\boldsymbol{M}_2^{\mathrm{VV}}}{\boldsymbol{S}_1^{\mathrm{VV}} \boldsymbol{C}_{44}}\right) \Big/ \left(\frac{\boldsymbol{M}_2^{\mathrm{HH}}}{\boldsymbol{C}_{11}} - \frac{\boldsymbol{M}_2^{\mathrm{VV}}}{\boldsymbol{C}_{44}}\right) \tag{2.11}
$$

$$
\boldsymbol{C}_{24} = (\boldsymbol{M}_1^{\mathrm{VH}} - \boldsymbol{C}_{12} \boldsymbol{S}_1^{\mathrm{HH}}) / \boldsymbol{S}_1^{\mathrm{VV}} \tag{2.12}
$$

$$
\boldsymbol{C}_{31} = \left(\boldsymbol{M}_2^{\mathrm{HV}} - \boldsymbol{M}_1^{\mathrm{HV}} \frac{\boldsymbol{M}_2^{\mathrm{VV}}}{\boldsymbol{S}_1^{\mathrm{VV}} \boldsymbol{C}_{44}}\right) \Big/ \left(\frac{\boldsymbol{M}_2^{\mathrm{HH}}}{\boldsymbol{C}_{11}} - \frac{\boldsymbol{M}_2^{\mathrm{VV}}}{\boldsymbol{C}_{44}}\right) \tag{2.13}
$$

$$
\boldsymbol{C}_{34} = (\boldsymbol{M}_1^{\mathrm{HV}} - \boldsymbol{C}_{31} \boldsymbol{S}_1^{\mathrm{HH}}) / \boldsymbol{S}_1^{\mathrm{VV}} \tag{2.14}
$$

$$
\boldsymbol{C}_{22} = \left[\boldsymbol{M}_3^{\mathrm{VH}} - \frac{1}{2}\left(\frac{\boldsymbol{M}_2^{\mathrm{HH}}}{\boldsymbol{C}_{11}} + \frac{\boldsymbol{M}_2^{\mathrm{VV}}}{\boldsymbol{C}_{44}}\right)(\boldsymbol{C}_{21} - \boldsymbol{C}_{24})\right] \Big/ \left[\frac{1}{2}\left(\frac{\boldsymbol{M}_2^{\mathrm{HH}}}{\boldsymbol{C}_{11}} - \frac{\boldsymbol{M}_2^{\mathrm{VV}}}{\boldsymbol{C}_{44}}\right)\right] \tag{2.15}
$$

$$
\boldsymbol{C}_{33} = \left[\boldsymbol{M}_3^{\mathrm{VH}} - \frac{1}{2}\left(\frac{\boldsymbol{M}_2^{\mathrm{HH}}}{\boldsymbol{C}_{11}} + \frac{\boldsymbol{M}_2^{\mathrm{VV}}}{\boldsymbol{C}_{44}}\right)(\boldsymbol{C}_{31} - \boldsymbol{C}_{34})\right] \Big/ \left[\frac{1}{2}\left(\frac{\boldsymbol{M}_2^{\mathrm{HH}}}{\boldsymbol{C}_{11}} - \frac{\boldsymbol{M}_2^{\mathrm{VV}}}{\boldsymbol{C}_{44}}\right)\right] \tag{2.16}
$$

$$
\boldsymbol{C}_{41} = \boldsymbol{C}_{21} \boldsymbol{C}_{31} / \boldsymbol{C}_{11} \tag{2.17}
$$

$$
\boldsymbol{C}_{42} = \boldsymbol{C}_{31} \boldsymbol{C}_{22} / \boldsymbol{C}_{11} \tag{2.18}
$$

$$
\boldsymbol{C}_{43} = \boldsymbol{C}_{21} \boldsymbol{C}_{44} / \boldsymbol{C}_{22} \tag{2.19}
$$

$$
\boldsymbol{C}_{12} = \boldsymbol{C}_{33} \boldsymbol{C}_{11} / \boldsymbol{C}_{44} \tag{2.20}
$$

$$
\boldsymbol{C}_{13} = \boldsymbol{C}_{24} \boldsymbol{C}_{11} / \boldsymbol{C}_{22} \tag{2.21}
$$

$$
\boldsymbol{C}_{14} = \boldsymbol{C}_{24} \boldsymbol{C}_{34} / \boldsymbol{C}_{44} \tag{2.22}
$$

$$
\boldsymbol{C}_{23} = \boldsymbol{C}_{24} \boldsymbol{C}_{21} / \boldsymbol{C}_{22} \tag{2.23}
$$

$$
\boldsymbol{C}_{32} = \boldsymbol{C}_{31} \boldsymbol{C}_{34} / \boldsymbol{C}_{33} \tag{2.24}
$$

以频率范围为2～7GHz的圆盘（30cm直径）定标测量为例，图2.6为金属圆盘的全极化原始测量值，对金属圆盘原始接收数据进行定标前，需要对图2.6中原始数据进行距离门选择，通过计算金属圆盘至接收天线的距离，这里距离门 ΔR 计算结果为 $-0.1 \sim 0.1\mathrm{m}$，将选距离门后的原始数据带入式（2.8）中得到定标后的测量值，其结果如图2.7所示。

对定标后测量值进行傅里叶变换，得到金属圆盘频率域测量值，如图2.8所示。

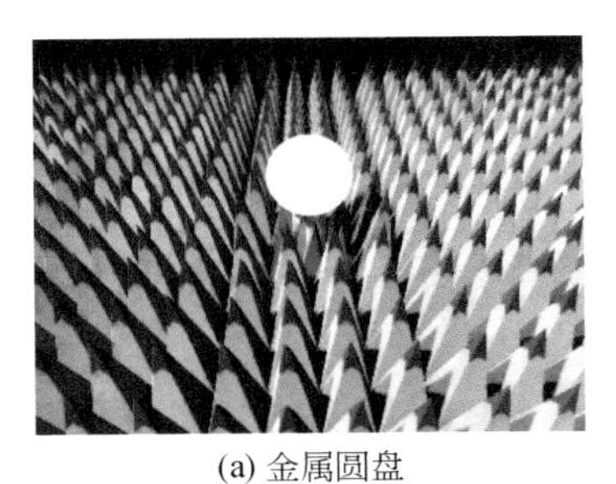
(a) 金属圆盘

(b) 直立二面角反射器

(c) 旋转45°二面角反射器

图 2.5　定标器形态与安装示意图

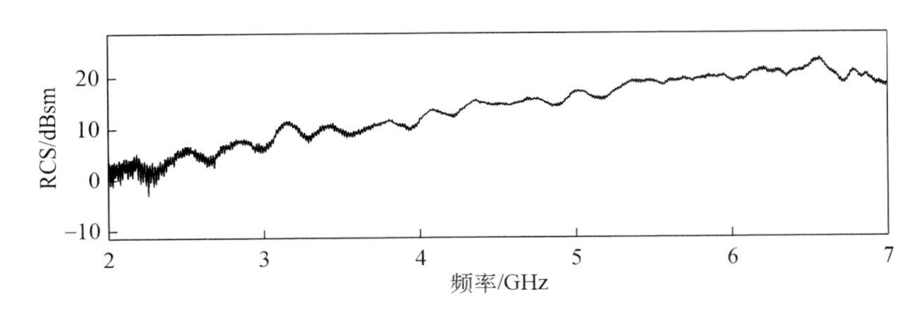

图 2.6　金属圆盘原始接收信号

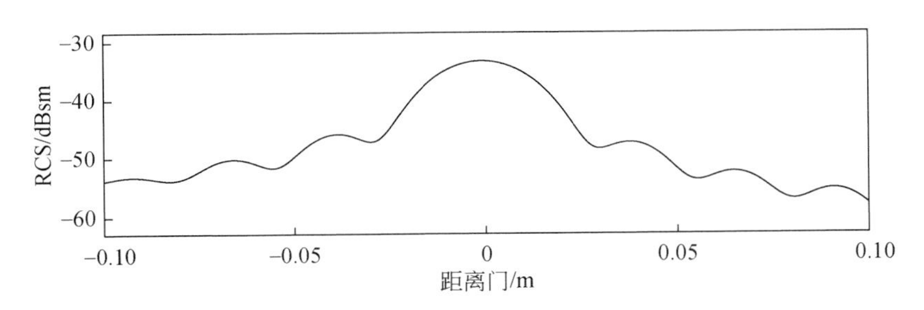

图 2.7　金属圆盘定标后距离门内测量值

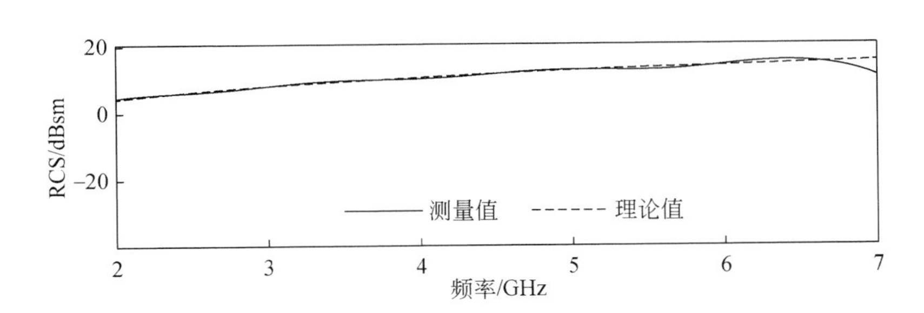

图 2.8　金属圆盘定标后频率域测量值

定标测量结束后，将测量值和理论值带入式（2. 2）和式（2. 3）分别计算绝对平均误差和标准差为 0. 4286dBsm 和 0. 7306dBsm。

2.3 数据采集与处理

通过滑行撬、载物台的运动控制，实验平台能够实现对目标的宽带扫频扫角的散射测量；通过处理一定频带和观测角范围内的散射数据，也能够实现逆合成孔径雷达（inverse synthetic aperture radar，ISAR）高分辨率成像。而对某一特定场景进行回波数据采集时，必须考虑场景的大小和特征，在一定的条件下选取系统参数，避免混叠、几何去相关等。此外，分辨率指标也需要通过对采集参数的设定来实现。因此，下面从散射测量与成像测量两个方面来阐述实验平台进行数据采集与处理的技术方法。

2.3.1 散射测量

在散射测量模式下，天线波束主瓣能够完全覆盖载物平台，因此实验参数设计仅需要考虑能够获取独立观测视角的方位角最小步长，计算公式如式（2.25）所示：

$$\Delta\varphi = c/(2f_{\min} \cdot D \cdot \sin\theta) \tag{2.25}$$

式中，$\Delta\varphi$ 为满足独立观测视角的方位角最小步长；c 为光速；$f_{\min}$ 为宽带扫频所使用的最低频率；D 为能够包裹被测目标的最小圆柱体的直径；θ 为入射角。举例来说，对于一个直径为2m的被测目标，在2GHz的观测频率和45°入射角条件下，需要至少移动3.03°方位角来获得两个完全独立的视向，即如果进行360°全方位的散射测量，至少能够获得118视数据。

通过设定观测频率、中频带宽、发射功率、观测方位角和入射角，以四端口矢量网络分析仪为发射源，即可获得各个通道的参考信号和回波信号。矢量网络分析仪输入H极化时，将内部参考信号表示为R_H，接收H极化的散射回波信号表示为S_HH，接收V极化的散射回波信号表示为S_HV；输入V极化时，将内部参考信号表示为R_V，接收H极化的散射回波信号表示为S_VH，接收V极化的散射回波信号表示为S_VV。极化通道转换过程如图2.9所示。

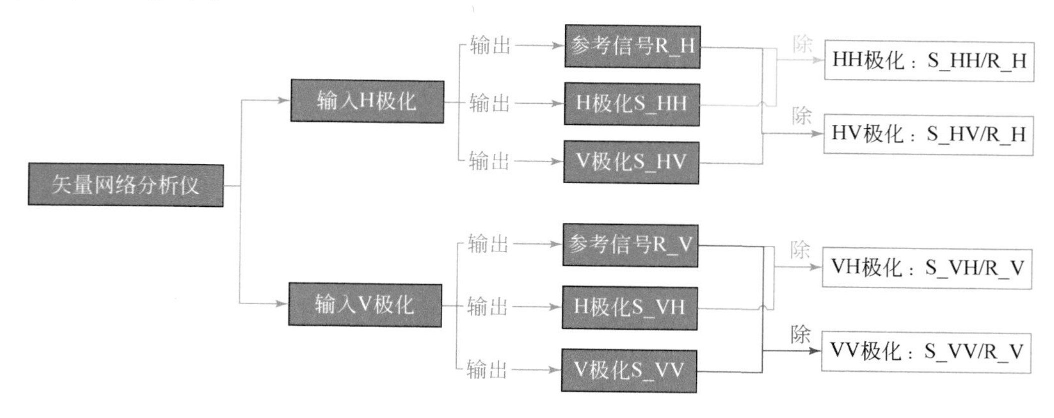

图2.9 极化通道转换过程

在已知定标系数的情况下，可通过式（2.26）进行散射数据的极化定标。使用距离窗口（斜距坐标 y'）对距离范围外的杂波信号进行滤波处理，以减少背景对测量目标/场景的干扰，一般来说，距离窗口不应窄于被测目标尺度所对应双程时延的 1.5～2 倍（许小剑，2017）。

$$\boldsymbol{S}_{\mathrm{C}} = \boldsymbol{C}^{-1} \cdot (\boldsymbol{S}_{\mathrm{M}} - \boldsymbol{I}) \tag{2.26}$$

式中，$\boldsymbol{S}_{\mathrm{C}}$ 为经过定标的目标极化散射矩阵；$\boldsymbol{C}^{-1}$ 为定标系数矩阵的逆矩阵；$\boldsymbol{S}_{\mathrm{M}}$ 为目标极化散射矩阵的测量值；$\boldsymbol{I}$ 测量得到的背景空屋权化散射矩阵。

2.3.2　成像测量

成像测量的回波获取形式与散射测量一致，不同的是通过目标运动能够获得逆合成孔径雷达观测模式中的方位向分辨力。因此，实验参数设计需要考虑以下两个方面：

（1）获得指定的空间分辨率需满足频率、方位角、入射角和平台位移等参数的取值范围计算；

（2）计算高分辨率成像的频率、方位角或平台位移的最大采样间隔（采样标准），取决于实验中使用的频率和场景的尺寸。

如图 2.10 所示，通过转台的旋转和直线滑动均可获得目标的方位向分辨能力。因此实验平台的二维成像测量有旋转二维成像、平移二维成像两种形式。

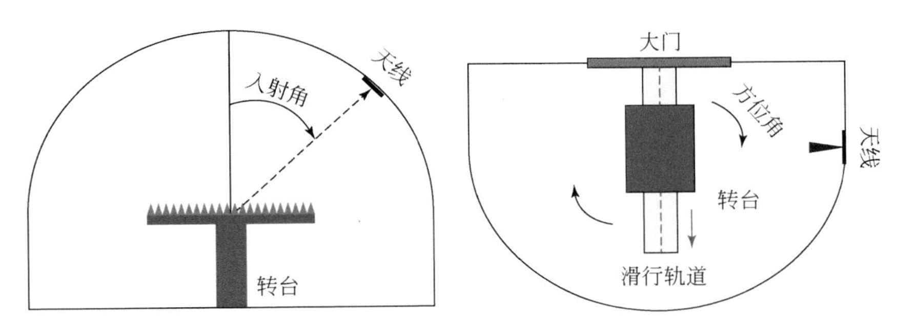

图 2.10　成像测量入射角（左）与方位向（右）的构成

在已知需要达到的图像距离向分辨率时，可通过式（2.27）决定频率带宽：

$$B = c/(2\delta_y \cdot \sin\theta) \tag{2.27}$$

式中，B 为需要达到的最小频率带宽度，Hz；c 为光速，m/s；δ_y 为距离向分辨率，m；θ 为入射角，(°)。

在已知需要达到的图像方位向分辨率时，平移二维成像的平台位移和旋转二维成像的方位旋转角度分别按式（2.28）和式（2.29）计算：

$$L = c \cdot R/(2\delta_x \cdot f) \tag{2.28}$$

$$\varphi = 2\sin^{-1}[c/(4\delta_x \cdot f)] \tag{2.29}$$

式中，L 为需要达到的最小位移距离，m；φ 为需要达到的最小旋转角度，(°)；c 为光速，m/s；δ_x 为方位向分辨率，m；f 为中心频率，Hz；R 为天线口径中心到目标中心的距离，m。

相应的，为避免图像距离向或方位向的模糊，频率、位移和旋转角度的采样间隔也应满足一定的条件：

$$\Delta f = c/2D \tag{2.30}$$

$$\Delta L = c \cdot R/(2D \cdot f_{\max}) \tag{2.31}$$

$$\Delta\varphi = c/(2f_{\max} \cdot D \cdot \sin\theta) \tag{2.32}$$

式中，Δf 为最大频率采样间隔，Hz；ΔL 为最大位移采样间隔，m；$\Delta\varphi$ 为最大方位角采样间隔，(°)；c 为光速，m/s；$f_{\max}$ 为最高测试频率，Hz；R 为天线口径中心到目标中心的距离，m；D 为能够包裹被测目标的最小圆柱体的直径，m；θ 为入射角，(°)。

在经过距离门选通和定标后，实验平台采集到的目标回波信号通过后向投影算法进行了成像。后向投影算法是一种典型的时域算法，其原理是将成像场景划分为若干个像素点，通过计算发射天线在成像场景中每一个像素点对应位置的回波的延时，将该像素点对应的回波进行相干叠加，得到目标的高分辨率成像。

以多金属球场景为例，展示两种二维成像方式的成像效果。场景由 7 个直径 1cm、1 个直径 2cm、2 个直径 4cm 和 1 个直径 5cm 的金属球组成，直径 5cm 的金属球摆放在支架上，如图 2.11 所示。

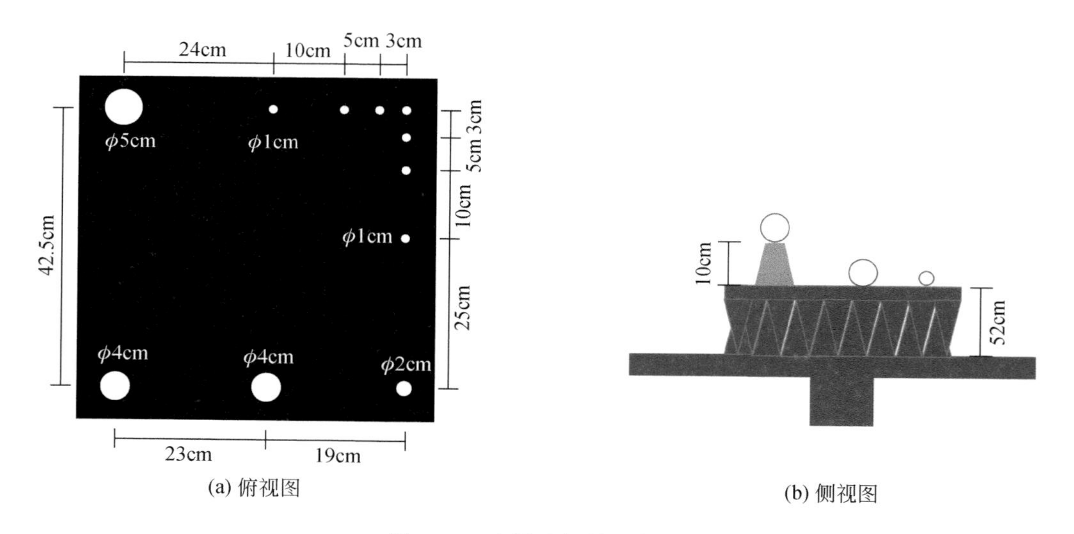

(a) 俯视图　　(b) 侧视图

图 2.11　金属球场景示意图

成像中心频率为 9.6GHz，在满足式（2.27）～式（2.32）的条件下，设计频率带宽为 7GHz、入射角为 45°、平移成像的位移距离为 4.8m、旋转成像的方位角旋转跨度为 42°。两种成像方式的距离向和方位向分辨率均为 3cm，天线视角照片如图 2.12 所示，成像结果如图 2.13 所示。可以看到，两种成像方式仅在方位向朝向上存在差异，对于点目标的呈现都达到了较好的聚焦效果。

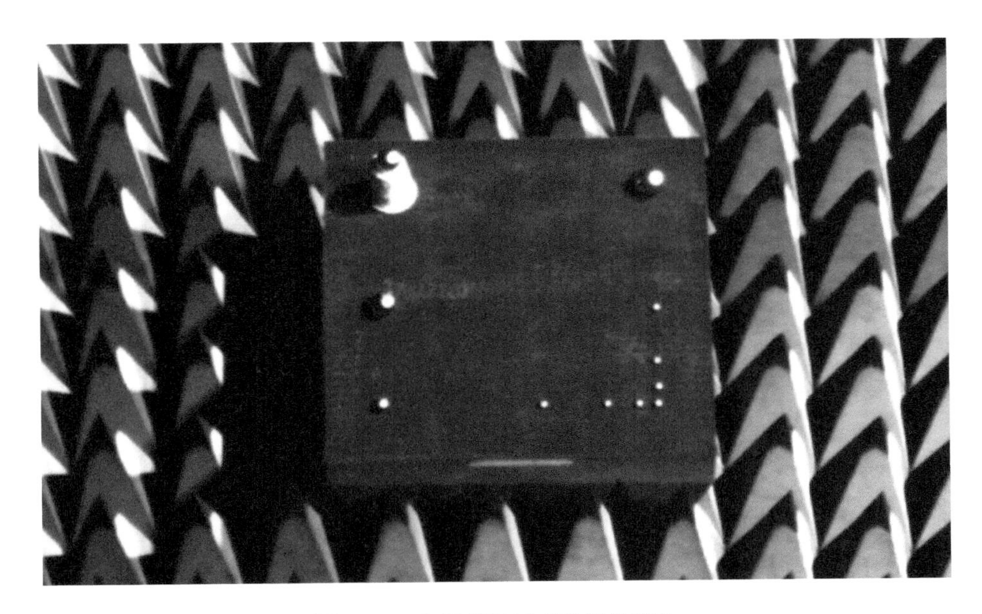

图 2.12　金属球场景天线视角照片

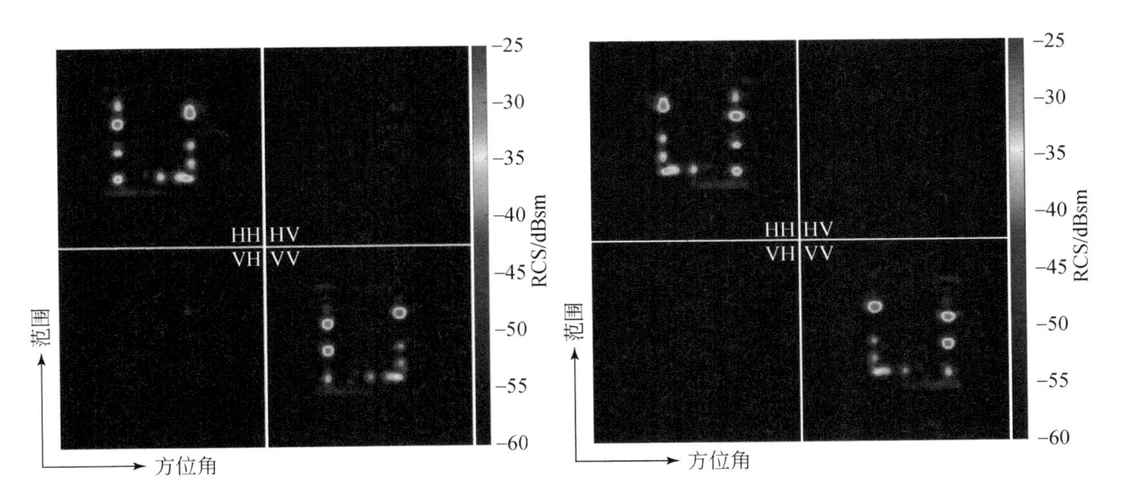

图 2.13　平移二维成像结果（左）与旋转二维成像结果（右）

参 考 文 献

许小剑，2017. 雷达目标散射特性测量与处理技术. 北京：国防工业出版社.

Wiesbeck W，Kahny D，1991. Single reference，three target calibration and error correction for monostatic，polarimetric free space measurements. Proceedings of the IEEE，79（10）：1551-1558.

第3章　土壤目标微波散射特性测量实验与分析结果

3.1　实验设计

土壤实验场景分为含盐土壤和含水土壤两个场景。含盐土壤场景首先对采集的土壤目标进行预处理，利用土壤样本配制设备，将土壤基质中的有机质有效去除并充分晾干，分别配置5级含盐量的单层土壤样本。含盐量的变化范围为0.1%～0.8%，以0.1%为间隔，含水量范围控制在7%～9%。单层含盐土壤场景是将配置完成的土壤样本放置于直径为100cm、高50cm的圆柱形容器内（图3.1）。

图3.1　单层含盐土壤微波散射特性测量实验场景

含水土壤场景是设计单层不同含水量及多层不同含水量的土壤实验。单层土壤实验设置了5%和30%两个含水量级别。多层土壤含水量实验通过改变上层土壤含水量来控制上层介质的介电常数，形成两个等级的盖层介质厚度。容器使用了直径130cm、高50cm的圆柱形容器，实验设计场景如图 3.2 所示。

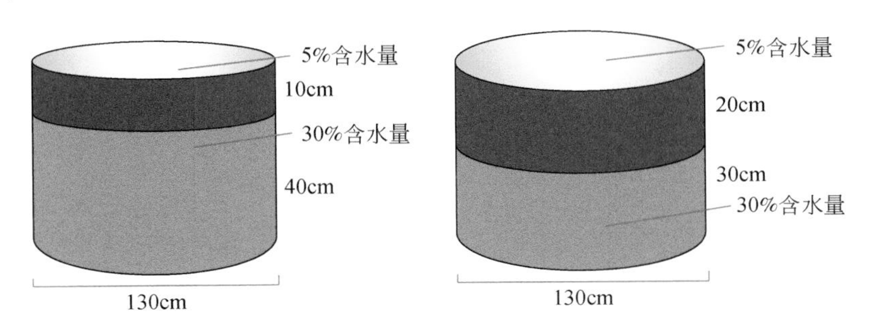

图 3.2　双层土壤实验场景布置图

为了得到较为完备的土壤全要素微波散射特性数据，在散射特性测量实验中，设计了 0.8～20GHz 频率、0°～90°入射角、0°～360°方位角的测量参数。测量过程中，严格控制外部测量环境并按照测量参数进行测量，各土壤场景具体测量参数设计如表 3.1 所示。

表 3.1　含水土壤场景微波特性全要素测量参数

频率	范围/GHz	0.8～20
	步进/GHz	0.005
	个数/个	4442
方位角	范围/(°)	0～90
	步进/(°)	45
	个数/个	3
入射角	范围/(°)	10～60
	步进/(°)	10
	个数/个	6
极化	极化方式	HH/VV/HV/VH

3.2　含盐土壤实验雷达后向散射特性测量结果

3.2.1　雷达截面–入射波频率

1. 盐度为 0.1% 土壤雷达截面（RCS）–入射波频率（f）

在 20°入射角条件下，盐度为 0.1% 土壤 HH/HV/VH/VV（HH = 发射水平极化，接收水平极化；HV＝发射垂直极化，接收水平极化；VH＝发射水平极化，接收垂直极化；VV＝发射垂直极化，接收垂直极化）四极化雷达截面（RCS）随入射电磁波频率的变化规律如图3.3所示。可以看出，随着入射电磁波频率的增加，盐度为0.1%土壤HV/VH极化后向散射截面（RCS）值很低，几乎没有变化。HH/VV极化后向散射截面（RCS）在12.3GHz处开始不断增大，在18.0GHz达到峰值后开始下降。相对于高频波段，低频入射条件下HH/VV极化的后向散射数值很低且变化缓慢。

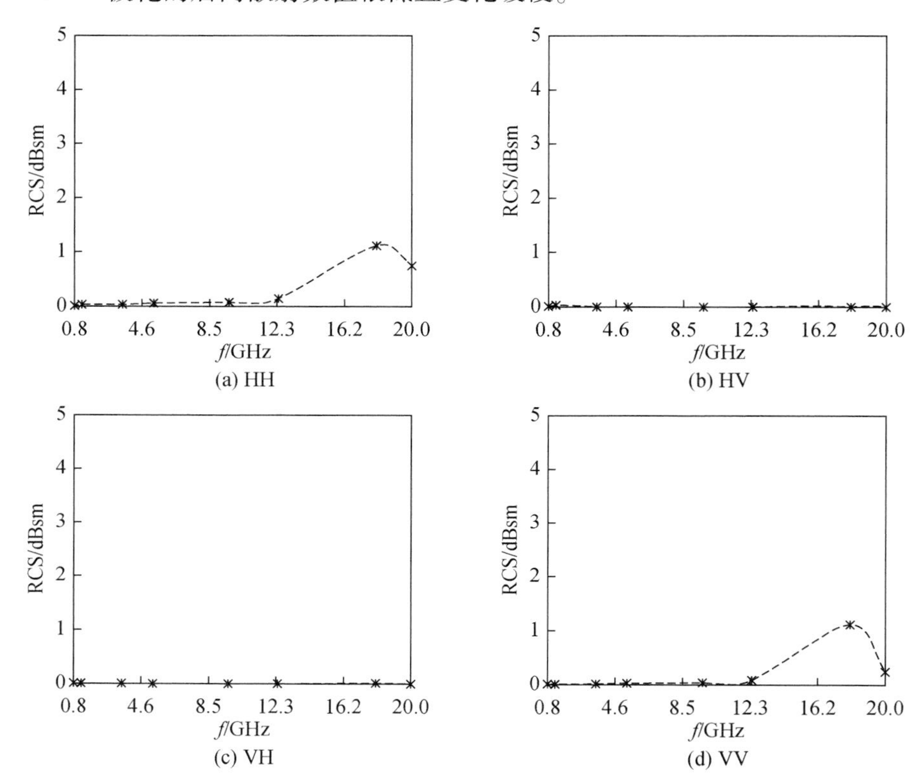

图3.3 20°入射角下盐度为0.1%土壤四极化雷达截面随频率的变化规律

在30°入射角条件下，盐度为0.1%土壤HH/HV/VH/VV四极化雷达截面（RCS）随入射电磁波频率的变化规律如图3.4所示。可以看出，随着入射电磁波频率的增加，盐度为0.1%土壤HV/VH极化后向散射截面（RCS）值很低，几乎没有变化，HV极化在18.0～20.0GHz有上升趋势。HH/VV极化后向散射截面（RCS）在12.3GHz处开始不断增大，HH极化在18.0GHz达到峰值后开始下降。相对于20°入射角，30°入射角条件下盐度为0.1%土壤的后向散射截面数值更低。

在40°入射角条件下，盐度为0.1%土壤HH/HV/VH/VV四极化雷达截面（RCS）随入射电磁波频率的变化规律如图3.5所示。可以看出，随着入射电磁波频率的增加，盐度为0.1%土壤HV/VH极化后向散射截面（RCS）值很低，几乎没有变化，HV极化在18.0～20.0GHz范围有上升趋势。HH/VV极化后向散射截面（RCS）在12.3GHz处开始不断增大，在18.0GHz达到峰值后开始下降。

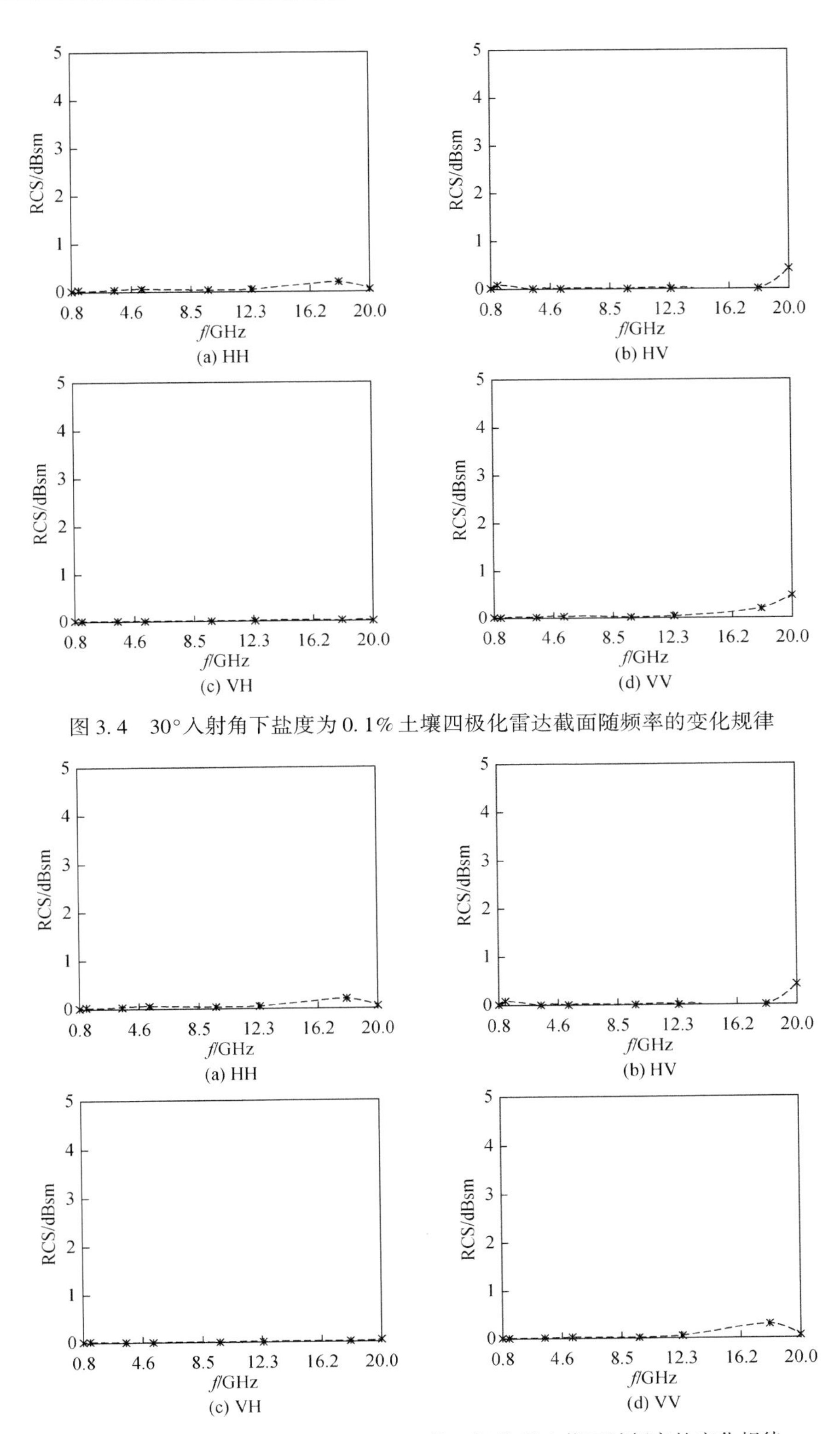

图 3.4 30°入射角下盐度为 0.1% 土壤四极化雷达截面随频率的变化规律

图 3.5 40°入射角下盐度为 0.1% 土壤四极化雷达截面随频率的变化规律

在 50°入射角条件下，盐度为 0.1% 土壤 HH/HV/VH/VV 四极化雷达截面（RCS）随入射电磁波频率的变化规律如图 3.6 所示。可以看出，随着入射电磁波频率的增加，盐度为 0.1% 土壤 HV/VH 极化后向散射截面（RCS）值很低，几乎没有变化。HH/VV 极化后向散射截面（RCS）在低频出现峰值后开始减小。18.0 ~ 20.0GHz 频率范围，VV 极化后向散射截面（RCS）出现了较明显的增大。

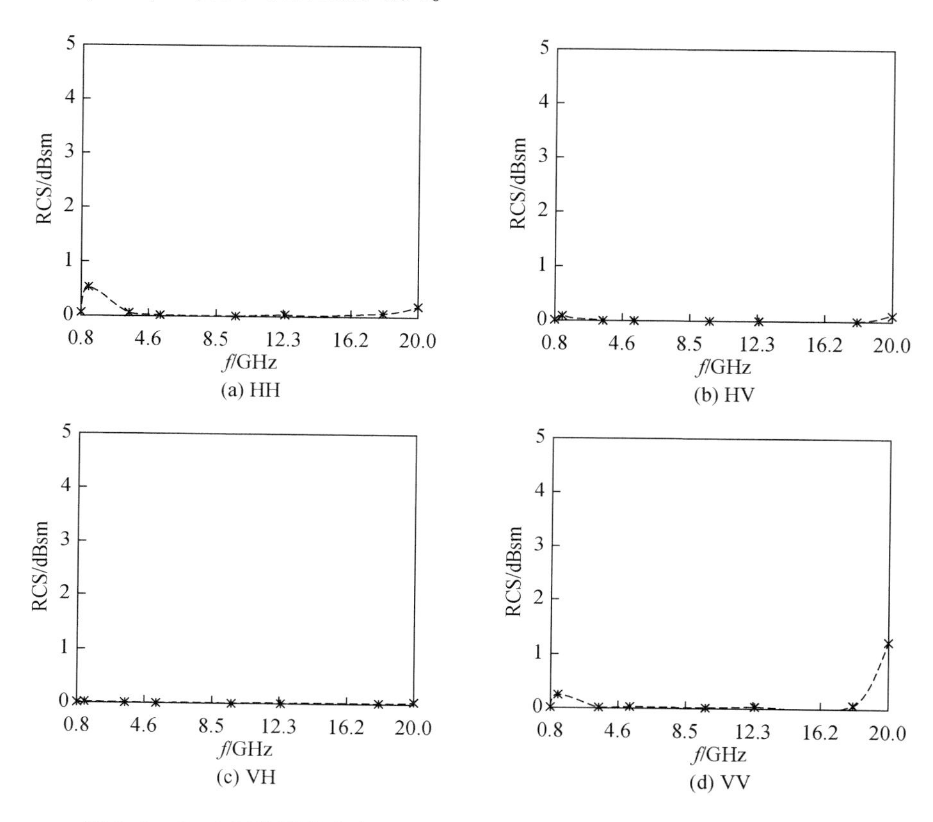

图 3.6 50°入射角下盐度为 0.1% 土壤四极化雷达截面随频率的变化规律

在 60°入射角条件下，盐度为 0.1% 土壤 HH/HV/VH/VV 四极化雷达截面（RCS）随入射电磁波频率的变化规律如图 3.7 所示。可以看出，随着入射电磁波频率的增加，盐度为 0.1% 土壤 HV/VH 极化后向散射截面（RCS）值很低，几乎没有变化。HH/VV 极化后向散射截面（RCS）在低频出现峰值后开始减小。18.0 ~ 20.0GHz 频率范围，HH/VV 极化后向散射截面（RCS）逐渐增大。

2. 盐度为 0.2% 土壤雷达截面（RCS）–入射波频率（f）

在 20°入射角条件下，盐度为 0.2% 土壤 HH/HV/VH/VV 四极化雷达截面（RCS）随入射电磁波频率的变化规律如图 3.8 所示。可以看出，随着入射电磁波频率的增加，盐度为 0.2% 土壤在 9.6 ~ 20.0GHz 频率范围，HH 极化和 VV 极化后向散射截面（RCS）变化

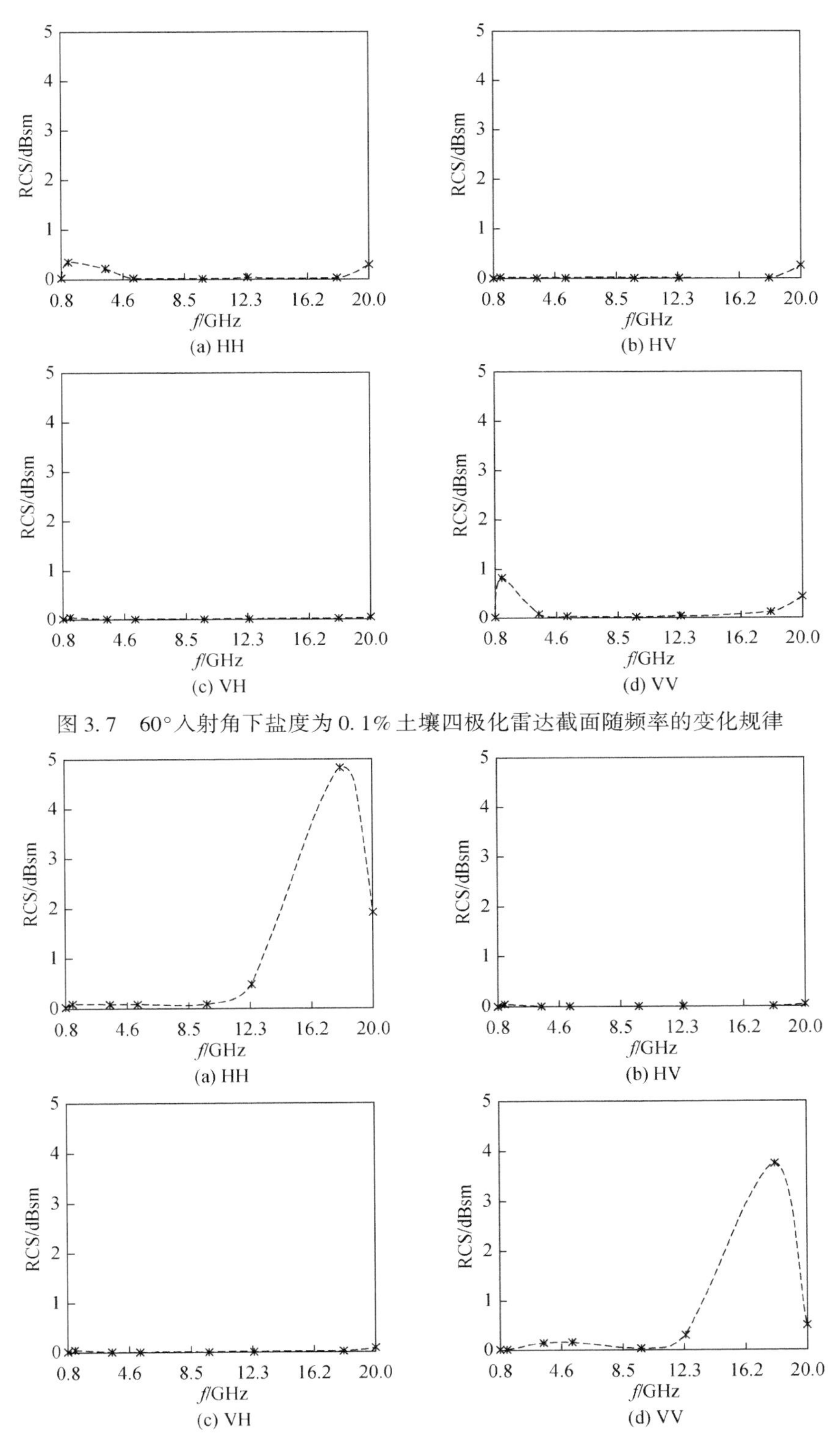

图 3.7　60°入射角下盐度为 0.1% 土壤四极化雷达截面随频率的变化规律

图 3.8　20°入射角下盐度为 0.2% 土壤四极化雷达截面随频率的变化规律

幅度较大，先增大后减小，并在 18.0GHz 频率左右达到 RCS 最大值。而 HV 极化和 VH 极化后向散射截面数值很小，且随入射电磁波频率变化也很小。

在 30°入射角条件下，盐度为 0.2% 土壤 HH/HV/VH/VV 四极化雷达截面（RCS）随入射电磁波频率的变化规律如图 3.9 所示。可以看出，随着入射电磁波频率的增加，盐度为 0.2% 土壤在 9.6 ~ 20.0GHz 频率范围，HH 极化和 VV 极化后向散射截面（RCS）变化幅度较大，随着频率的增大而增大。而 HV 极化和 VH 极化后向散射截面数值很小，且随入射电磁波频率变化也很小。

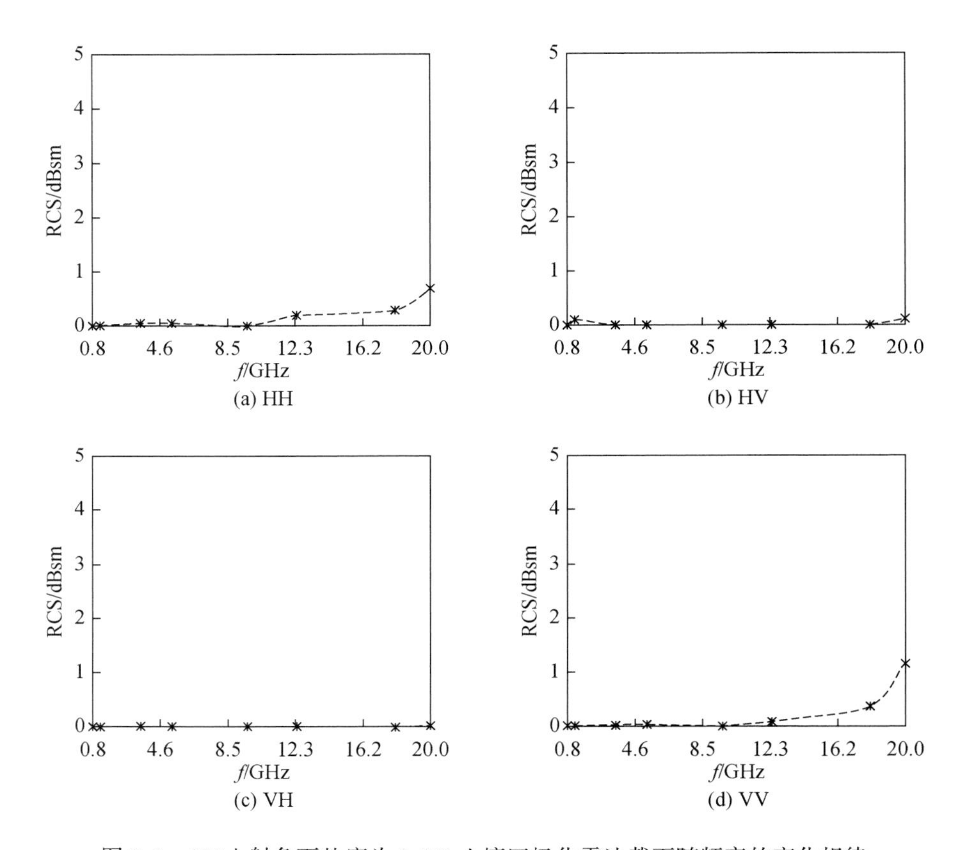

图 3.9 30°入射角下盐度为 0.2% 土壤四极化雷达截面随频率的变化规律

在 40°入射角条件下，盐度为 0.2% 土壤 HH/HV/VH/VV 四极化雷达截面（RCS）随入射电磁波频率的变化规律如图 3.10 所示。可以看出，随着入射电磁波频率的增加，HH/HV/VH/VV 四极化雷达截面（RCS）变化幅度较小。在 9.6 ~ 20.0GHz 频率范围，VV 极化后向散射截面（RCS）先增大后减小，并在 18GHz 频率左右达到 RCS 最大值。而 HV 极化和 VH 极化后向散射截面数值很小，且随入射电磁波频率变化也很小。

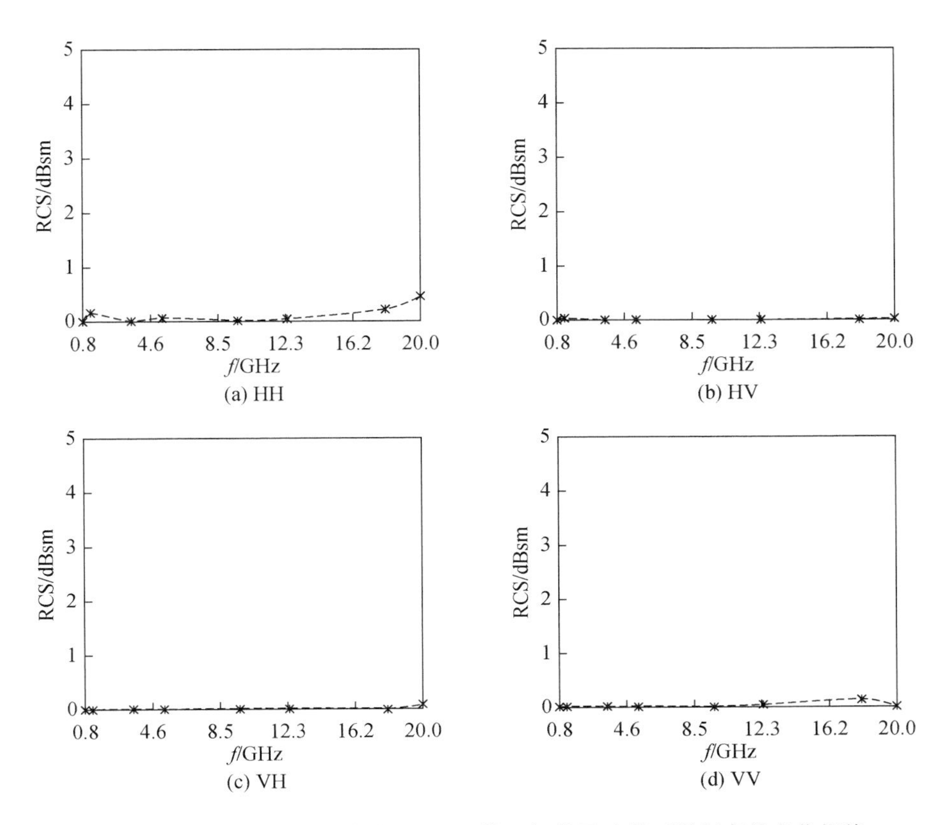

图3.10　40°入射角下盐度为0.2%土壤四极化雷达截面随频率的变化规律

在50°入射角条件下，盐度为0.2%土壤HH/HV/VH/VV四极化雷达截面（RCS）随入射电磁波频率的变化规律如图3.11所示。可以看出，盐度为0.2%土壤在0.8～3.5GHz频率范围，随着入射电磁波频率的增加，HH极化和VV极化后向散射截面（RCS）先增大后减小。在12.4～20.0GHz频率范围，随着入射电磁波频率的增加HH极化后向散射截面（RCS）呈现增加趋势，VV极化后向散射截面（RCS）先增大后减小，在18.0GHz频率达到RCS最大值。而HV极化和VH极化后向散射截面数值很小，且随入射电磁波频率变化也很小。

在60°入射角条件下，盐度为0.2%土壤HH/HV/VH/VV四极化雷达截面（RCS）随入射电磁波频率的变化规律如图3.12所示。盐度为0.2%土壤在0.8～3.5GHz频率范围，随着入射电磁波频率的增加HH极化和VV极化后向散射截面（RCS）先增大后减小。在18.0～20.0GHz频率范围，随着入射电磁波频率的增加HH极化和VV极化后向散射截面（RCS）呈现增加趋势。而HV极化和VH极化后向散射截面数值很小，且随入射电磁波频率变化也很小。

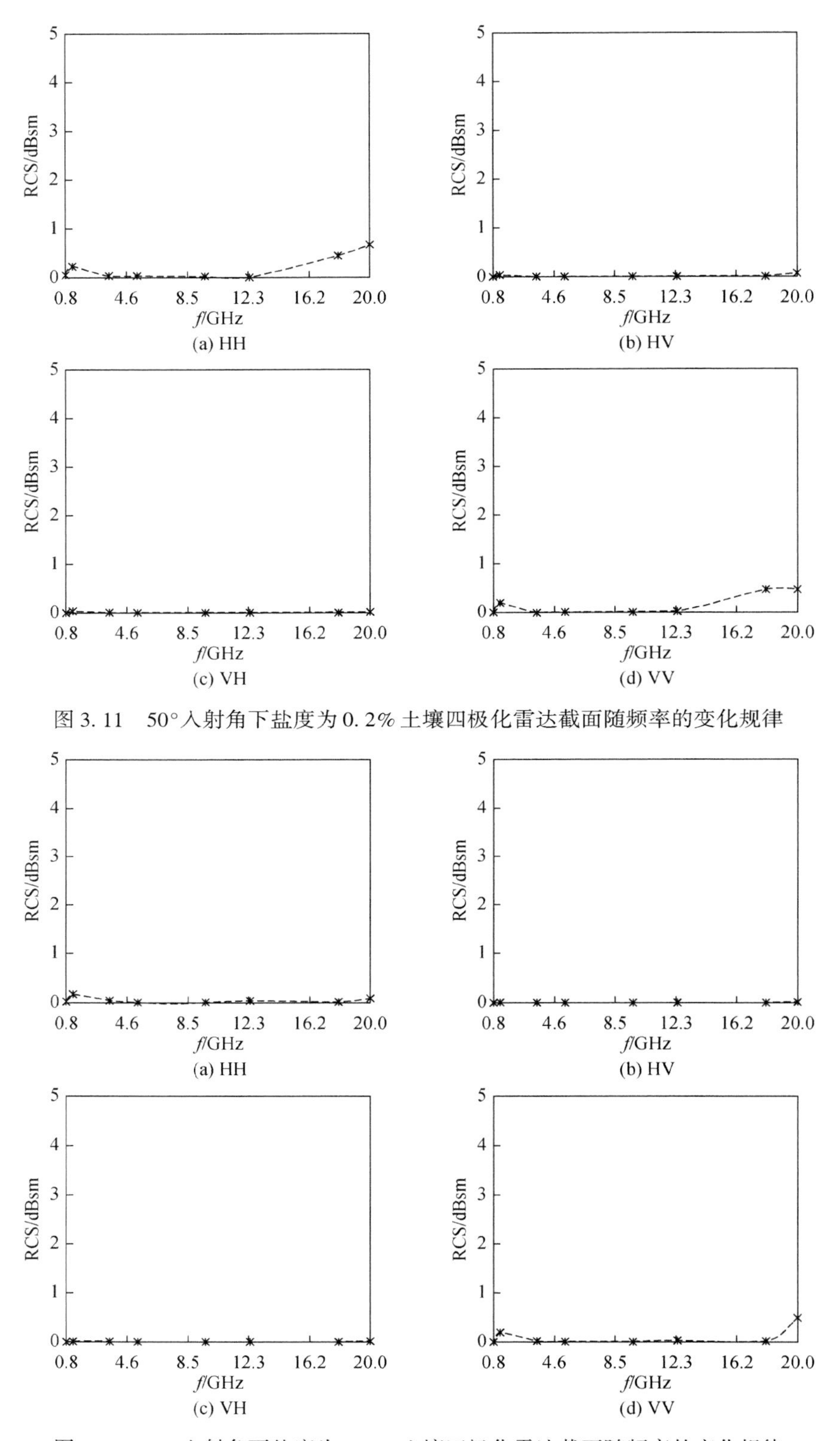

图 3.11 50°入射角下盐度为 0.2% 土壤四极化雷达截面随频率的变化规律

图 3.12 60°入射角下盐度为 0.2% 土壤四极化雷达截面随频率的变化规律

3. 盐度为0.3%土壤雷达截面（RCS）-入射波频率（f）

在20°入射角条件下，盐度为0.3%土壤HH/HV/VH/VV四极化雷达截面（RCS）随入射电磁波频率的变化规律如图3.13所示。可以看出，随着入射电磁波频率的增加，盐度为0.3%土壤在12.4~20.0GHz频率范围HH极化和VV极化后向散射截面（RCS）变化幅度较大，先增大后减小，并在18.0GHz频率左右达到RCS最大值。而HV极化和VH极化后向散射截面数值很小，且随入射电磁波频率变化也很小。

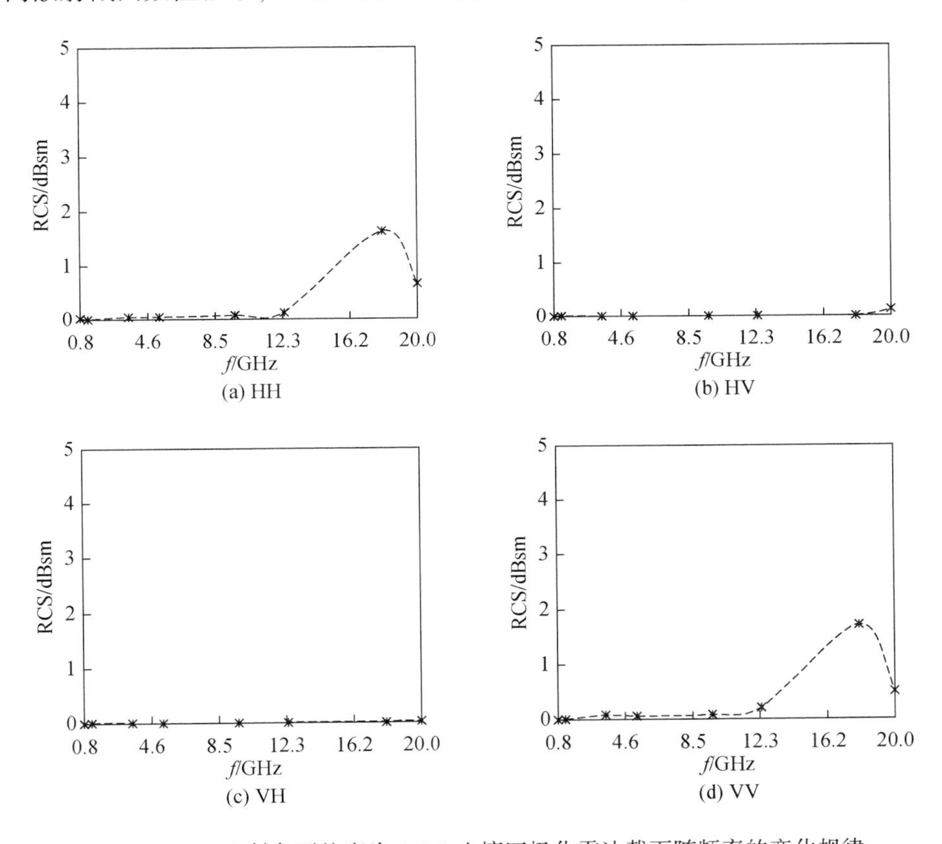

图3.13　20°入射角下盐度为0.3%土壤四极化雷达截面随频率的变化规律

在30°入射角条件下，盐度为0.3%土壤HH/HV/VH/VV四极化雷达截面（RCS）随入射电磁波频率的变化规律如图3.14所示。可以看出，随着入射电磁波频率的增加，盐度为0.3%土壤在9.6~20.0GHz频率范围HH极化和VV极化后向散射截面（RCS）变化幅度较大，先增大后减小，并在18.0GHz频率左右达到RCS最大值。而HV极化和VH极化后向散射截面数值很小，且随入射电磁波频率变化也很小。

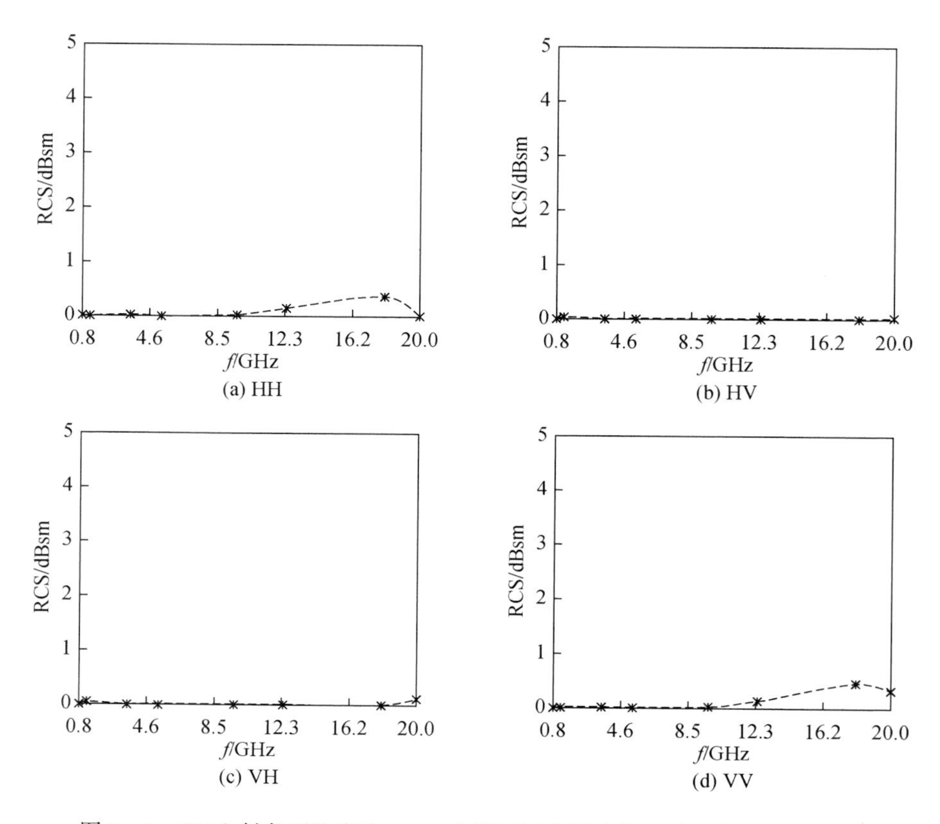

图 3.14 30°入射角下盐度为 0.3% 土壤四极化雷达截面随频率的变化规律

在 40°入射角条件下，盐度为 0.3% 土壤 HH/HV/VH/VV 四极化雷达截面（RCS）随入射电磁波频率的变化规律如图 3.15 所示。可以看出，随着入射电磁波频率的增加，HH/HV/VH/VV 四极化雷达截面（RCS）变化幅度较小。在 18.0 ~ 20.0GHz 频率范围，HH 极化后向散射截面（RCS）随着频率的增大而增大。在 12.4 ~ 20.0GHz 频率范围，VV 极化后向散射截面（RCS）先增大后减小，并在 18.0GHz 频率左右达到 RCS 最大值。而 HV 极化和 VH 极化后向散射截面数值很小，且随入射电磁波频率变化也很小。

在 50°入射角条件下，盐度为 0.3% 土壤 HH/HV/VH/VV 四极化雷达截面（RCS）随入射电磁波频率的变化规律如图 3.16 所示。可以看出，盐度为 0.3% 土壤在 0.8 ~ 3.5GHz 频率范围，随着入射电磁波频率的增加 HH 极化和 VV 极化后向散射截面（RCS）先增大后减小。在 12.4 ~ 20.0GHz 频率范围，随着入射电磁波频率的增加，HH 极化后向散射截面（RCS）呈现增加趋势。在 18.0 ~ 20.0GHz 频率范围，VV 极化后向散射截面（RCS）随频率的增大而增大。而 HV 极化和 VH 极化后向散射截面数值很小，且随入射电磁波频率变化也很小。

在 60°入射角条件下，盐度为 0.3% 土壤 HH/HV/VH/VV 四极化雷达截面（RCS）随入射电磁波频率的变化规律如图 3.17 所示。可以看出，盐度为 0.3% 土壤在 0.8 ~ 3.5GHz 频率范围，随着入射电磁波频率的增加，HH 极化和 VV 极化后向散射截面（RCS）先增

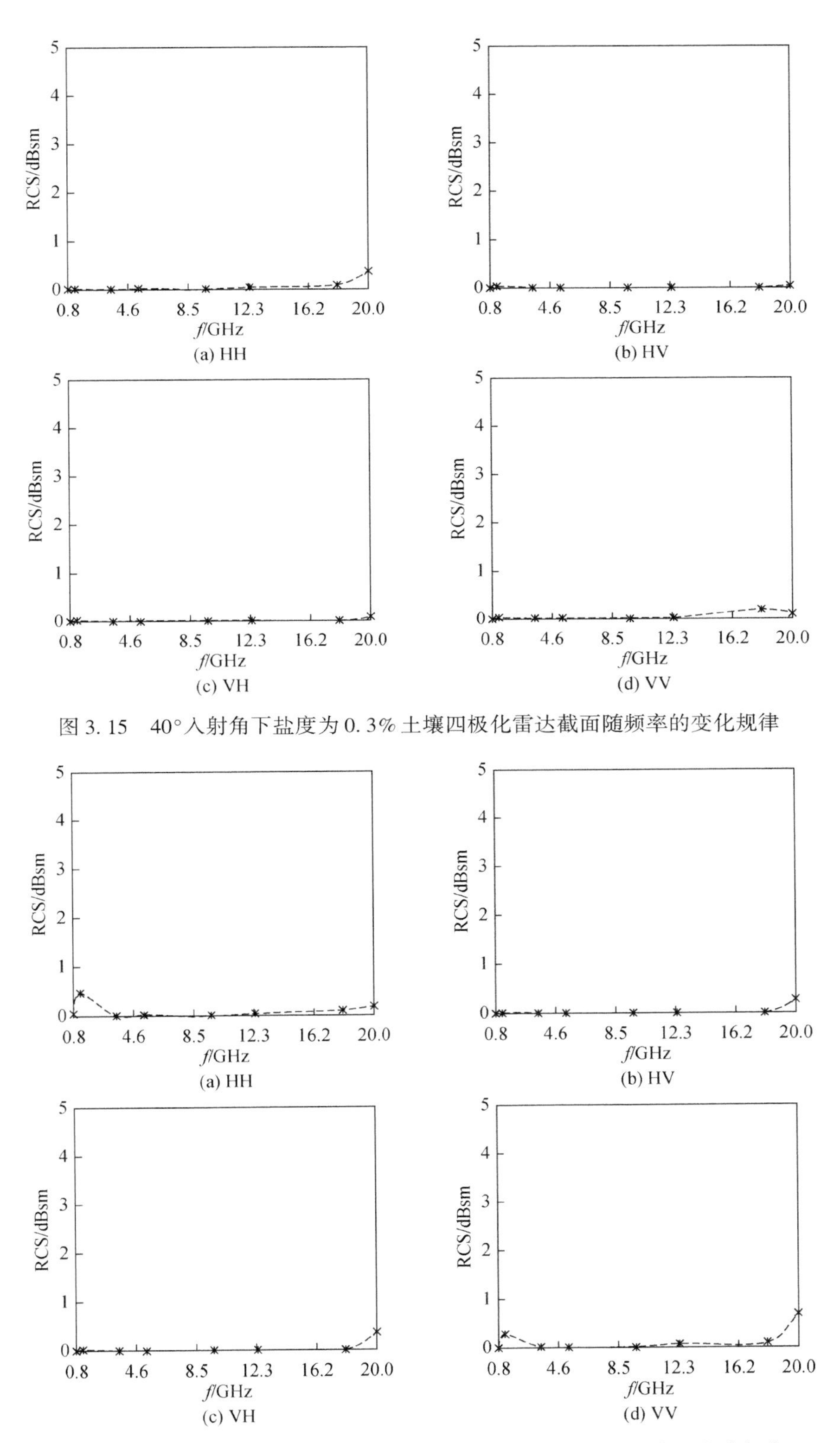

图 3. 15　40°入射角下盐度为 0. 3% 土壤四极化雷达截面随频率的变化规律

图 3. 16　50°入射角下盐度为 0. 3% 土壤四极化雷达截面随频率的变化规律

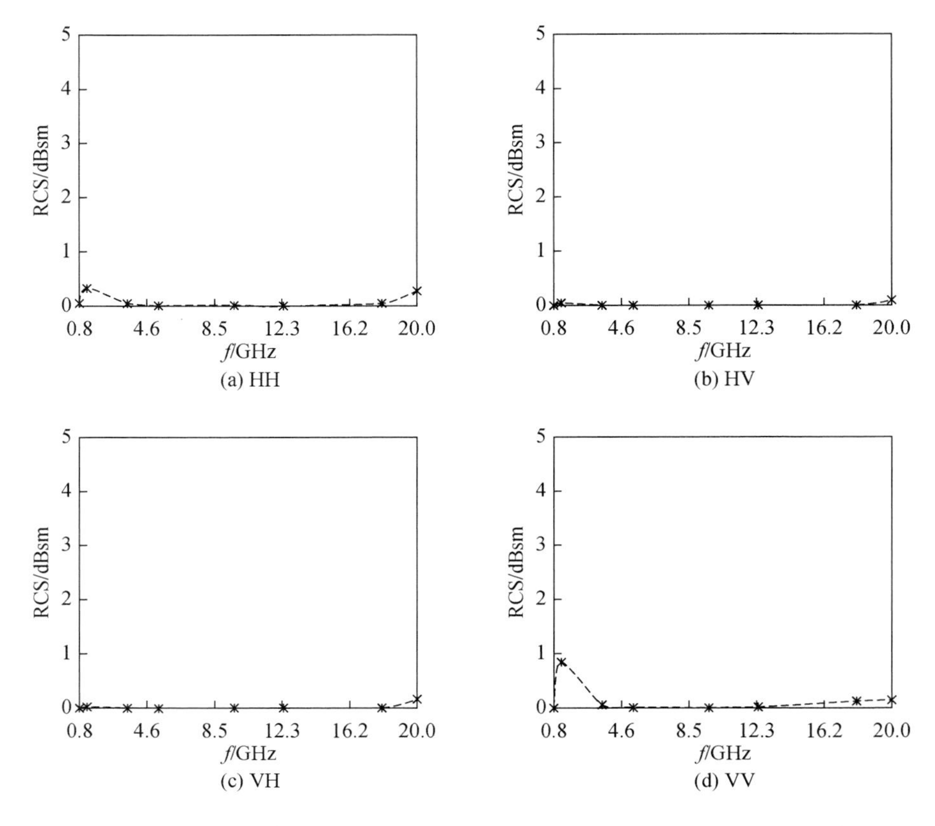

图 3. 17　60°入射角下盐度为 0. 3% 土壤四极化雷达截面随频率的变化规律

大后减小。在 12. 4 ~ 20. 0GHz 频率范围，随着入射电磁波频率的增加 HH/HV/VH/VV 四极化雷达截面（RCS）呈现增加趋势。

4. 盐度为 0. 4% 土壤雷达截面（RCS）–入射波频率（*f*）

在 20°入射角条件下，盐度为 0. 4% 土壤 HH/HV/VH/VV 四极化雷达截面（RCS）随入射电磁波频率的变化规律如图 3. 18 所示。可以看出，随着入射电磁波频率的增加，盐度为 0. 4% 土壤 HH 极化和 VV 极化后向散射截面（RCS）产生波动，HH 极化 RCS 在 1. 2GHz 处达到最高值，VV 极化 RCS 在 9. 6GHz 处达到最高值。而 HV 极化和 VH 极化后向散射截面数值很小，且随入射电磁波频率变化也很小。

在 30°入射角条件下，盐度为 0. 4% 土壤 HH/HV/VH/VV 四极化雷达截面（RCS）随入射电磁波频率的变化规律如图 3. 19 所示。可以看出，随着入射电磁波频率的增加，盐度为 0. 4% 土壤 HH 极化和 VV 极化后向散射截面（RCS）产生波动，HH 极化在 RCS 在 1. 2GHz 处达到最高值，幅度变化约 2dBsm，VV 极化 RCS 在 18. 0GHz 处达到最高值。而 HV 极化和 VH 极化后向散射截面数值很小，且随入射电磁波频率变化也很小。

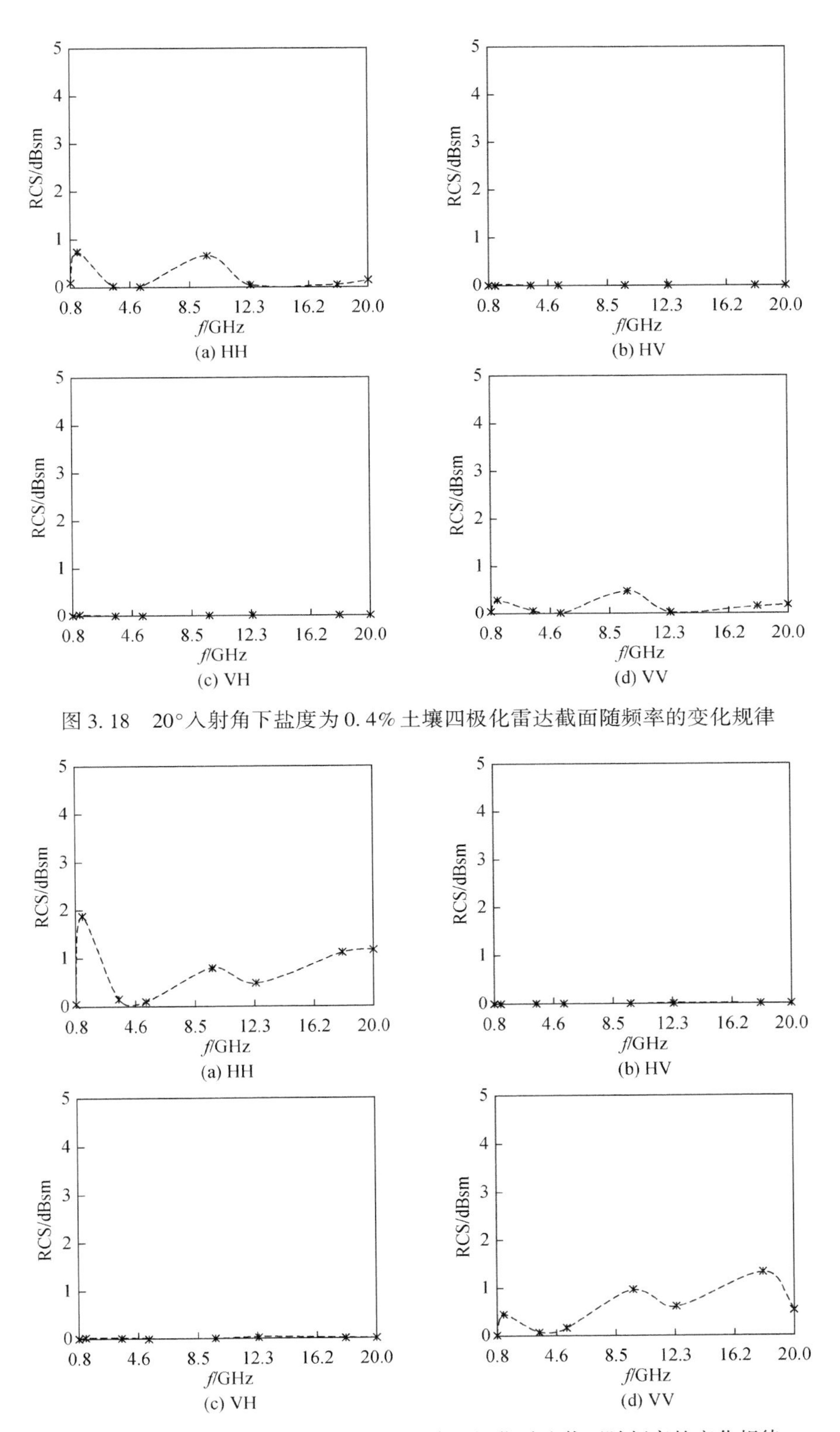

图3.18　20°入射角下盐度为0.4%土壤四极化雷达截面随频率的变化规律

图3.19　30°入射角下盐度为0.4%土壤四极化雷达截面随频率的变化规律

在 40°入射角条件下，盐度为 0.4% 土壤 HH/HV/VH/VV 四极化雷达截面（RCS）随入射电磁波频率的变化规律如图 3.20 所示。可以看出，在 12.4 ~ 20.0GHz 频率范围，随着入射电磁波频率的增加，盐度为 0.4% 土壤 HH 极化和 VV 极化后向散射截面（RCS）先增大后减小，RCS 在 18.0GHz 处达到最高值，幅度变化为 2 ~ 3dBsm。而 HV 极化和 VH 极化后向散射截面数值很小，且随入射电磁波频率变化也很小。

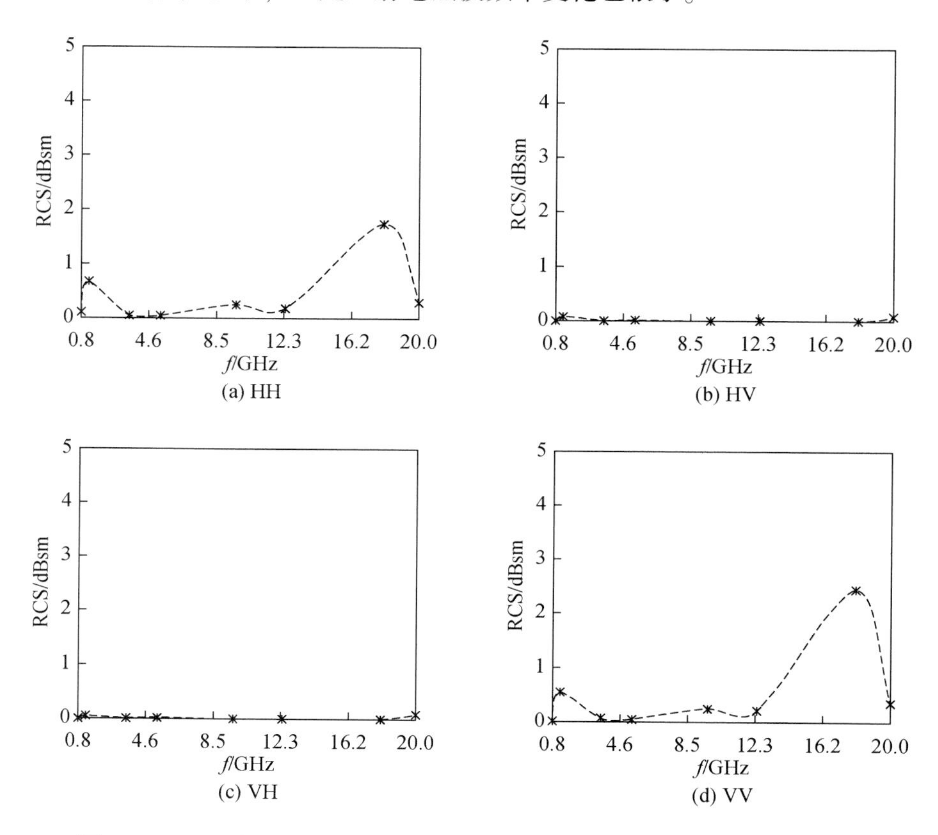

图 3.20 40°入射角下盐度为 0.4% 土壤四极化雷达截面随频率的变化规律

在 50°入射角条件下，盐度为 0.4% 土壤 HH/HV/VH/VV 四极化雷达截面（RCS）随入射电磁波频率的变化规律如图 3.21 所示。可以看出，在 0.8 ~ 5.3GHz 频率范围，随着入射电磁波频率的增加，盐度为 0.4% 土壤 HH 极化和 VV 极化后向散射截面（RCS）先增大后减小，在 RCS 在 1.2GHz 处达到最高值，幅度变化约为 1dBsm。而 HV 极化和 VH 极化后向散射截面数值很小，且随入射电磁波频率变化也很小。

在 60°入射角条件下，盐度为 0.4% 土壤 HH/HV/VH/VV 四极化雷达截面（RCS）随入射电磁波频率的变化规律如图 3.22 所示。可以看出，在 0.8 ~ 5.3GHz、12.4 ~ 20GHz 两个频率范围，随着入射电磁波频率的增加，盐度为 0.4% 土壤 HH 极化和 VV 极化后向散射截面（RCS）均出现了先增大后减小，在 RCS 在 1.2GHz 处达到最高值，幅度变化约为 1dBsm。而 HV 极化和 VH 极化后向散射截面数值很小，且随入射电磁波频率变化也很小。

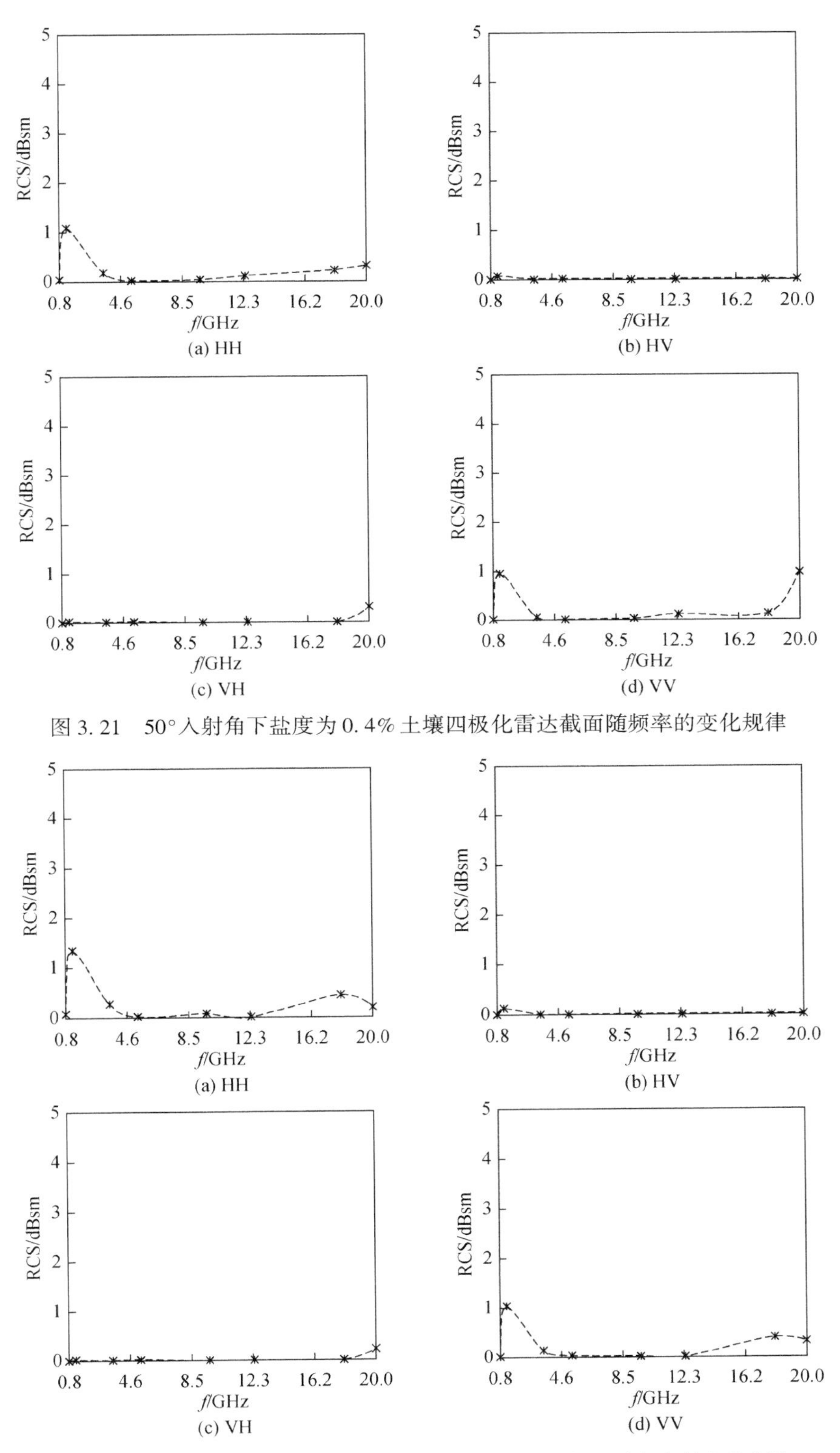

图 3.21　50°入射角下盐度为 0.4% 土壤四极化雷达截面随频率的变化规律

图 3.22　60°入射角下盐度为 0.4% 土壤四极化雷达截面随频率的变化规律

5. 盐度为0.5%土壤雷达截面（RCS）-入射波频率（f）

在20°入射角条件下，盐度为0.5%土壤HH/HV/VH/VV四极化雷达截面（RCS）随入射电磁波频率的变化规律如图3.23所示。可以看出，在12.4～20.0GHz频率范围，随着入射电磁波频率的增加，盐度为0.5%土壤HH极化后向散射截面（RCS）随着频率的增加而增大，幅度变化约为1dBsm。而HV极化和VH极化后向散射截面数值很小，且随入射电磁波频率变化也很小。

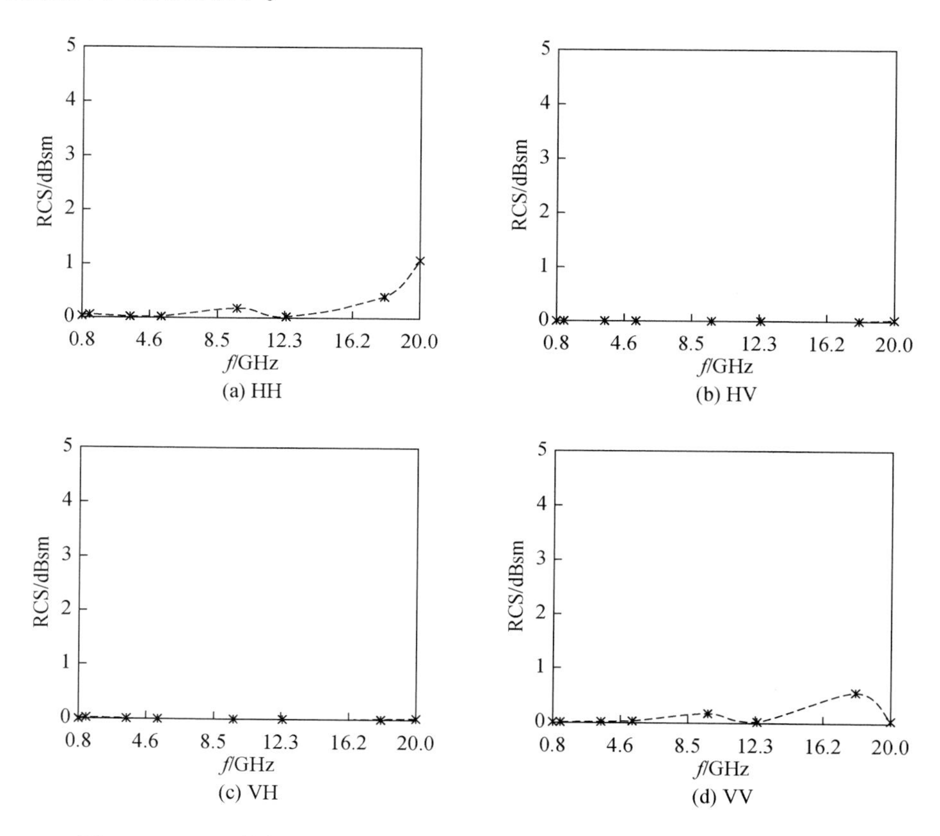

图3.23　20°入射角下盐度为0.5%土壤四极化雷达截面随频率的变化规律

在30°入射角条件下，盐度为0.5%土壤HH/HV/VH/VV四极化雷达截面（RCS）随入射电磁波频率的变化规律如图3.24所示。可以看出，在5.3～20.0GHz频率范围，随着入射电磁波频率的增加，盐度为0.5%土壤HH极化后向散射截面（RCS）随着频率的增加而增大，幅度变化约为1dBsm。而HV极化和VH极化后向散射截面数值很小，且随入射电磁波频率变化也很小。

在40°入射角条件下，盐度为0.5%土壤HH/HV/VH/VV四极化雷达截面（RCS）随入射电磁波频率的变化规律如图3.25所示。可以看出，在5.3～20.0GHz频率范围，随着入射电磁波频率的增加，盐度为0.5%土壤HH极化后向散射截面（RCS）随着频率的增

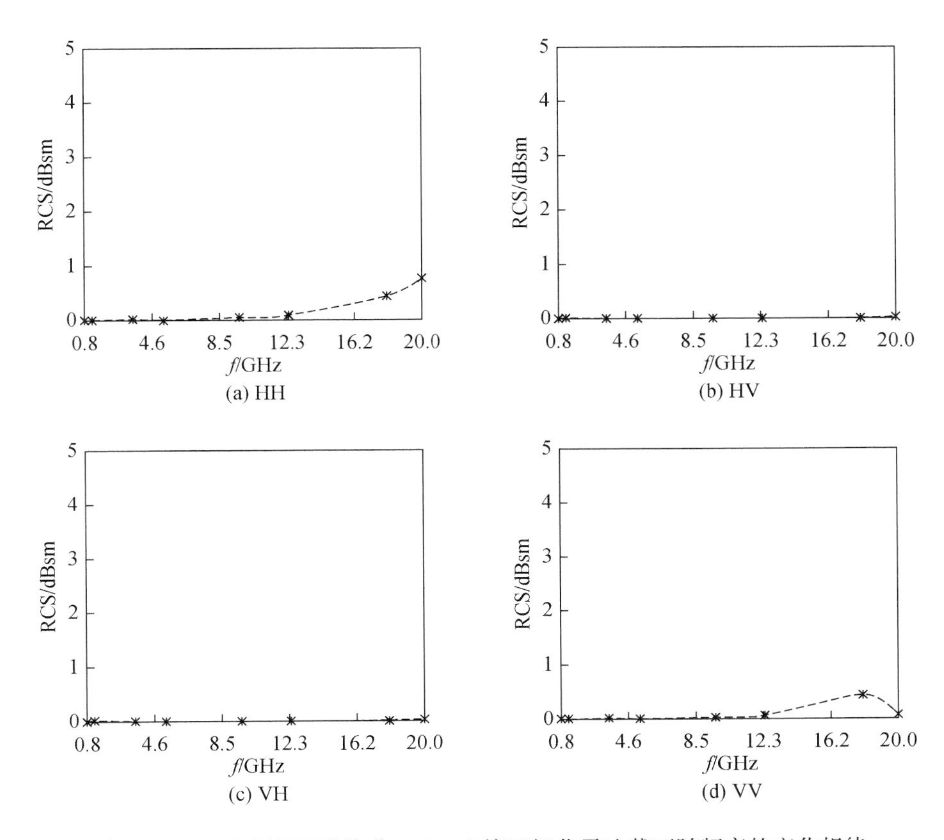

图 3.24　30°入射角下盐度为 0.5% 土壤四极化雷达截面随频率的变化规律

加而增大，幅度变化约为 0.5dBsm。而 HV 极化和 VH 极化后向散射截面数值很小，且随入射电磁波频率变化也很小。

在 50°入射角条件下，盐度为 0.5% 土壤 HH/HV/VH/VV 四极化雷达截面（RCS）随入射电磁波频率的变化规律如图 3.26 所示。可以看出，在 5.3 ~ 20.0GHz 频率范围，随着入射电磁波频率的增加，盐度为 0.5% 土壤 HH 极化和 VV 极化后向散射截面（RCS）随着频率的增加而增大，幅度变化约为 0.6dBsm。而 HV 极化和 VH 极化后向散射截面数值很小，且随入射电磁波频率变化也很小。

在 60°入射角条件下，盐度为 0.5% 土壤 HH/HV/VH/VV 四极化雷达截面（RCS）随入射电磁波频率的变化规律如图 3.27 所示。可以看出，在 0.8 ~ 5.3GHz 频率范围，HH 极化和 VV 极化后向散射截面（RCS）先增大后减小。在 12.4 ~ 20.0GHz 频率范围，随着入射电磁波频率的增加，盐度为 0.5% 土壤 HH 极化后向散射截面（RCS）先增大后减小，VV 极化后向散射截面（RCS）不断增大。而 HV 极化和 VH 极化后向散射截面数值很小，且随入射电磁波频率变化也很小。

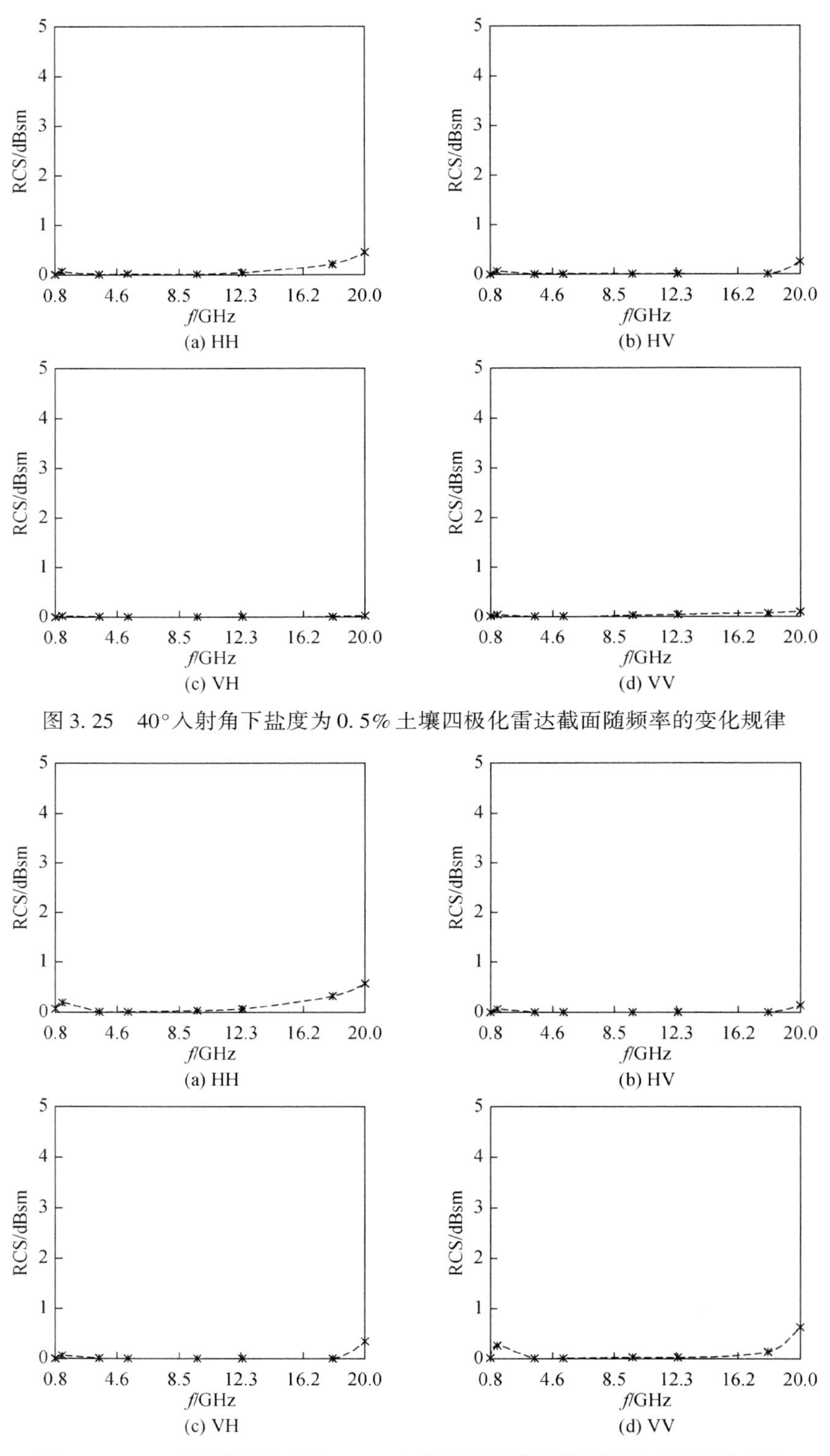

图 3.25　40°入射角下盐度为 0.5% 土壤四极化雷达截面随频率的变化规律

图 3.26　50°入射角下盐度为 0.5% 土壤四极化雷达截面随频率的变化规律

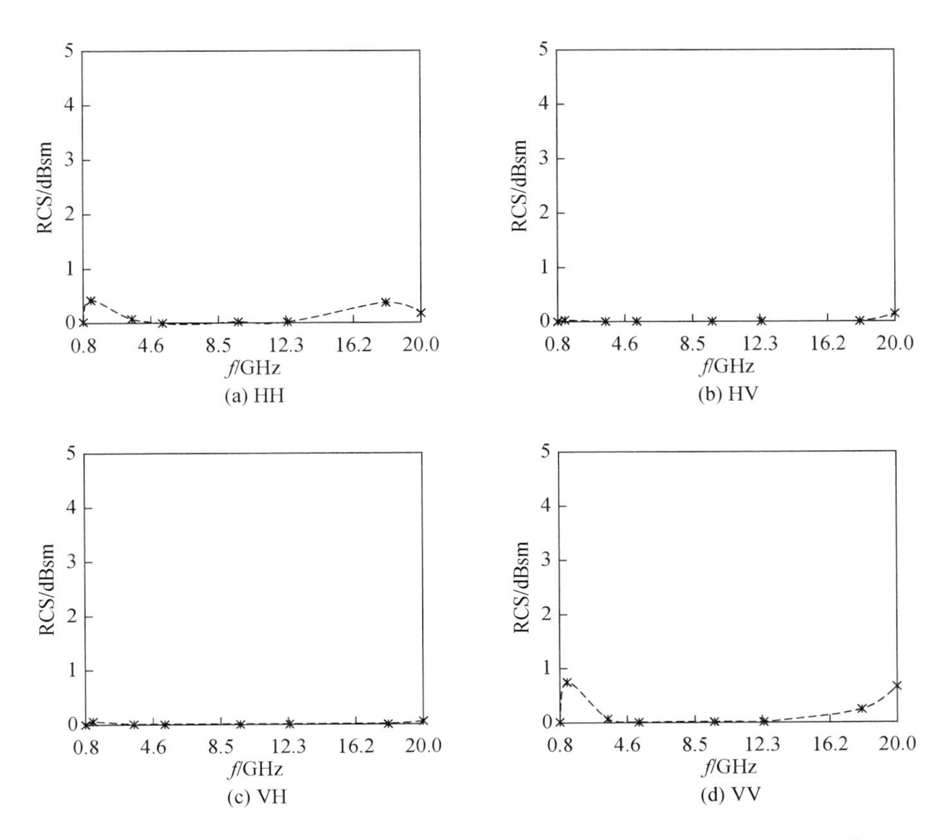

图3.27　60°入射角下盐度为0.5%土壤四极化雷达截面随频率的变化规律

6. 盐度为0.6%土壤雷达截面（RCS）-入射波频率（f）

在20°入射角条件下，盐度为0.6%土壤HH/HV/VH/VV四极化雷达截面（RCS）随入射电磁波频率的变化规律如图3.28所示。可以看出，在5.3～20.0GHz频率范围，随着入射电磁波频率的增加，盐度为0.6%土壤HH极化和VV极化后向散射截面（RCS）整体呈现增加趋势，HH极化的增加幅度大于VV极化。而HV极化和VH极化后向散射截面数值很小，且随入射电磁波频率变化也很小。

在30°入射角条件下，盐度为0.6%土壤HH/HV/VH/VV四极化雷达截面（RCS）随入射电磁波频率的变化规律如图3.29所示。可以看出，在12.4～20.0GHz频率范围，随着入射电磁波频率的增加，盐度为0.6%土壤HH极化和VV极化后向散射截面（RCS）整体呈现增加趋势，HH极化的增加幅度大于VV极化。而HV极化和VH极化后向散射截面数值很小，且随入射电磁波频率变化也很小。

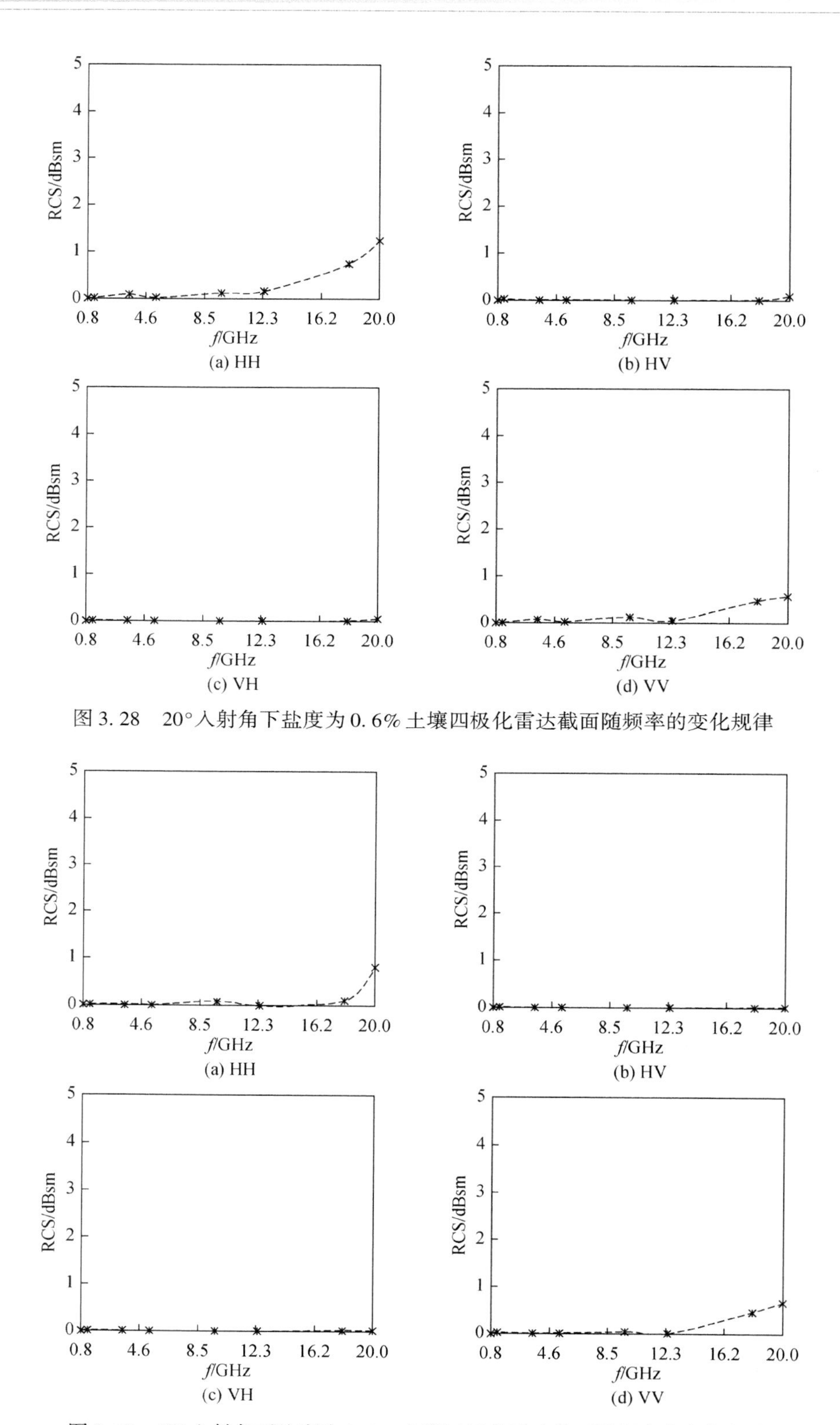

图 3. 28　20°入射角下盐度为 0. 6% 土壤四极化雷达截面随频率的变化规律

图 3. 29　30°入射角下盐度为 0. 6% 土壤四极化雷达截面随频率的变化规律

在40°入射角条件下，盐度为0.6%土壤HH/HV/VH/VV四极化雷达截面（RCS）随入射电磁波频率的变化规律如图3.30所示。可以看出，随着入射电磁波频率的增加，盐度为0.6%土壤HH/HV/VH/VV四极化后向散射截面（RCS）变化很小。

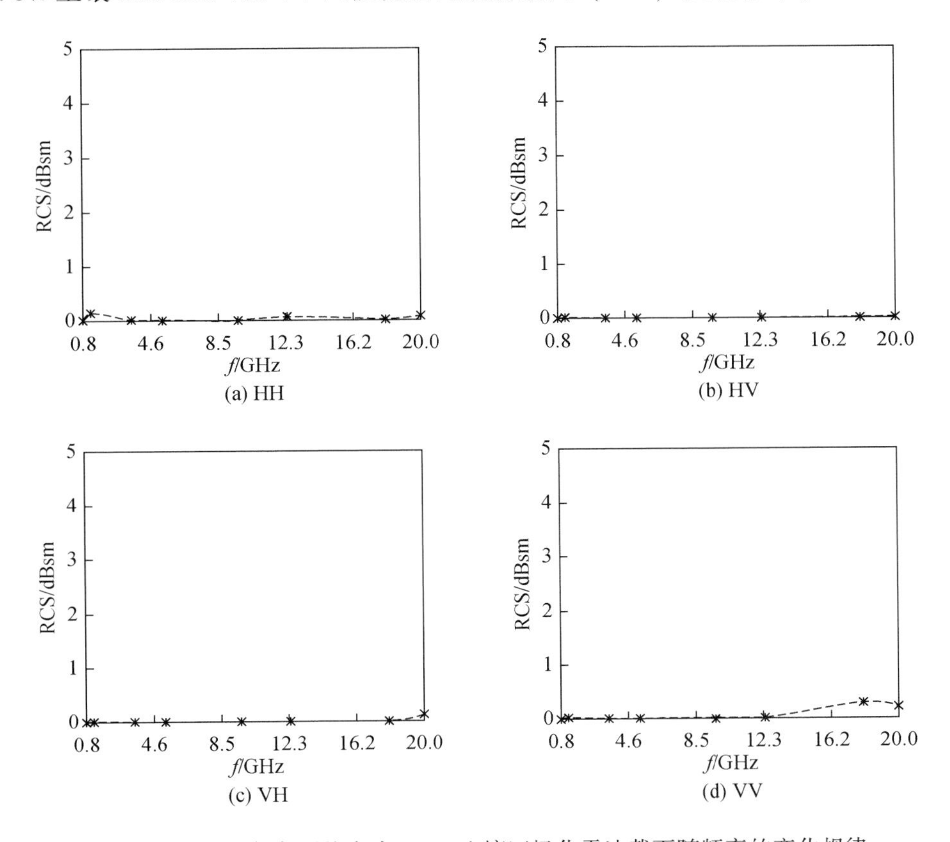

图3.30 40°入射角下盐度为0.6%土壤四极化雷达截面随频率的变化规律

在50°入射角条件下，盐度为0.6%土壤HH/HV/VH/VV四极化雷达截面（RCS）随入射电磁波频率的变化规律如图3.31所示。可以看出，在5.3～20.0GHz频率范围，随着入射电磁波频率的增加，盐度为0.6%土壤HH极化和VV极化后向散射截面（RCS）整体呈现增加趋势，HH极化的增加幅度大于VV极化。而HV极化和VH极化后向散射截面数值很小，且随入射电磁波频率变化也很小。

在60°入射角条件下，盐度为0.6%土壤HH/HV/VH/VV四极化雷达截面（RCS）随入射电磁波频率的变化规律如图3.32所示。可以看出，在9.6～20.0GHz频率范围，随着入射电磁波频率的增加，盐度为0.6%土壤HH极化和VV极化后向散射截面（RCS）整体呈现增加趋势，HH极化的增加幅度大于VV极化。而HV极化和VH极化后向散射截面数值很小，且随入射电磁波频率变化也很小。

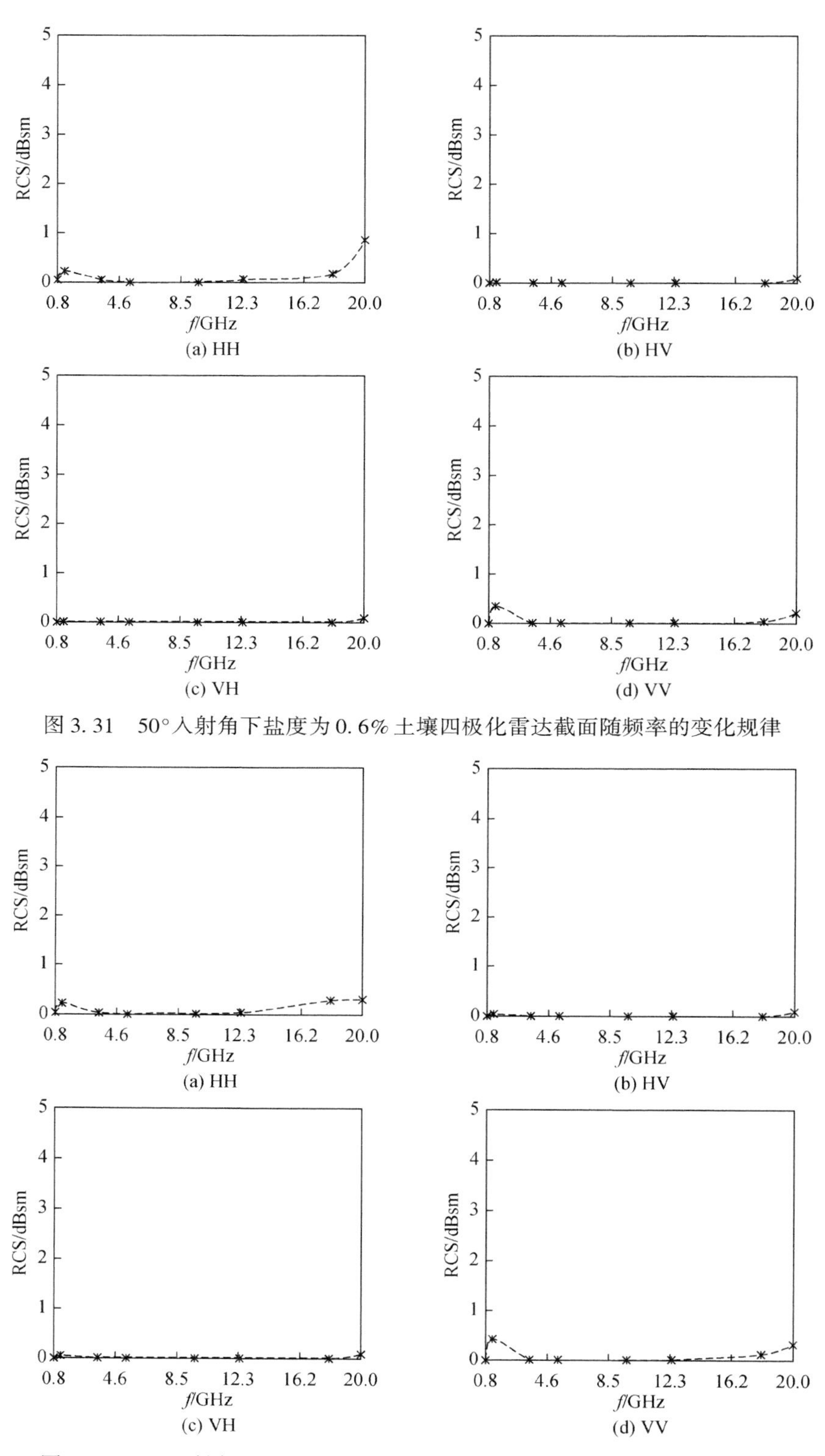

图 3.31　50°入射角下盐度为 0.6% 土壤四极化雷达截面随频率的变化规律

图 3.32　60°入射角下盐度为 0.6% 土壤四极化雷达截面随频率的变化规律

7. 盐度为0.7%土壤雷达截面（RCS）-入射波频率（f）

在20°入射角条件下，盐度为0.7%土壤HH/HV/VH/VV四极化雷达截面（RCS）随入射电磁波频率的变化规律如图3.33所示。可以看出，在5.3～20.0GHz频率范围，随着入射电磁波频率的增加，盐度为0.7%土壤HH极化和VV极化后向散射截面（RCS）先增加再减小，RCS最大值出现在18.0GHz。而HV极化和VH极化后向散射截面数值很小，且随入射电磁波频率变化也很小。

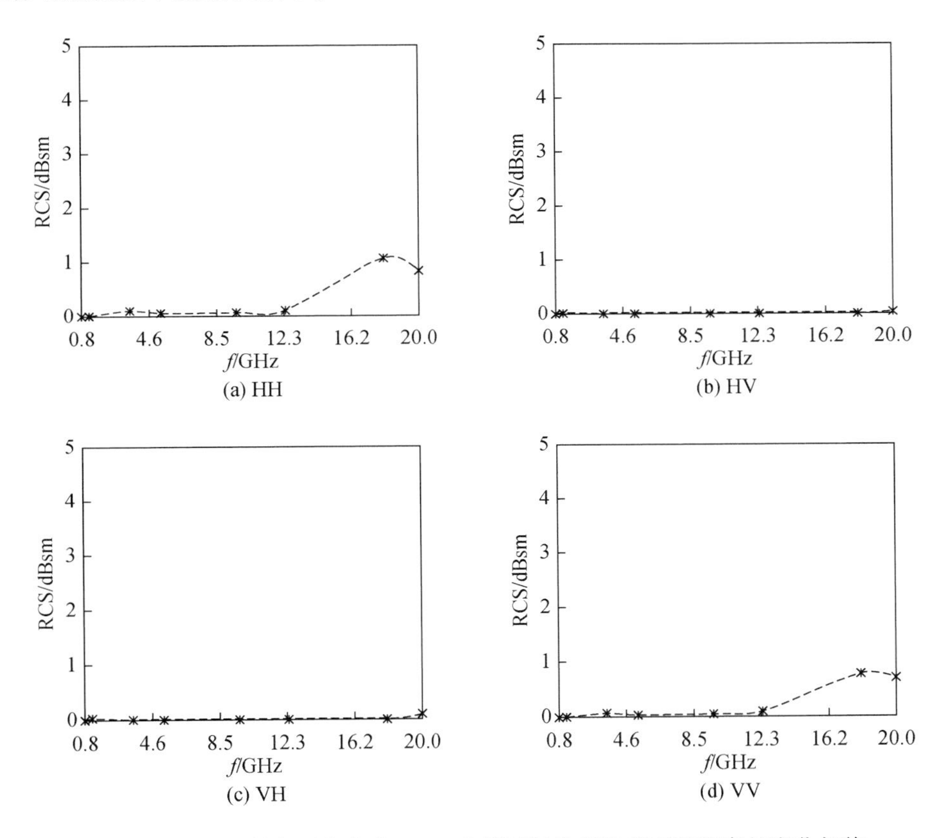

图3.33　20°入射角下盐度为0.7%土壤四极化雷达截面随频率的变化规律

在30°入射角条件下，盐度为0.7%土壤HH/HV/VH/VV四极化雷达截面（RCS）随入射电磁波频率的变化规律如图3.34所示。可以看出，随着入射电磁波频率的增加，盐度为0.7%土壤HH/HV/VH/VV四极化后向散射截面（RCS）变化很小。

在40°入射角条件下，盐度为0.7%土壤HH/HV/VH/VV四极化雷达截面（RCS）随入射电磁波频率的变化规律如图3.35所示。可以看出，在9.6～20.0GHz频率范围内，随着入射电磁波频率的增加，盐度为0.6%土壤HH极化后向散射截面（RCS）先增大再减小。HV/VH/VV四极化后向散射截面（RCS）变化很小。

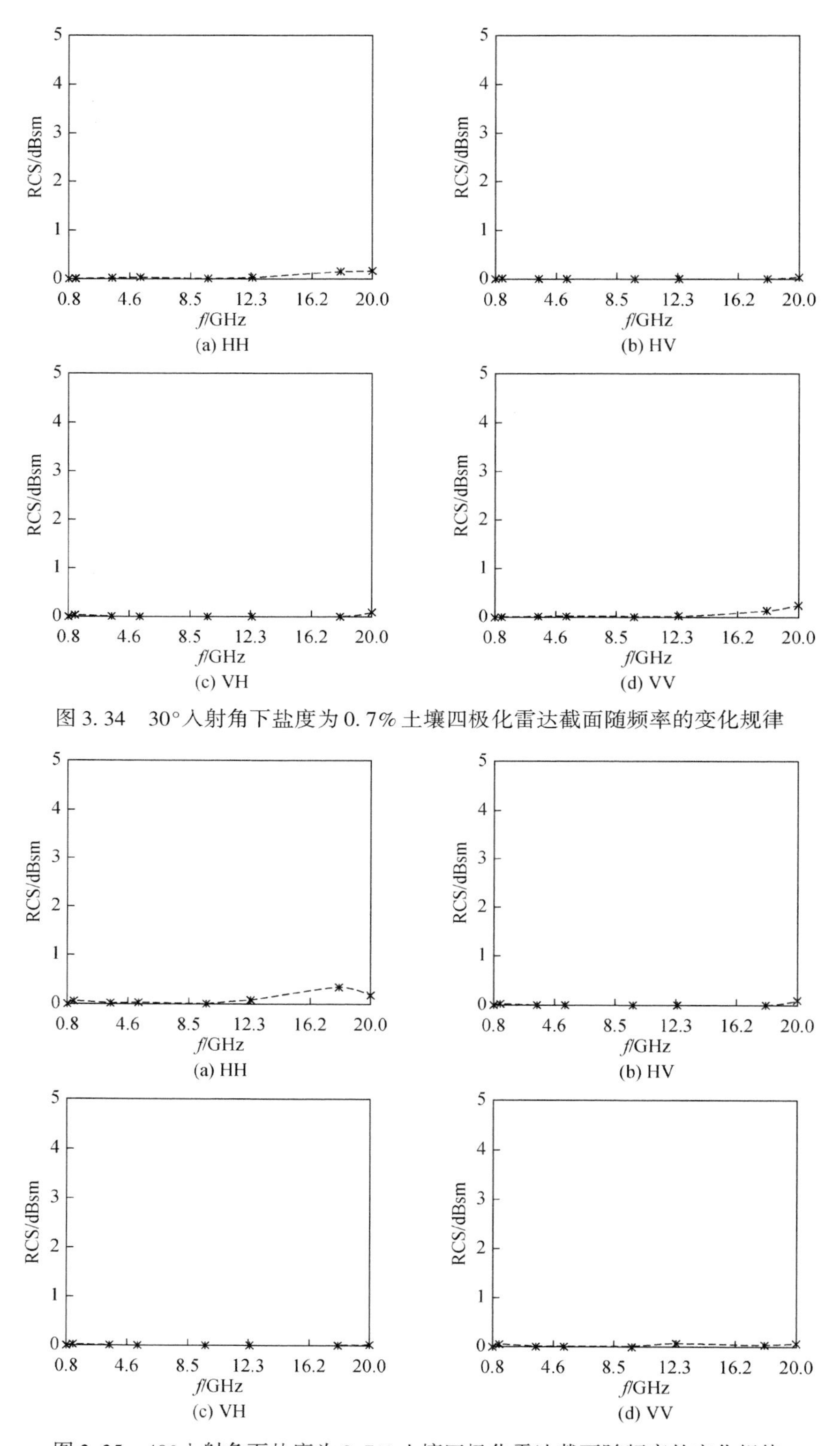

图 3.34　30°入射角下盐度为 0.7% 土壤四极化雷达截面随频率的变化规律

图 3.35　40°入射角下盐度为 0.7% 土壤四极化雷达截面随频率的变化规律

在50°入射角条件下，盐度为0.7%土壤HH/HV/VH/VV四极化雷达截面（RCS）随入射电磁波频率的变化规律如图3.36所示。可以看出，盐度为0.7%土壤在0.8～3.5GHz频率范围，随着入射电磁波频率的增加HH极化和VV极化后向散射截面（RCS）先增大后减小。在9.6～20.0GHz频率范围，随着入射电磁波频率的增加HH极化和VV极化后向散射截面（RCS）先增大后减小，在18.0GHz频率达到RCS最大值。而HV极化和VH极化后向散射截面数值很小，且随入射电磁波频率变化也很小。

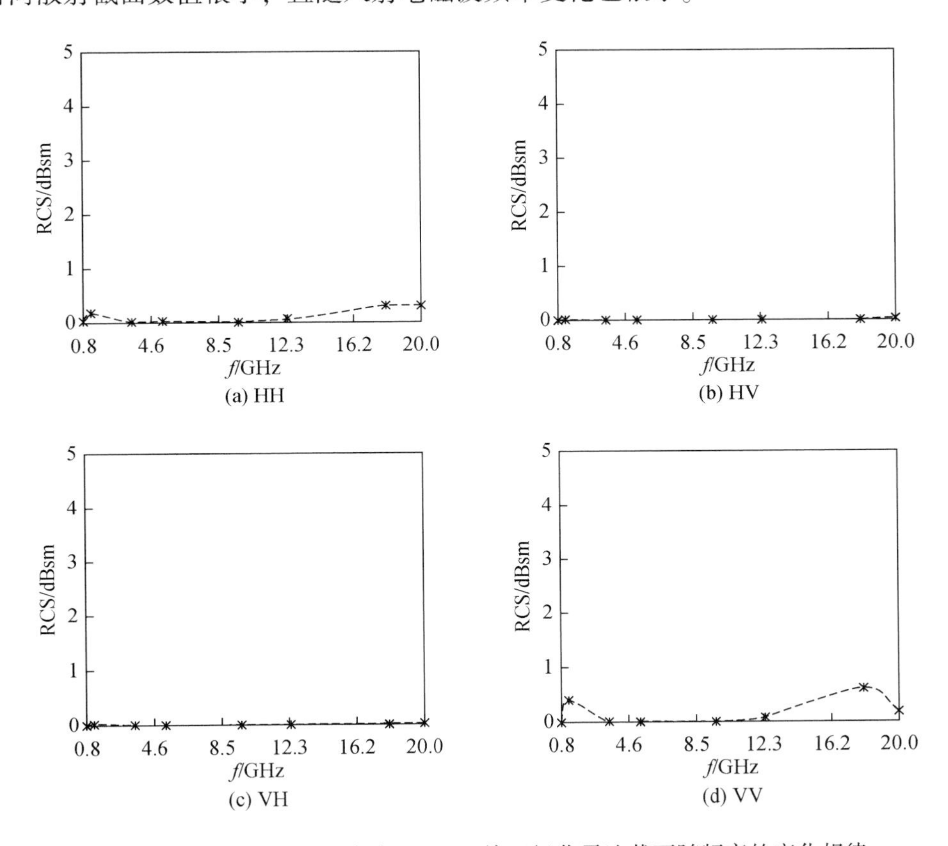

图3.36　50°入射角下盐度为0.7%土壤四极化雷达截面随频率的变化规律

在60°入射角条件下，盐度为0.7%土壤HH/HV/VH/VV四极化雷达截面（RCS）随入射电磁波频率的变化规律如图3.37所示。可以看出，盐度为0.7%土壤在0.8～3.5GHz频率范围，随着入射电磁波频率的增加HH极化和VV极化后向散射截面（RCS）先增大后减小。在12.4～20.0GHz频率范围，随着入射电磁波频率的增加VV极化后向散射截面（RCS）呈现增加趋势，HH极化后向散射截面（RCS）先增大后减小。而HV极化和VH极化后向散射截面数值很小，且随入射电磁波频率变化也很小。

8. 盐度为0.8%土壤雷达截面（RCS）-入射波频率（f）

在20°入射角条件下，盐度为0.8%土壤HH/HV/VH/VV四极化雷达截面（RCS）随

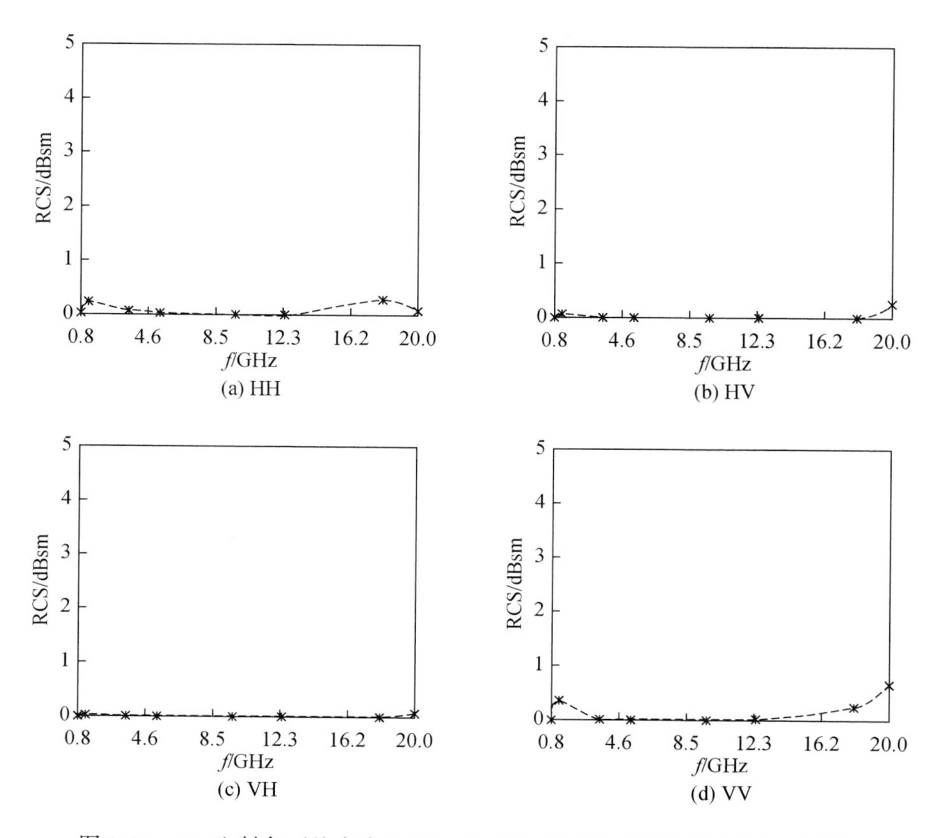

图 3.37 60°入射角下盐度为 0.7% 土壤四极化雷达截面随频率的变化规律

入射电磁波频率的变化规律如图 3.38 所示。可以看出，随着入射电磁波频率的增加，盐度为 0.8% 土壤 HH/HV/VH/VV 四极化后向散射截面（RCS）变化很小。

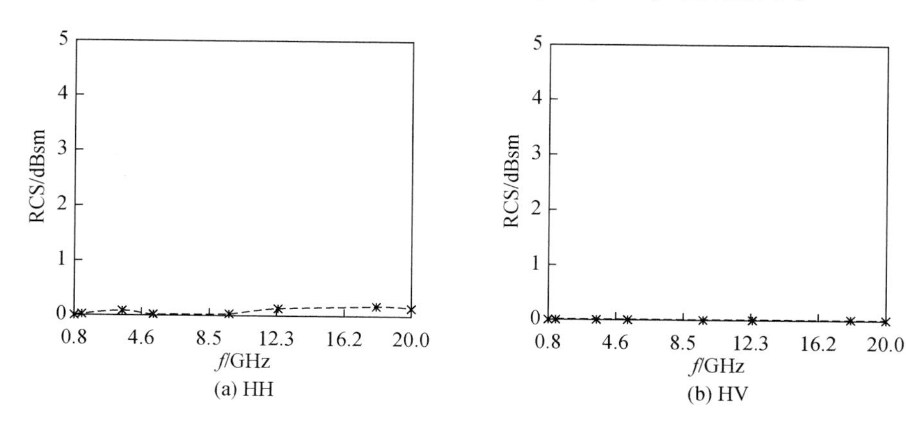

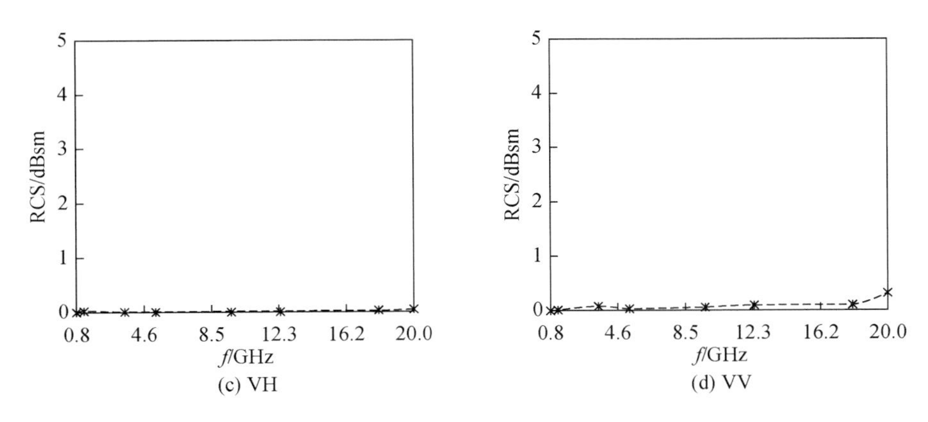

图 3.38　20°入射角下盐度为 0.8% 土壤四极化雷达截面随频率的变化规律

在 30°入射角条件下，盐度为 0.8% 土壤 HH/HV/VH/VV 四极化雷达截面（RCS）随入射电磁波频率的变化规律如图 3.39 所示。可以看出，盐度为 0.8% 土壤在 9.6 ~ 20.0GHz 频率范围，随着入射电磁波频率的增加，HH 极化和 VV 极化后向散射截面（RCS）逐渐增大。而 HV 极化和 VH 极化后向散射截面数值很小，且随入射电磁波频率变化也很小。

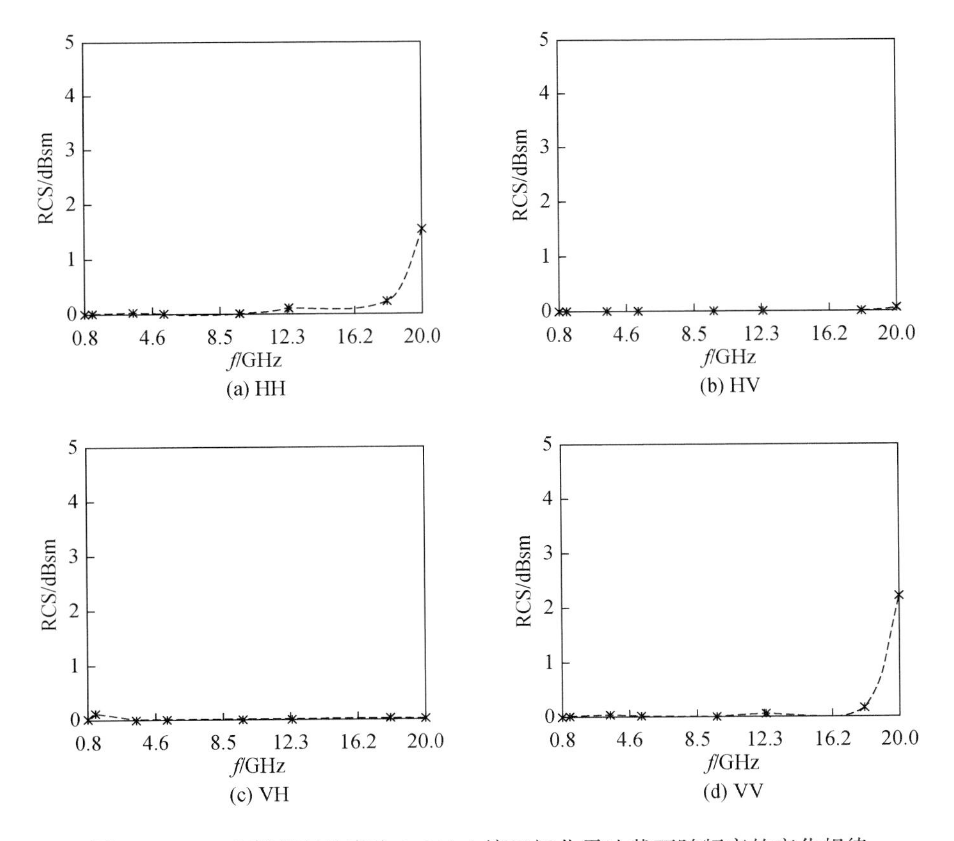

图 3.39　30°入射角下盐度为 0.8% 土壤四极化雷达截面随频率的变化规律

在40°入射角条件下，盐度为0.8%土壤HH/HV/VH/VV四极化雷达截面（RCS）随入射电磁波频率的变化规律如图3.40所示。可以看出，盐度为0.8%土壤在12.4～20.0GHz频率范围，随着入射电磁波频率的增加，HH极化和VV极化后向散射截面（RCS）逐渐增大。而HV极化和VH极化后向散射截面数值很小，且随入射电磁波频率变化也很小。

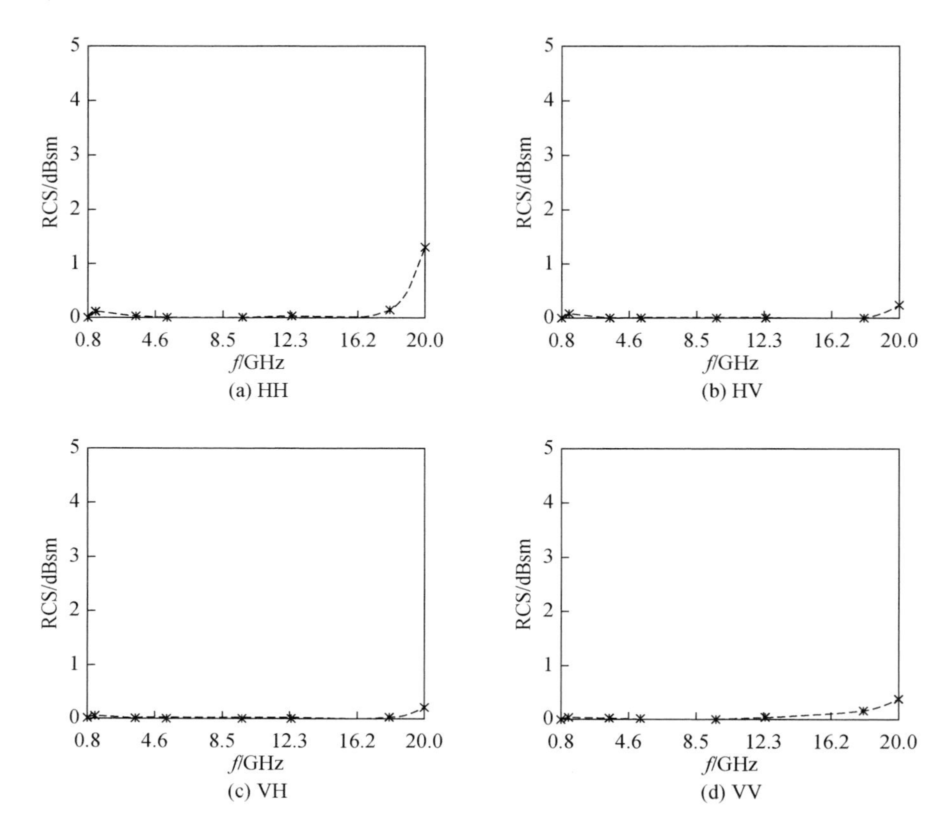

图3.40 40°入射角下盐度为0.8%土壤四极化雷达截面随频率的变化规律

在50°入射角条件下，盐度为0.8%土壤HH/HV/VH/VV四极化雷达截面（RCS）随入射电磁波频率的变化规律如图3.41所示。可以看出，盐度为0.8%土壤在9.6～20.0GHz频率范围，随着入射电磁波频率的增加，HH极化后向散射截面（RCS）逐渐增大。在12.4～20.0GHz频率范围，HV极化和VH极化RCS随着频率的增大而增大，VV极化RCS先增大后减小。

在60°入射角条件下，盐度为0.8%土壤HH/HV/VH/VV四极化雷达截面（RCS）随入射电磁波频率的变化规律如图3.42所示。可以看出，盐度为0.8%土壤在12.4～20.0GHz频率范围，随着入射电磁波频率的增加，HH/HV/VH极化后向散射截面（RCS）逐渐增大，VV极化先增大后减小，HH极化增加幅度最大。在0.8～3.5GHz频率范围，HH极化和VV极化RCS先增大后减小。

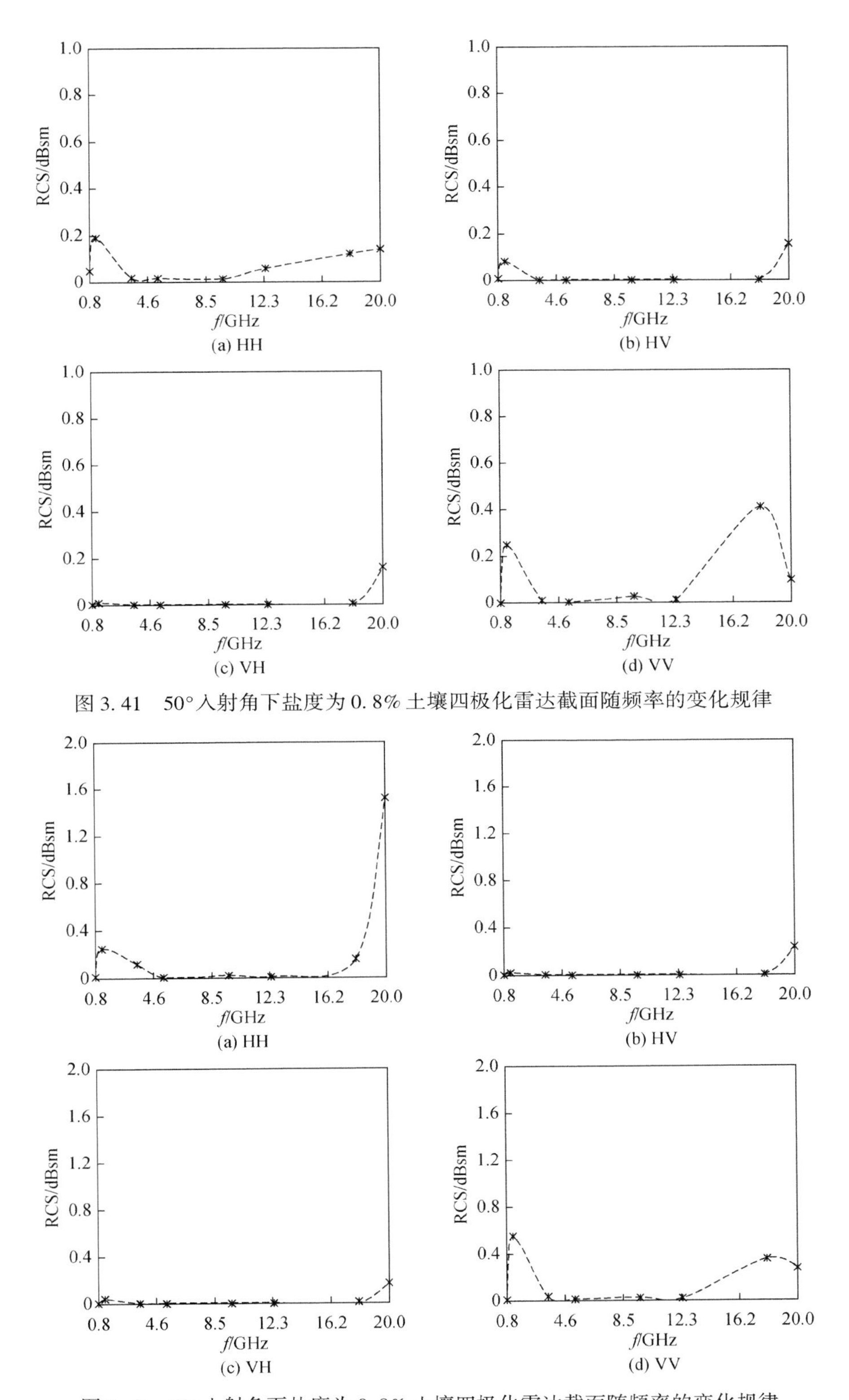

图 3.41　50°入射角下盐度为 0.8% 土壤四极化雷达截面随频率的变化规律

图 3.42　60°入射角下盐度为 0.8% 土壤四极化雷达截面随频率的变化规律

3.2.2　雷达截面（RCS）-入射角（θ）

1. 盐度为0.1%土壤雷达截面（RCS）-入射角（θ）

在1.2GHz频率观测条件下，盐度为0.1%土壤HH/HV/VH/VV四极化雷达散射截面（RCS）随入射角的变化规律如图3.43所示。可以看到，随着入射角逐渐增大，HV极化和VH极化后向散射截面（RCS）没有显著的增加或减少，HH极化后向散射截面（RCS）在50°和60°入射角有明显的增长和减少变化，VV极化则在50°和60°入射角有明显的增长变化。

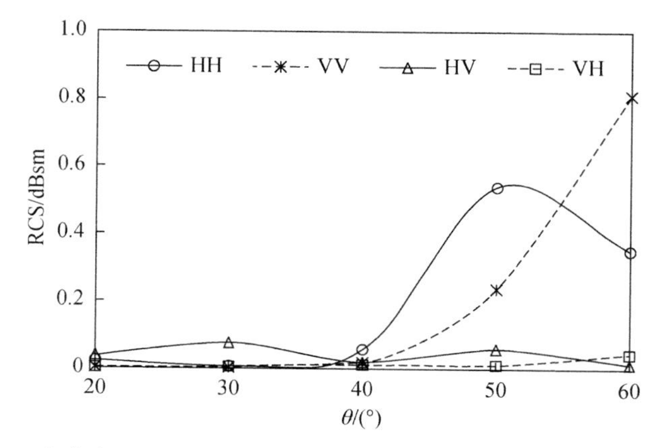

图3.43　盐度为0.1%土壤1.2GHz频率下雷达截面随入射角的变化规律

在3.5GHz频率观测条件下，盐度为0.1%土壤HH/HV/VH/VV四极化雷达散射截面（RCS）随入射角的变化规律如图3.44所示。可以看到，随着入射角逐渐增大，HV极化和VH极化后向散射截面（RCS）没有显著的增加或减少，HH极化和VV极化后向散射截面（RCS）在60°入射角有明显的增加，HH极化比VV极化增加幅度大。

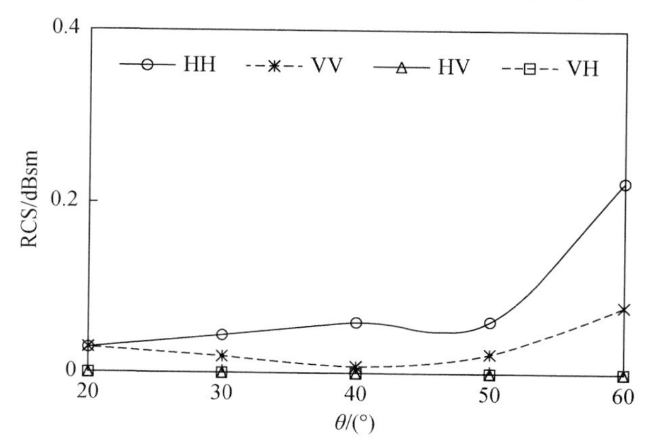

图3.44　盐度为0.1%土壤3.5GHz频率下雷达截面随入射角的变化规律

在5.3GHz频率观测条件下，盐度为0.1%土壤HH/HV/VH/VV四极化雷达散射截面（RCS）随入射角的变化规律如图3.45所示。可以看到，随着入射角逐渐增大，HV极化和VH极化后向散射截面（RCS）没有显著的增加或减少，HH极化和VV极化RCS随着入射角的增大而减小。

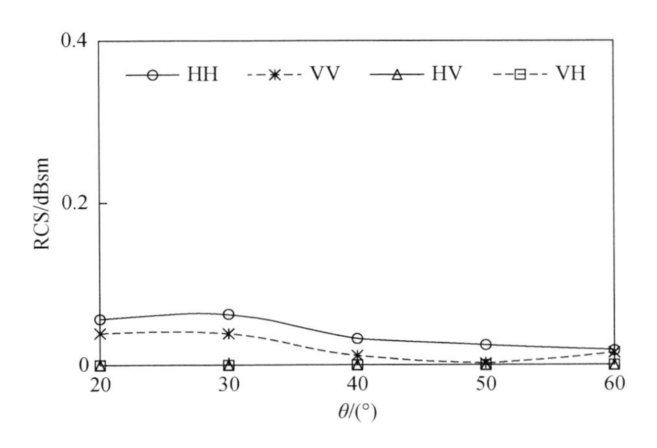

图3.45　盐度为0.1%土壤5.3GHz频率下雷达截面随入射角的变化规律

在9.6GHz频率观测条件下，盐度为0.1%土壤HH/HV/VH/VV四极化雷达散射截面（RCS）随入射角的变化规律如图3.46所示。可以看到，随着入射角逐渐增大，HV极化和VH极化后向散射截面（RCS）没有显著的增加或减少，HH极化和VV极化RCS随着入射角的增大而减小。

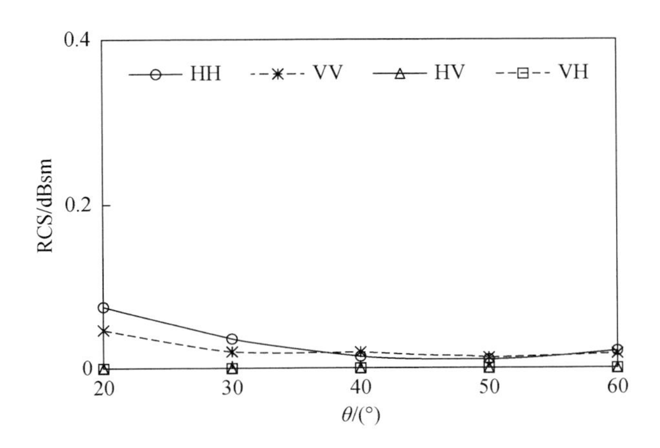

图3.46　盐度为0.1%土壤9.6GHz频率下雷达截面随入射角的变化规律

2. 盐度为0.2%土壤雷达截面（RCS）-入射角（θ）

在1.2GHz频率观测条件下，盐度为0.2%土壤HH/HV/VH/VV四极化雷达散射截面

(RCS) 随入射角的变化规律如图 3.47 所示。可以看到，随着入射角逐渐增大，HH 极化和 VV 极化后向散射截面（RCS）在 30°入射角陡然增加后，在 50°入射角下降；HV 极化后向散射截面（RCS）在 30°入射角达到最大值后逐渐减小；VH 极化后向散射截面（RCS）随着入射角的增加没有明显的变化。

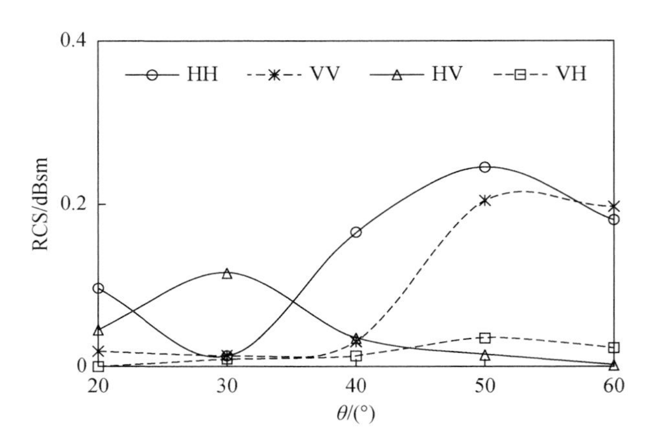

图 3.47 盐度为 0.2% 土壤 1.2GHz 频率下雷达截面随入射角的变化规律

在 3.5GHz 频率观测条件下，盐度为 0.2% 土壤 HH/HV/VH/VV 四极化雷达散射截面（RCS）随入射角的变化规律如图 3.48 所示。可以看到，随着入射角逐渐增大，HH 极化和 VV 极化后向散射截面（RCS）呈现先下降后增大。HV 极化和 VH 极化后向散射截面（RCS）随着入射角的增加没有明显的变化。

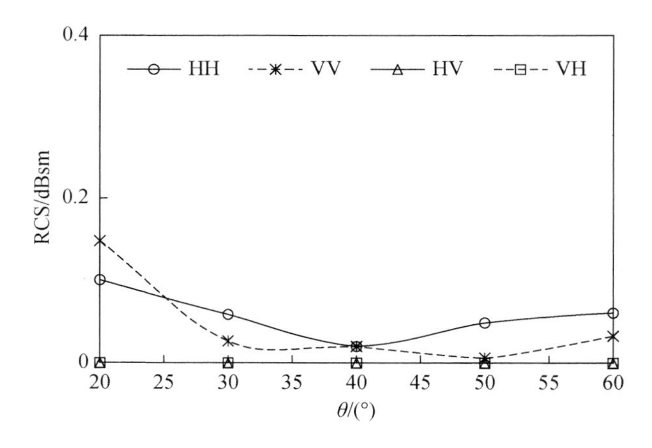

图 3.48 盐度为 0.2% 土壤 3.5GHz 频率下雷达截面随入射角的变化规律

在 5.3GHz 频率观测条件下，盐度为 0.2% 土壤 HH/HV/VH/VV 四极化雷达散射截面（RCS）随入射角的变化规律如图 3.49 所示。可以看到，随着入射角逐渐增大，HH 极化和 VV 极化后向散射截面（RCS）呈现下降趋势，VV 极化比 HH 极化下降的幅度大。HV 极化和 VH 极化后向散射截面（RCS）随着入射角的增加没有明显的变化。

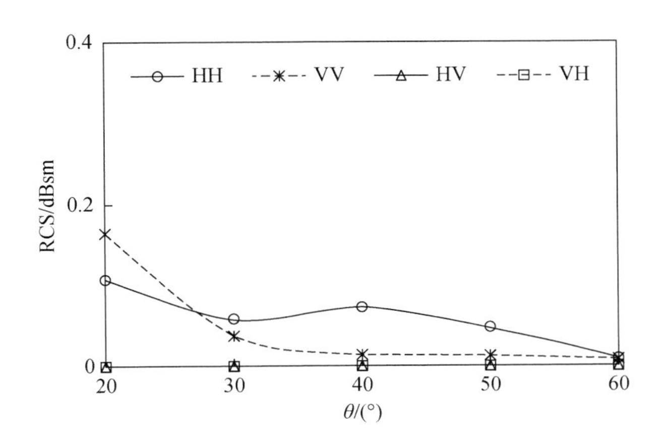

图3.49　盐度为0.2%土壤5.3GHz频率下雷达截面随入射角的变化规律

在9.6GHz频率观测条件下，盐度为0.2%土壤HH/HV/VH/VV四极化雷达散射截面(RCS)随入射角的变化规律如图3.50所示。可以看到，随着入射角逐渐增大，HH极化和VV极化后向散射截面（RCS）整体呈现下降趋势，HH极化比VV极化下降的幅度大。HV极化和VH极化后向散射截面（RCS）随着入射角的增加没有明显的变化。

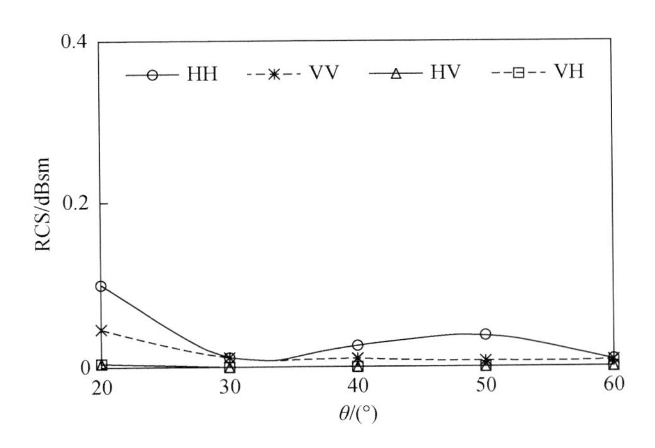

图3.50　盐度为0.2%土壤9.6GHz频率下雷达截面随入射角的变化规律

3. 盐度为0.3%土壤雷达截面（RCS）-入射角（θ）

在1.2GHz频率观测条件下，盐度为0.3%土壤HH/HV/VH/VV四极化雷达散射截面(RCS)随入射角的变化规律如图3.51所示。可以看到，随着入射角逐渐增大，HV极化和VH极化后向散射截面（RCS）没有显著的增加或减少，HH极化后向散射截面（RCS）在50°和60°入射角有明显的增长和减少变化，VV极化则在50°和60°入射角有明显的增长变化。

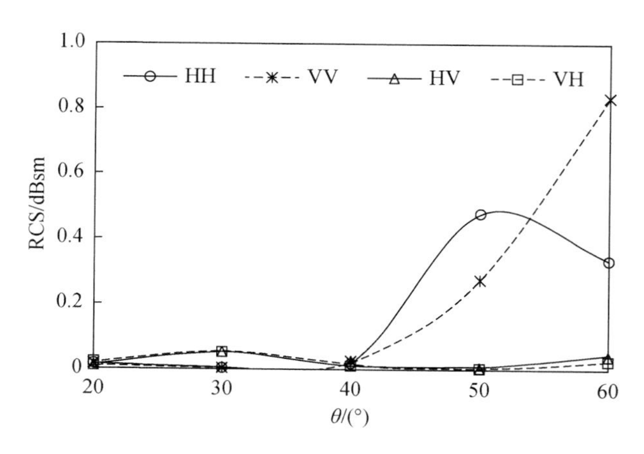

图 3.51 盐度为 0.3% 土壤 1.2GHz 频率下雷达截面随入射角的变化规律

在 3.5GHz 频率观测条件下，盐度为 0.3% 土壤 HH/HV/VH/VV 四极化雷达散射截面（RCS）随入射角的变化规律如图 3.52 所示。可以看到，随着入射角逐渐增大，HV 极化和 VH 极化后向散射截面（RCS）没有显著的增加或减少，HH 极化和 VV 极化后向散射截面（RCS）随着入射角的增大而降低，在 60°入射角有明显的增长变化。

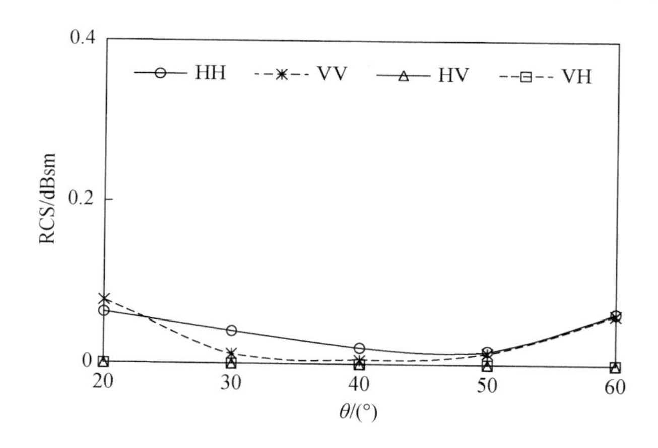

图 3.52 盐度为 0.3% 土壤 3.5GHz 频率下雷达截面随入射角的变化规律

在 5.3GHz 频率观测条件下，盐度为 0.3% 土壤 HH/HV/VH/VV 四极化雷达散射截面（RCS）随入射角的变化规律如图 3.53 所示。可以看到，随着入射角逐渐增大，HV 极化和 VH 极化后向散射截面（RCS）没有显著的增加或减少，HH 极化和 VV 极化后向散射截面（RCS）先减小再增大再减小。

在 9.6GHz 频率观测条件下，盐度为 0.3% 土壤 HH/HV/VH/VV 四极化雷达散射截面（RCS）随入射角的变化规律如图 3.54 所示。可以看到，随着入射角逐渐增大，HV 极化和 VH 极化后向散射截面（RCS）没有显著的增加或减少，HH 极化和 VV 极化后向散射截面（RCS）随着入射角的增大而降低。

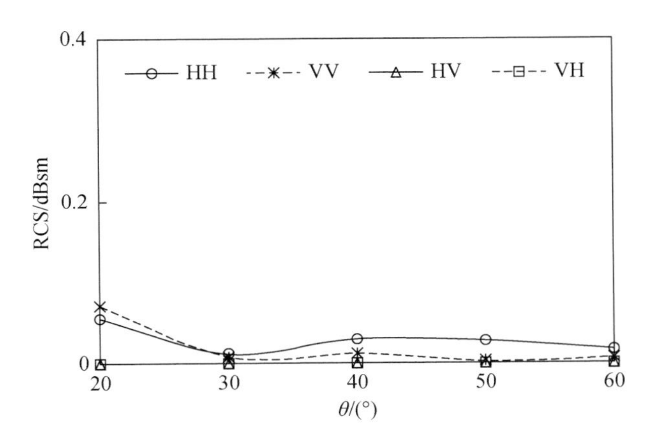

图3.53　盐度为0.3%土壤5.3GHz频率下雷达截面随入射角的变化规律

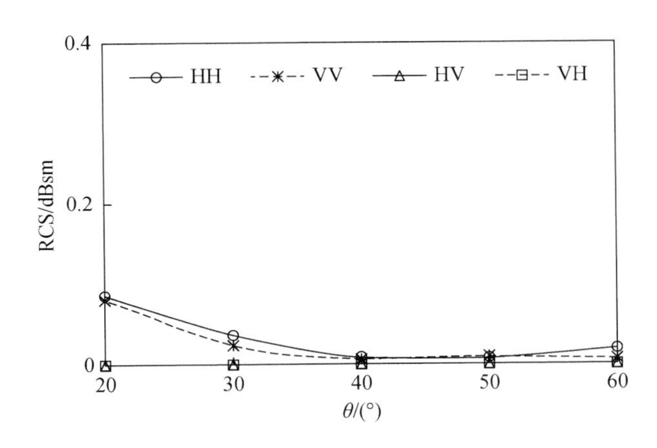

图3.54　盐度为0.3%土壤9.6GHz频率下雷达截面随入射角的变化规律

4. 盐度为0.4%土壤雷达截面（RCS）-入射角（θ）

在1.2GHz频率观测条件下，盐度为0.4%土壤HH/HV/VH/VV四极化雷达散射截面（RCS）随入射角的变化规律如图3.55所示。可以看到，随着入射角逐渐增大，HH极化后向散射截面（RCS）在30°入射角陡然增加后，在40°入射角下降，随后继续随着入射角的增大而增加；VV极化RCS随着入射角的增大而增加；HV极化和VH极化后向散射截面（RCS）随着入射角的增加没有明显的变化。

在3.5GHz频率观测条件下，盐度为0.4%土壤HH/HV/VH/VV四极化雷达散射截面（RCS）随入射角的变化规律如图3.56所示。可以看到，随着入射角逐渐增大，HH极化后向散射截面（RCS）在30°入射角增加后，在40°入射角下降，随后继续随着入射角的增大而增加；VV极化、HV极化和VH极化后向散射截面（RCS）随着入射角的增加没有明显的变化。

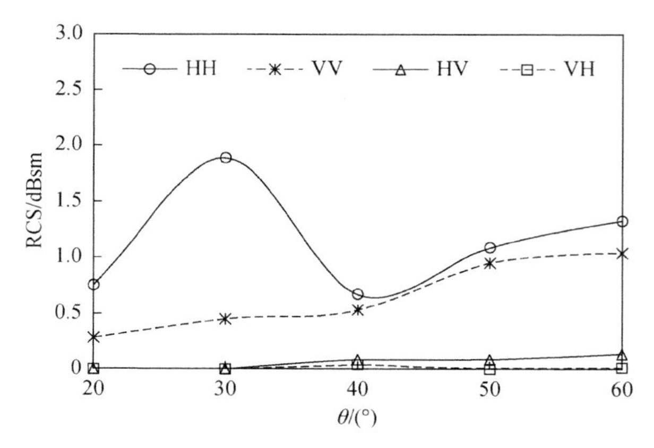

图 3.55 盐度为 0.4% 土壤 1.2GHz 频率下雷达截面随入射角的变化规律

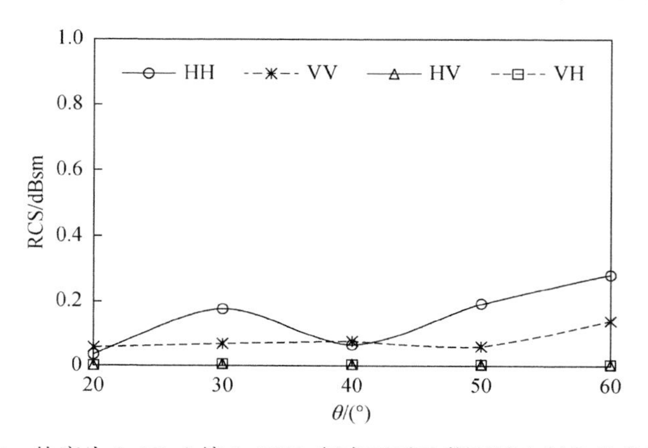

图 3.56 盐度为 0.4% 土壤 3.5GHz 频率下雷达截面随入射角的变化规律

在 5.3GHz 频率观测条件下，盐度为 0.4% 土壤 HH/HV/VH/VV 四极化雷达散射截面（RCS）随入射角的变化规律如图 3.57 所示。可以看到，随着入射角逐渐增大，HH 极化和 VV 极化后向散射截面（RCS）在 30°入射角增加后随入射角的增大而减小；HV 极化和 VH 极化后向散射截面（RCS）随着入射角的增加没有明显的变化。

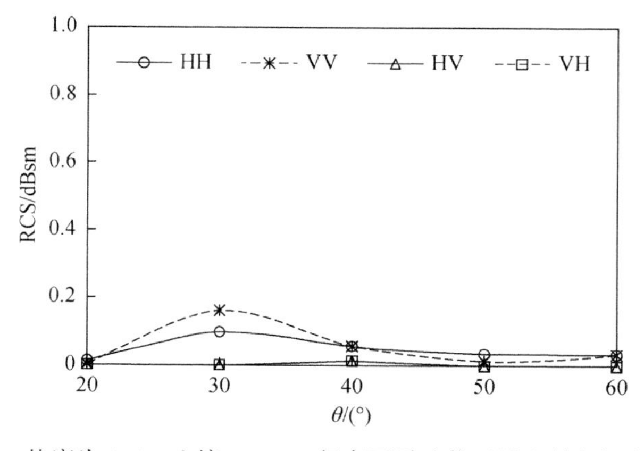

图 3.57 盐度为 0.4% 土壤 5.3GHz 频率下雷达截面随入射角的变化规律

在9.6GHz频率观测条件下，盐度为0.4%土壤HH/HV/VH/VV四极化雷达散射截面（RCS）随入射角的变化规律如图3.58所示。可以看到，随着入射角逐渐增大，HH极化和VV极化后向散射截面（RCS）在30°入射角增加后随着入射角的增大而减小；HV极化和VH极化后向散射截面随着入射角的增加没有明显的变化。

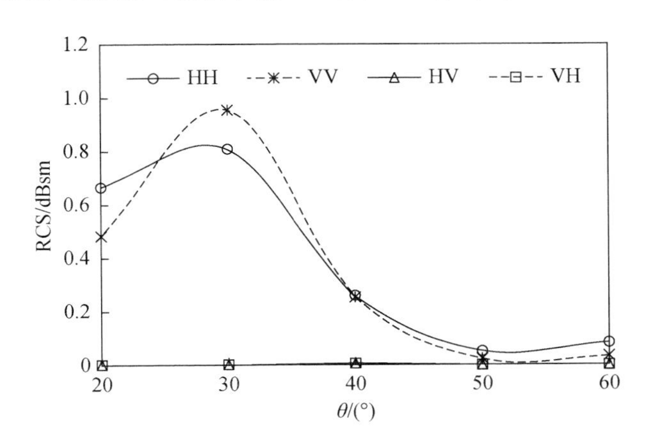

图3.58 盐度为0.4%土壤9.6GHz频率下雷达截面随入射角的变化规律

5. 盐度为0.5%土壤雷达截面（RCS）-入射角（θ）

在1.2GHz频率观测条件下，盐度为0.5%土壤HH/HV/VH/VV四极化雷达散射截面（RCS）随入射角的变化规律如图3.59所示。可以看到，随着入射角逐渐增大，HH极化和VV极化后向散射截面（RCS）逐渐增加；HV极化和VH极化后向散射截面随着入射角的增加没有明显的变化。

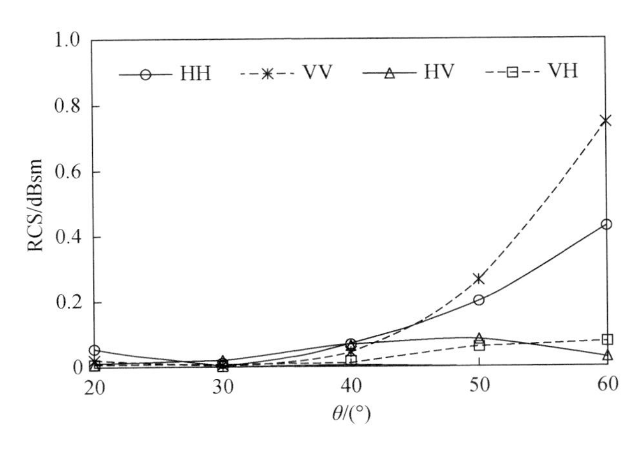

图3.59 盐度为0.5%土壤1.2GHz频率下雷达截面随入射角的变化规律

在 3.5GHz 频率观测条件下，盐度为 0.5% 土壤 HH/HV/VH/VV 四极化雷达散射截面（RCS）随入射角的变化规律如图 3.60 所示。可以看到，HH 极化和 VV 极化后向散射截面（RCS）随着入射角的增加变化不大，在 60°入射角明显增大；HV 极化和 VH 极化后向散射截面随着入射角的增加没有明显的变化。

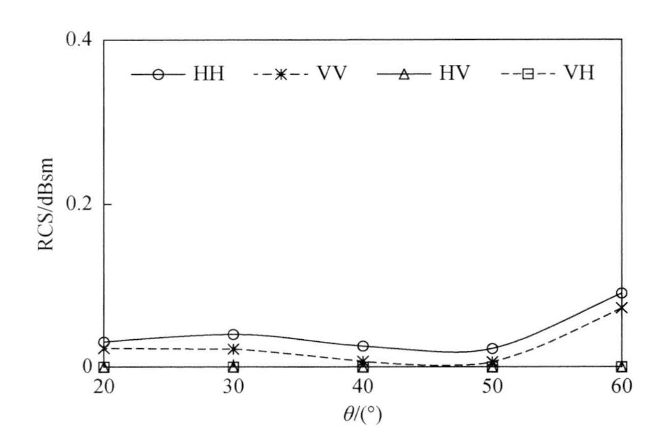

图 3.60 盐度为 0.5% 土壤 3.5GHz 频率下雷达截面随入射角的变化规律

在 5.3GHz 频率观测条件下，盐度为 0.5% 土壤 HH/HV/VH/VV 四极化雷达散射截面（RCS）随入射角的变化规律如图 3.61 所示。可以看到，HH 极化和 VV 极化后向散射截面（RCS）随着入射角的增加变化不大；HV 极化和 VH 极化后向散射截面随着入射角的增加没有明显的变化。

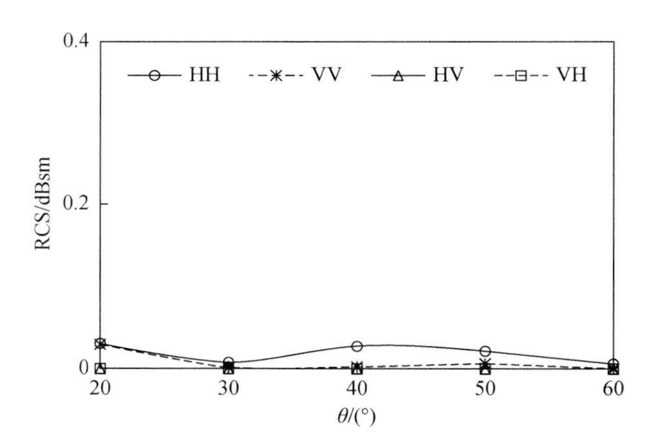

图 3.61 盐度为 0.5% 土壤 5.3GHz 频率下雷达截面随入射角的变化规律

在 9.6GHz 频率观测条件下，盐度为 0.5% 土壤 HH/HV/VH/VV 四极化雷达散射截面（RCS）随入射角的变化规律如图 3.62 所示。可以看到，HH 极化后向散射截面（RCS）随着入射角的增加先减小后增大再减小；VV 极化后向散射截面先减小后增大；HV 极化和 VH 极化后向散射截面随着入射角的增加没有明显的变化。

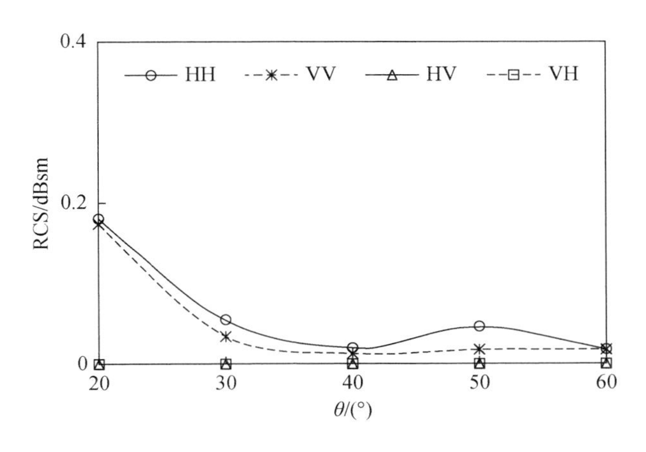

图3.62　盐度为0.5%土壤9.6GHz频率下雷达截面随入射角的变化规律

6. 盐度为0.6%土壤雷达截面（RCS）-入射角（θ）

在1.2GHz频率观测条件下，盐度为0.6%土壤HH/HV/VH/VV四极化雷达散射截面（RCS）随入射角的变化规律如图3.63所示。可以看到，随着入射角逐渐增大，HV极化和VH极化后向散射截面（RCS）没有显著的增加或减少，HH极化和VV极化后向散射截面分别从40°和50°开始有明显的增长变化。

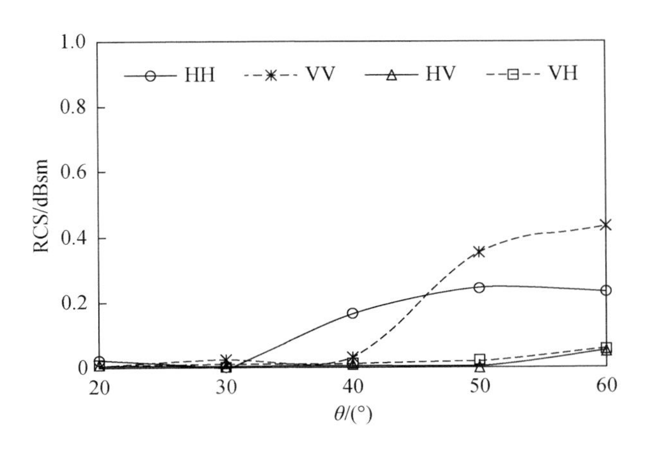

图3.63　盐度为0.6%土壤1.2GHz频率下雷达截面随入射角的变化规律

在3.5GHz频率观测条件下，盐度为0.6%土壤HH/HV/VH/VV四极化雷达散射截面（RCS）随入射角的变化规律如图3.64所示。可以看到，随着入射角逐渐增大，HV极化和VH极化后向散射截面（RCS）没有显著的增加或减少，HH极化后向散射截面交替出现下降和上升变化，VV极化后向散射截面先减小后增大。

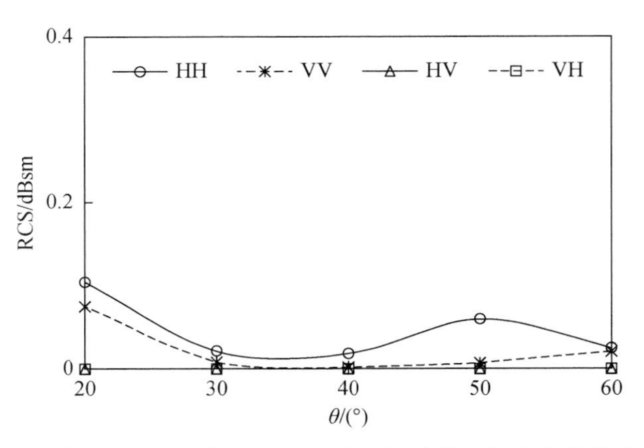

图 3.64 盐度为 0.6% 土壤 3.5GHz 频率下雷达截面随入射角的变化规律

在 5.3GHz 频率观测条件下，盐度为 0.6% 土壤 HH/HV/VH/VV 四极化雷达散射截面（RCS）随入射角的变化规律如图 3.65 所示。可以看到，随着入射角逐渐增大，HH/HV/VH/VV 四极化后向散射截面（RCS）没有显著的增加或减少。

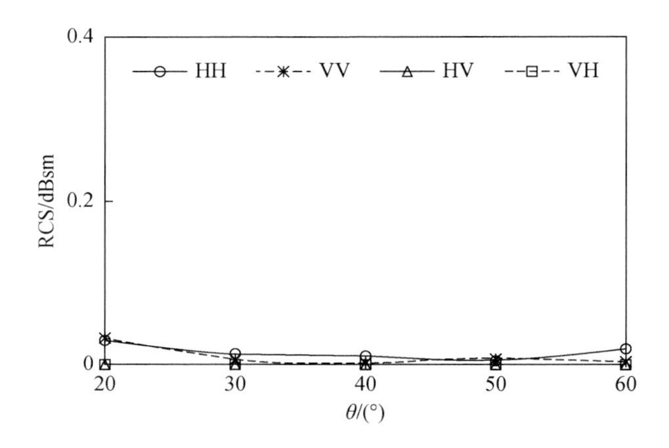

图 3.65 盐度为 0.6% 土壤 5.3GHz 频率下雷达截面随入射角的变化规律

在 9.6GHz 频率观测条件下，盐度为 0.6% 土壤 HH/HV/VH/VV 四极化雷达散射截面（RCS）随入射角的变化规律如图 3.66 所示。可以看到，随着入射角逐渐增大，HV 极化和 VH 极化后向散射截面（RCS）没有显著的增加或减少，HH 极化后向散射截面下降后开始缓慢增加，VV 极化后向散射截面陡然下降后呈缓慢下降趋势。

7. 盐度为 0.7% 土壤雷达截面（RCS）-入射角（θ）

在 1.2GHz 频率观测条件下，盐度为 0.7% 土壤 HH/HV/VH/VV 四极化雷达散射截面（RCS）随入射角的变化规律如图 3.67 所示。可以看到，随着入射角逐渐增大，VV 极化后向散射截面（RCS）在 50°入射角陡然增加后，在 60°入射角下降；HH 极化后向散射截

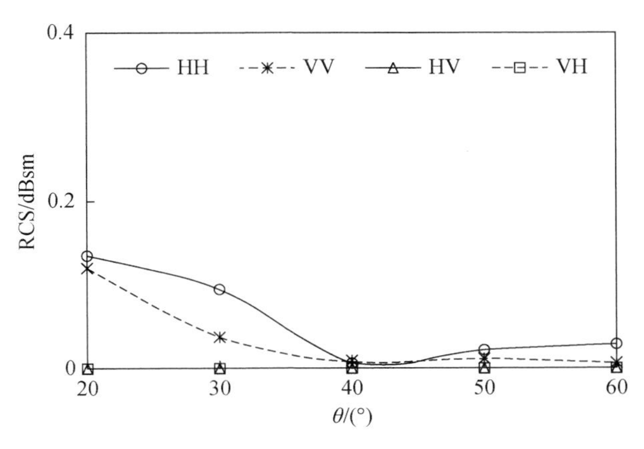

图 3.66　盐度为 0.6% 土壤 9.6GHz 频率下雷达截面随入射角的变化规律

面（RCS）随着入射角的增大而增加；HV 极化和 VH 极化后向散射截面随着入射角的增大没有明显的变化。

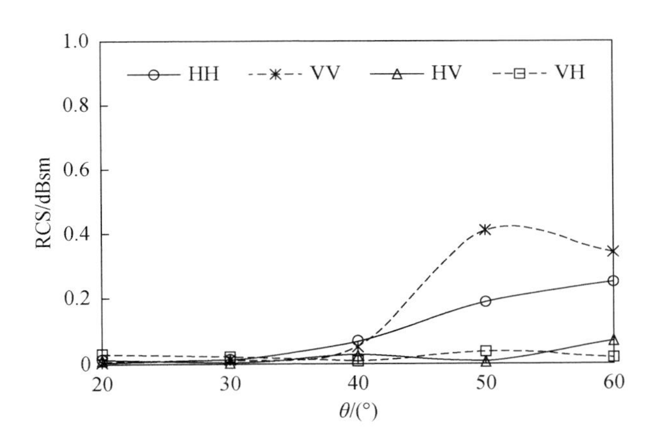

图 3.67　盐度为 0.7% 土壤 1.2GHz 频率下雷达截面随入射角的变化规律

在 3.5GHz 频率观测条件下，盐度为 0.7% 土壤 HH/HV/VH/VV 四极化雷达散射截面（RCS）随入射角的变化规律如图 3.68 所示。可以看到，随着入射角逐渐增大，HV 极化和 VH 极化后向散射截面（RCS）没有显著的增加或减少，HH 极化后向散射截面交替出现下降和上升变化，VV 极化后向散射截面呈下降趋势。

在 5.3GHz 频率观测条件下，盐度为 0.7% 土壤 HH/HV/VH/VV 四极化雷达散射截面（RCS）随入射角的变化规律如图 3.69 所示。可以看到，随着入射角逐渐增大，HH/HV/VH/VV 四极化后向散射截面（RCS）没有显著的增加或减少。

在 9.6GHz 频率观测条件下，盐度为 0.7% 土壤 HH/HV/VH/VV 四极化雷达散射截面（RCS）随入射角的变化规律如图 3.70 所示。可以看到，随着入射角逐渐增大，HV 极化和 VH 极化后向散射截面（RCS）没有显著的增加或减少，HH 极化后向散射截面下降后缓慢上升，VV 极化后向散射截面呈下降趋势。

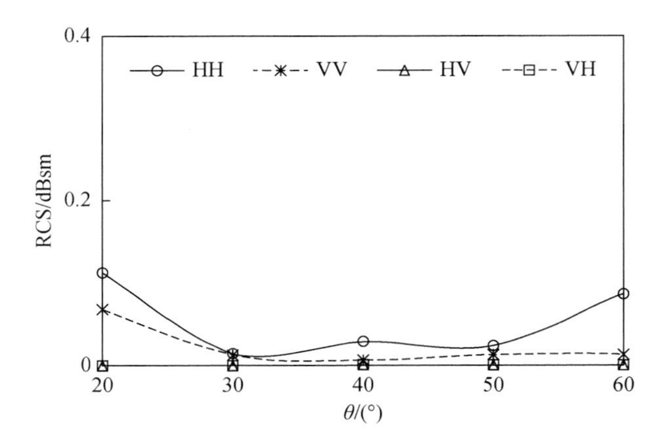

图 3.68　盐度为 0.7% 土壤 3.5GHz 频率下雷达截面随入射角的变化规律

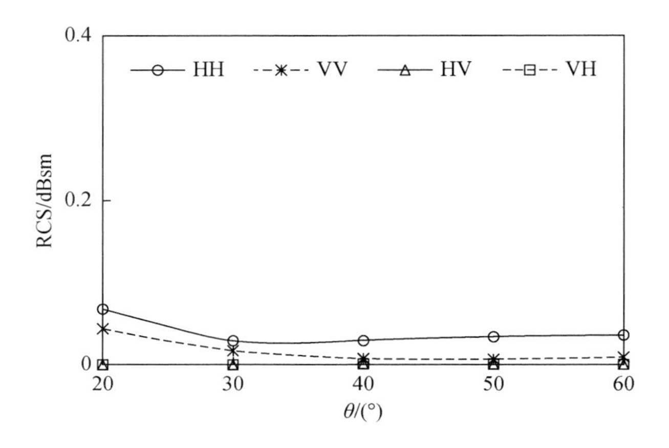

图 3.69　盐度为 0.7% 土壤 5.3GHz 频率下雷达截面随入射角的变化规律

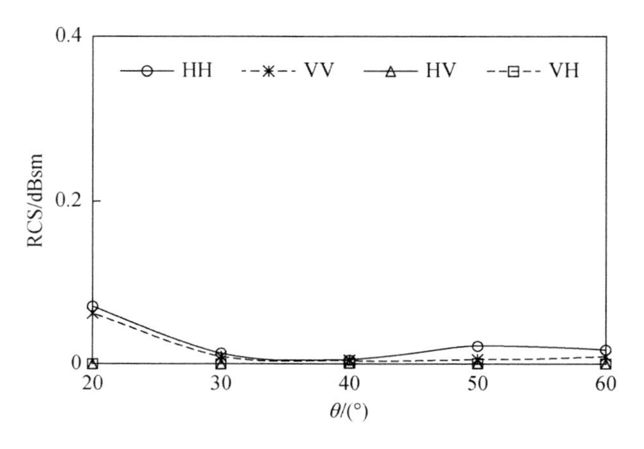

图 3.70　盐度为 0.7% 土壤 9.6GHz 频率下雷达截面随入射角的变化规律

8. 盐度为0.8%土壤雷达截面（RCS）-入射角（θ）

在1.2GHz频率观测条件下，盐度为0.8%土壤HH/HV/VH/VV四极化雷达散射截面（RCS）随入射角的变化规律如图3.71所示。可以看到，随着入射角逐渐增大，VV极化后向散射截面（RCS）在50°入射角开始陡然增加；HH极化后向散射截面（RCS）随着入射角的增大而增加；VH极化后向散射截面在30°入射角增加后开始下降；HV极化后向散射截面在40°入射角增加后开始下降。

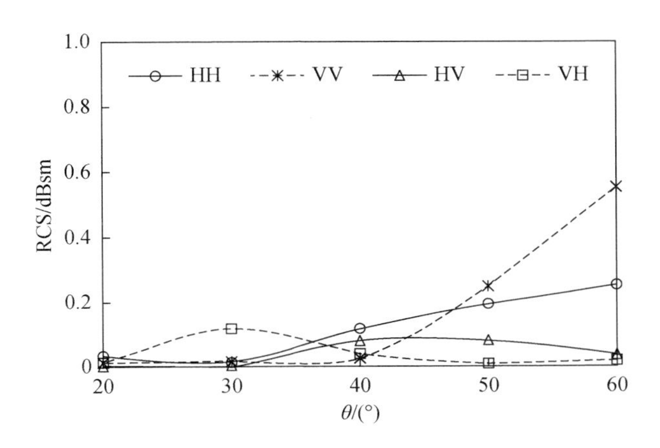

图3.71　盐度为0.8%土壤1.2GHz频率下雷达截面随入射角的变化规律

在3.5GHz频率观测条件下，盐度为0.8%土壤HH/HV/VH/VV四极化雷达散射截面（RCS）随入射角的变化规律如图3.72所示。可以看到，随着入射角逐渐增大，HV极化和VH极化后向散射截面（RCS）没有显著的增加或减少，HH极化后向散射截面交替出现下降和上升变化，VV极化后向散射截面先减小后增大。

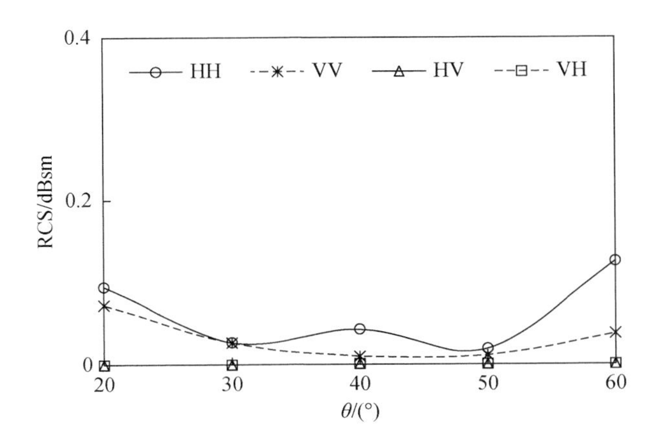

图3.72　盐度为0.8%土壤3.5GHz频率下雷达截面随入射角的变化规律

在 5.3GHz 频率观测条件下，盐度为 0.8% 土壤 HH/HV/VH/VV 四极化雷达散射截面（RCS）随入射角的变化规律如图 3.73 所示。可以看到，随着入射角逐渐增大，HH/HV/VH/VV 四极化后向散射截面（RCS）没有显著的增加或减少。

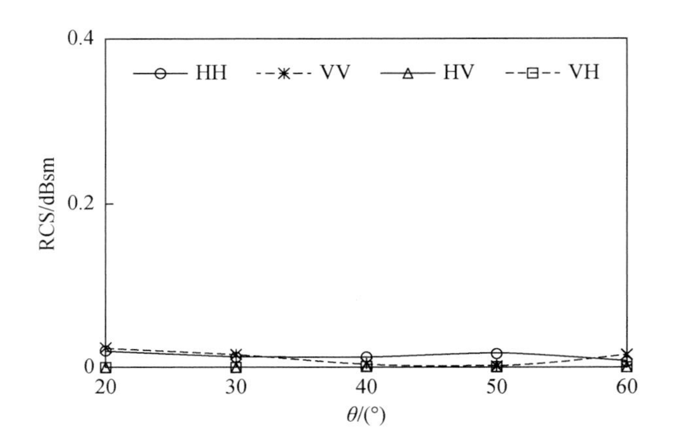

图 3.73 盐度为 0.8% 土壤 5.3GHz 频率下雷达截面随入射角的变化规律

在 9.6GHz 频率观测条件下，盐度为 0.8% 土壤 HH/HV/VH/VV 四极化雷达散射截面（RCS）随入射角的变化规律如图 3.74 所示。可以看到，随着入射角逐渐增大，HV 极化和 VH 极化后向散射截面（RCS）没有显著的增加或减少，VV 极化后向散射截面下降后缓慢上升，HH 极化后向散射截面下降后出现增大和减小的缓慢波动。

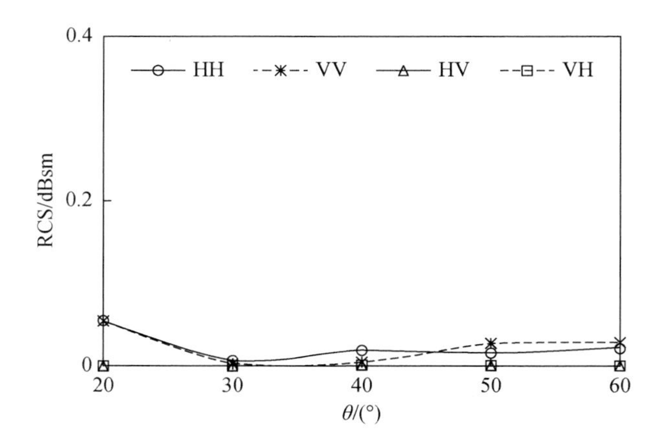

图 3.74 盐度为 0.8% 土壤 9.6GHz 频率下雷达截面随入射角的变化规律

3.3　含水土壤实验雷达后向散射特性测量结果

3.3.1　雷达截面–入射波频率

1. 单层含水量5%土壤雷达截面（RCS）–入射波频率（f）

在10°入射角条件下，单层含水量5%土壤HH/HV/VH/VV四极化雷达截面（RCS）随入射电磁波频率的变化规律如图3.75所示。可以看出，在9.6～20.0GHz频率范围，单层含水量5%土壤HH和VV极化有较强后向散射回波，HH极化后向散射截面（RCS）先增大后减小，VV极化后向散射截面（RCS）随频率的增大而增大。而HV极化和VH极化后向散射截面数值很小，且随入射电磁波频率变化也很小。

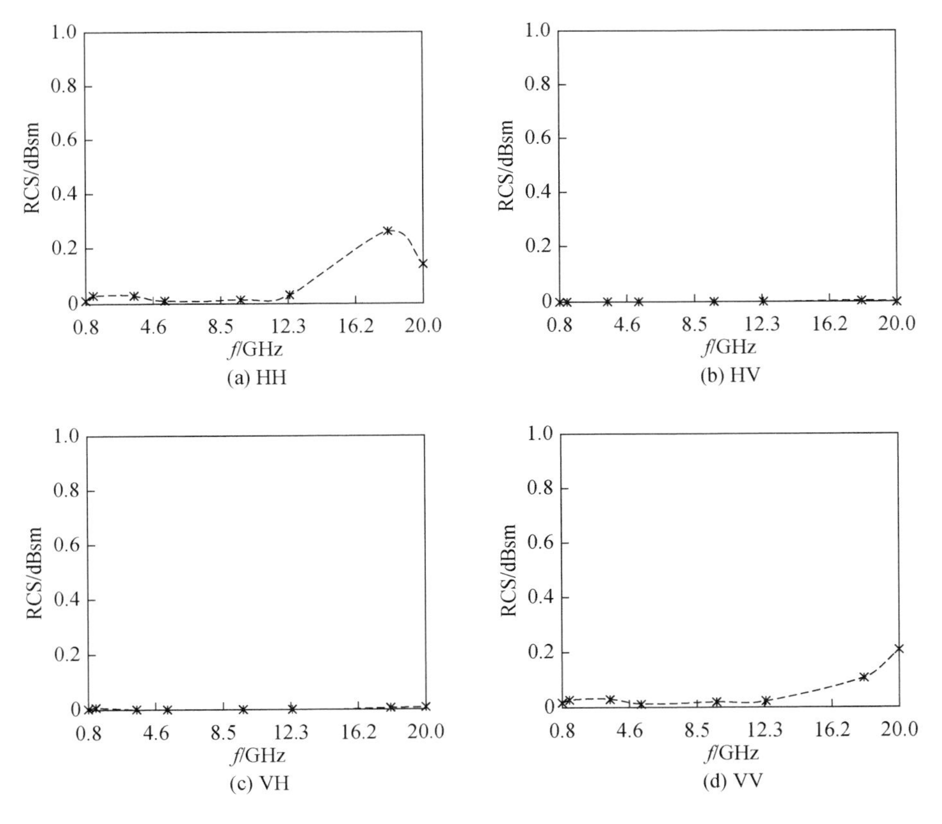

图3.75　10°入射角下单层含水量5%土壤四极化雷达截面随频率的变化规律

在 20°入射角条件下，单层含水量 5% 土壤 HH/HV/VH/VV 四极化雷达截面（RCS）随入射电磁波频率的变化规律如图 3.76 所示。可以看出，在 9.6 ~ 20.0GHz 频率范围，单层含水量 5% 土壤 HH 极化和 VV 极化有相对较强的后向散射回波，HH 极化和 VV 极化后向散射截面（RCS）随频率的增大而增大。而 HV 极化和 VH 极化后向散射截面数值很小，且随入射电磁波频率变化也很小。

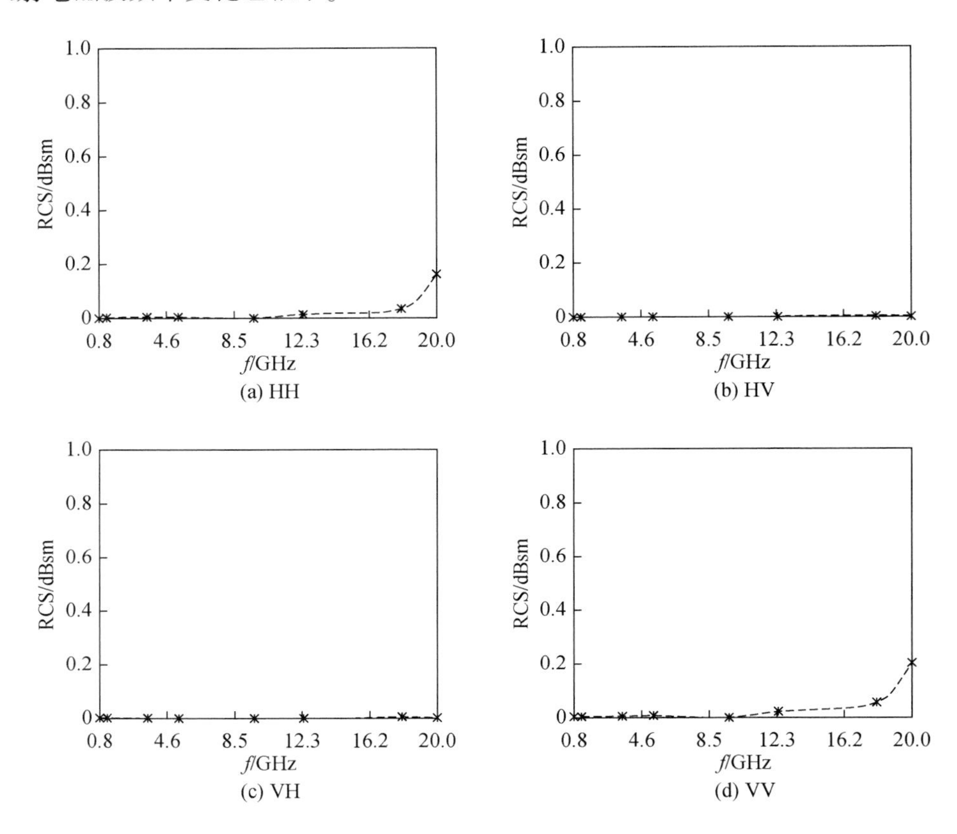

图 3.76　20°入射角下单层含水量 5% 土壤四极化雷达截面随频率的变化规律

在 30°入射角条件下，单层含水量 5% 土壤 HH/HV/VH/VV 四极化雷达截面（RCS）随入射电磁波频率的变化规律如图 3.77 所示。可以看出，在 12.4 ~ 20.0GHz 频率范围，单层含水量 5% 土壤 HH 极化和 VV 极化有相对较强的后向散射回波，HH 极化和 VV 极化后向散射截面（RCS）随频率的增大而增大。而 HV 极化和 VH 极化后向散射截面数值很小，且随入射电磁波频率变化也很小。

在 40°入射角条件下，单层含水量 5% 土壤 HH/HV/VH/VV 四极化雷达截面（RCS）随入射电磁波频率的变化规律如图 3.78 所示。可以看出，在 12.4 ~ 20.0GHz 频率范围，单层含水量 5% 土壤 HH 极化和 VV 极化有相对较强的后向散射回波，HH 极化和 VV 极化后向散射截面（RCS）随频率的增大先增大后减小，VV 极化比 HH 极化变化幅度更大。而 HV 极化和 VH 极化后向散射截面数值很小，且随入射电磁波频率变化也很小。

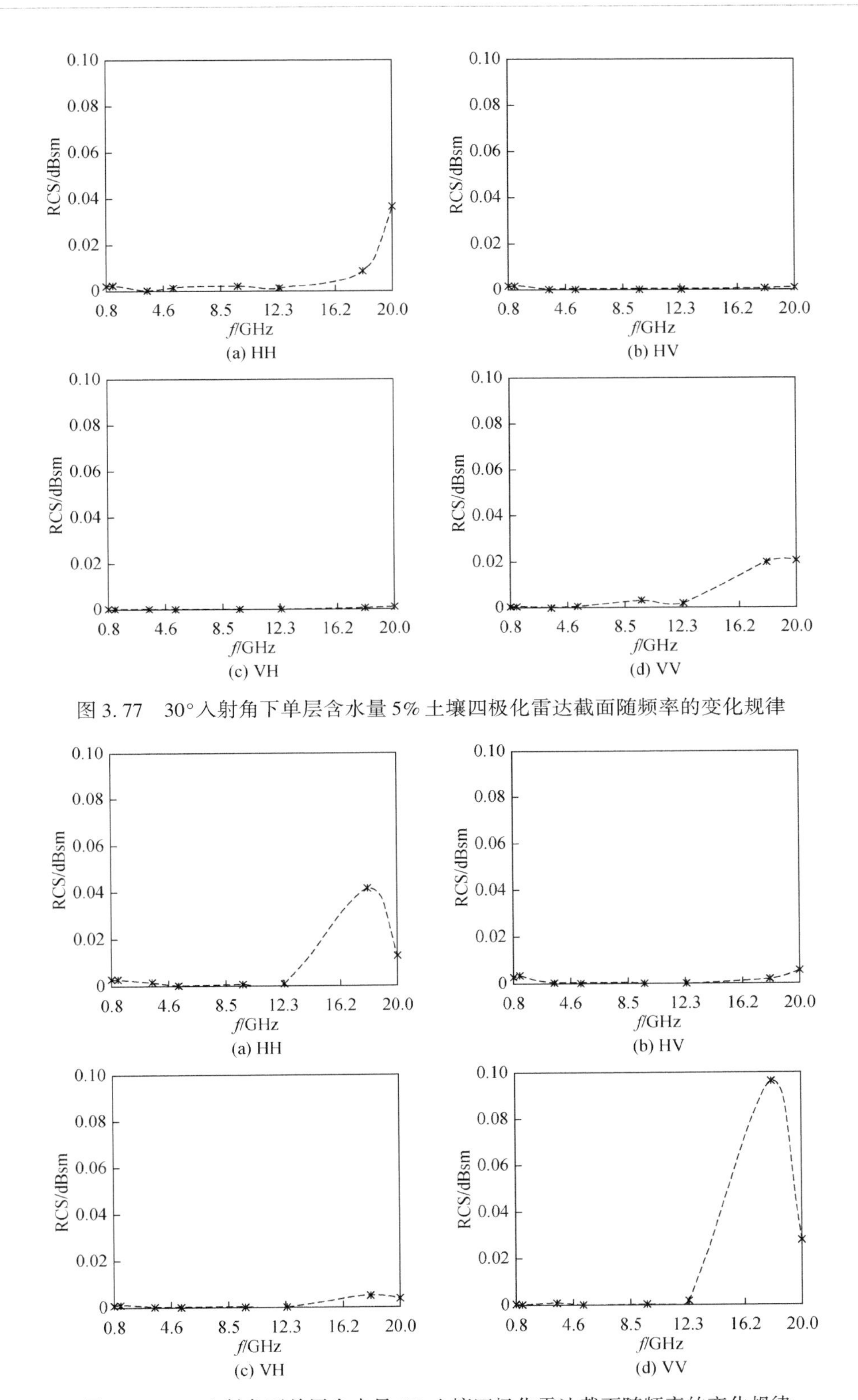

图 3.77　30°入射角下单层含水量 5% 土壤四极化雷达截面随频率的变化规律

图 3.78　40°入射角下单层含水量 5% 土壤四极化雷达截面随频率的变化规律

在 50°入射角条件下，单层含水量 5% 土壤 HH/HV/VH/VV 四极化雷达截面（RCS）随入射电磁波频率的变化规律如图 3.79 所示。可以看出，在 0.8～3.5GHz 频率范围，单层含水量 5% 土壤 HH 极化有相对较强的后向散射回波，后向散射截面（RCS）随频率的增加先增大后减小。在 18.0～20.0GHz 频率范围，后向散射截面（RCS）VV 极化有比较明显的增大。而 HV 极化和 VH 极化后向散射截面数值很小，且随入射电磁波频率变化也很小。

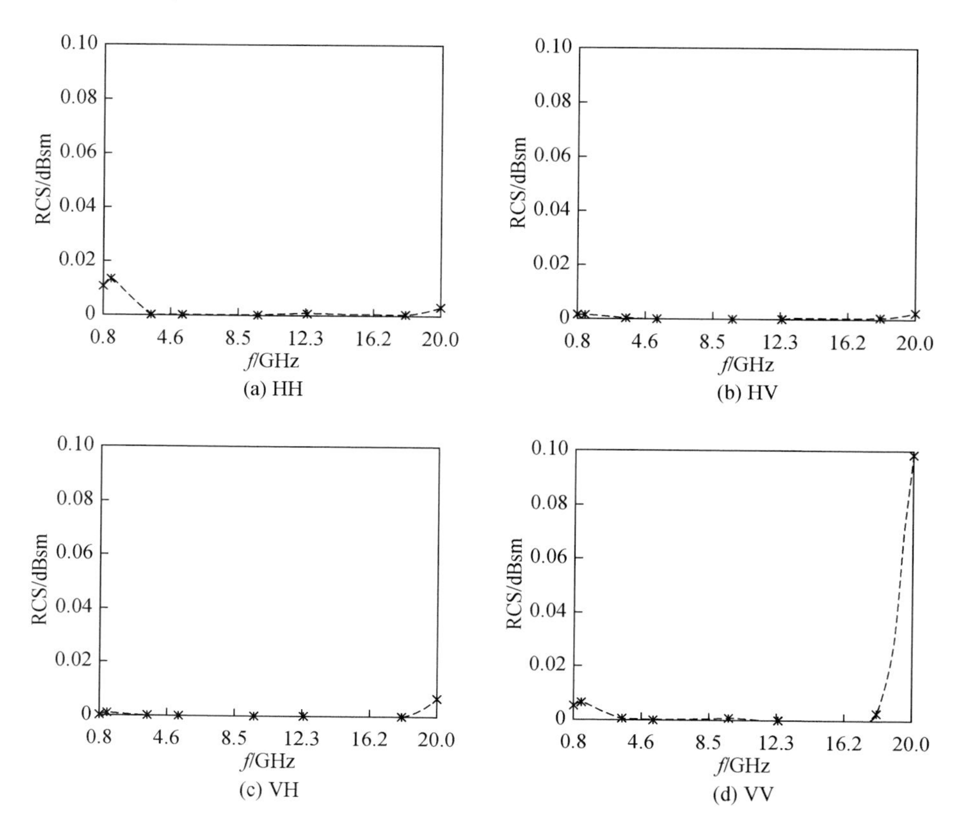

图 3.79　50°入射角下单层含水量 5% 土壤四极化雷达截面随频率的变化规律

在 60°入射角条件下，单层含水量 5% 土壤 HH/HV/VH/VV 四极化雷达截面（RCS）随入射电磁波频率的变化规律如图 3.80 所示。可以看出，在 0.8～3.5GHz 频率范围，单层含水量 5% 土壤 HH 极化和 VV 极化有相对较强的后向散射回波，HH 极化后向散射截面（RCS）随频率的增大而减小，VV 极化后向散射截面（RCS）先增大后减小。而 HV 极化和 VH 极化后向散射截面数值很小，且随入射电磁波频率变化也很小。

2. 单层含水量 30% 土壤雷达截面（RCS）–入射波频率（f）

在 10°入射角条件下，单层含水量 30% 土壤 HH/HV/VH/VV 四极化雷达截面（RCS）随入射电磁波频率的变化规律如图 3.81 所示。可以看出，在 9.6～20.0GHz 频率范围，单

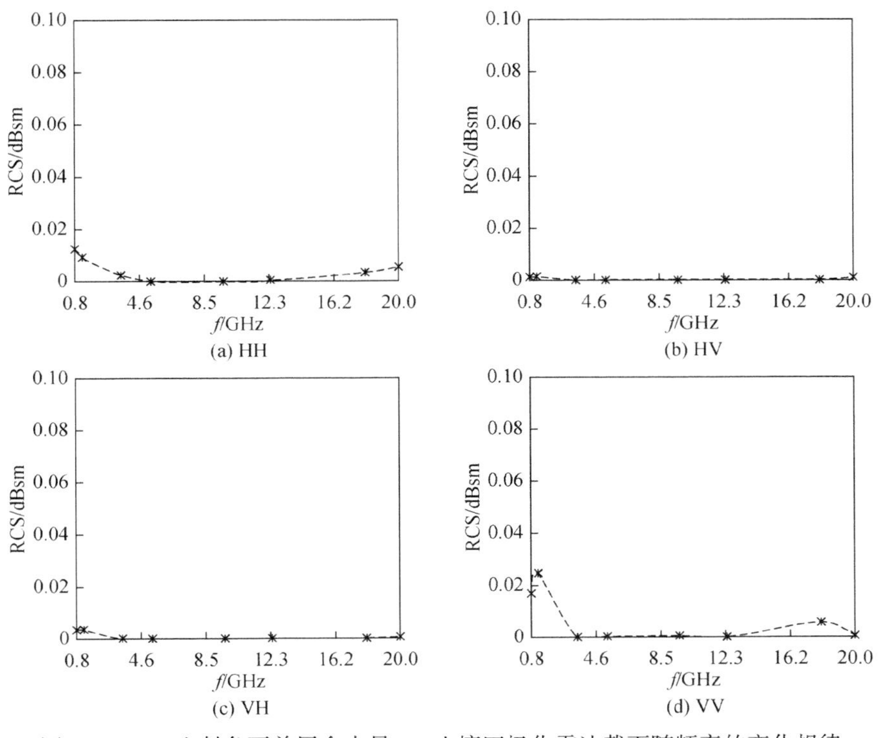

图 3.80　60°入射角下单层含水量 5% 土壤四极化雷达截面随频率的变化规律

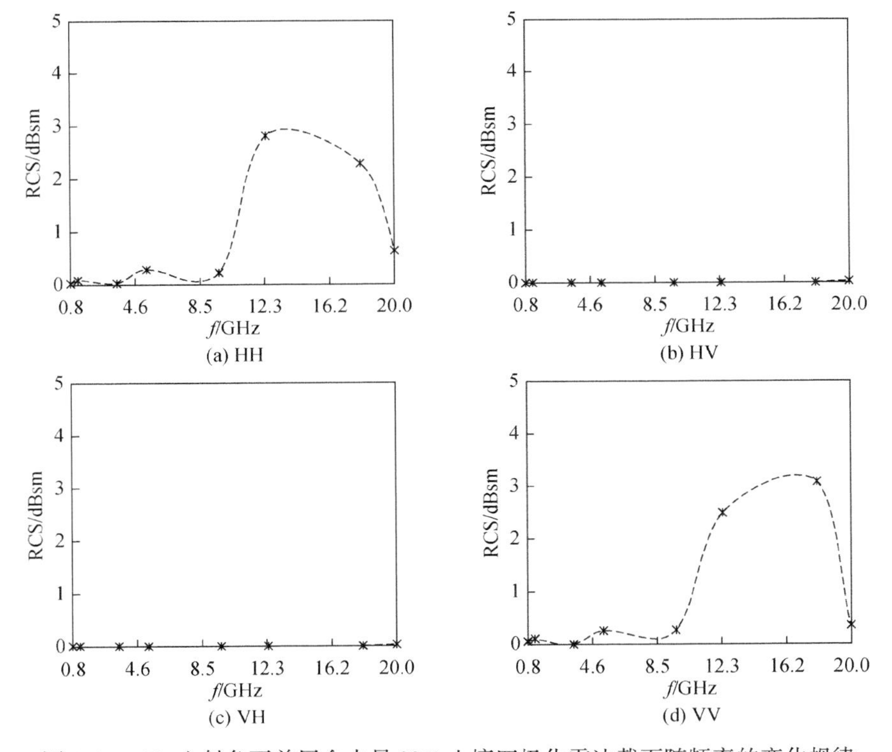

图 3.81　10°入射角下单层含水量 30% 土壤四极化雷达截面随频率的变化规律

层含水量30%土壤HH极化和VV极化有相对较强的后向散射回波，HH极化和VV极化后向散射截面（RCS）先增大后减小，变化幅度约为3dBsm。而HV极化和VH极化后向散射截面数值很小，且随入射电磁波频率变化也很小。

在20°入射角条件下，单层含水量30%土壤HH/HV/VH/VV四极化雷达截面（RCS）随入射电磁波频率的变化规律如图3.82所示。可以看出，在12.4～20.0GHz频率范围，单层含水量30%土壤HH极化和VV极化有相对较强的后向散射回波，HH极化和VV极化后向散射截面（RCS）先增大后减小。而HV极化和VH极化后向散射截面数值很小，且随入射电磁波频率变化也很小。

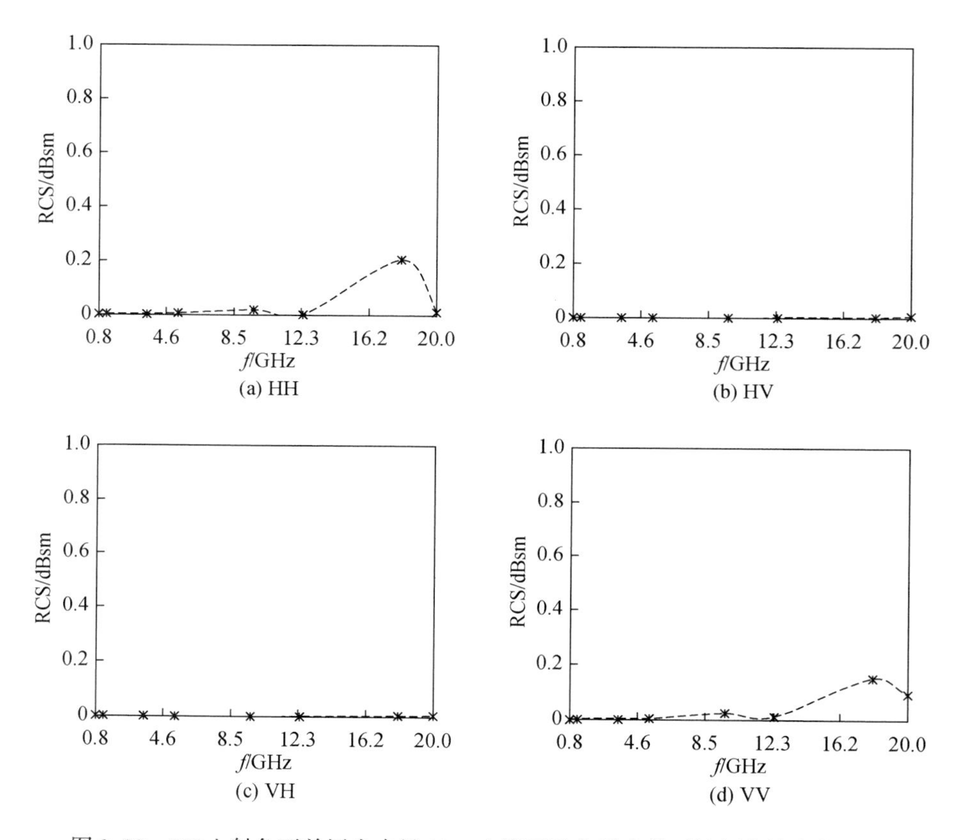

图3.82　20°入射角下单层含水量30%土壤四极化雷达截面随频率的变化规律

在30°入射角条件下，单层含水量30%土壤HH/HV/VH/VV四极化雷达截面（RCS）随入射电磁波频率的变化规律如图3.83所示。可以看出，在12.4～20.0GHz频率范围，单层含水量30%土壤HH极化和VV极化有相对较强的后向散射回波，HH极化后向散射截面（RCS）先增大后减小，VV极化后向散射截面（RCS）随频率的增加而增大。而HV极化和VH极化后向散射截面数值很小，且随入射电磁波频率变化也很小。

在40°入射角条件下，单层含水量30%土壤HH/HV/VH/VV四极化雷达截面（RCS）

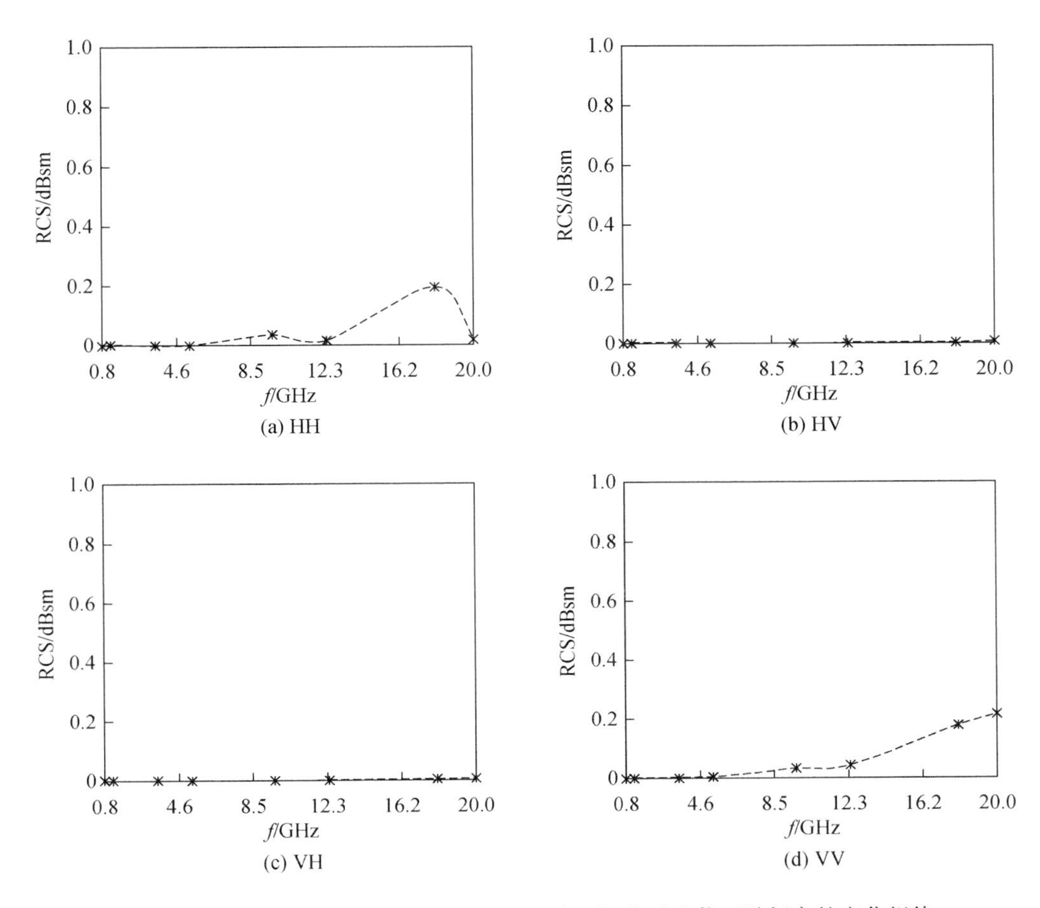

图 3.83　30°入射角下单层含水量 30% 土壤四极化雷达截面随频率的变化规律

随入射电磁波频率的变化规律如图 3.84 所示。可以看出，在 12.4 ~ 20.0GHz 频率范围，单层含水量 30% 土壤 HH 极化和 VV 极化有相对较强的后向散射回波，HH 极化和 VV 极化后向散射截面（RCS）先增大后减小。而 HV 极化和 VH 极化后向散射截面数值很小，且随入射电磁波频率变化也很小。

在 50°入射角条件下，单层含水量 30% 土壤 HH/HV/VH/VV 四极化雷达截面（RCS）随入射电磁波频率的变化规律如图 3.85 所示。可以看出，单层含水量 30% 土壤 HH 极化在 0.8 ~ 3.5GHz 和 12.4 ~ 20.0GHz 频率范围有相对较强的后向散射回波。VV 极化后向散射截面（RCS）在 12.4 ~ 20.0GHz 频率范围有相对较强的后向散射回波，随着频率的增大 VV 极化 RCS 先增大后减小。而 HV 极化和 VH 极化后向散射截面数值很小，且随入射电磁波频率变化也很小。

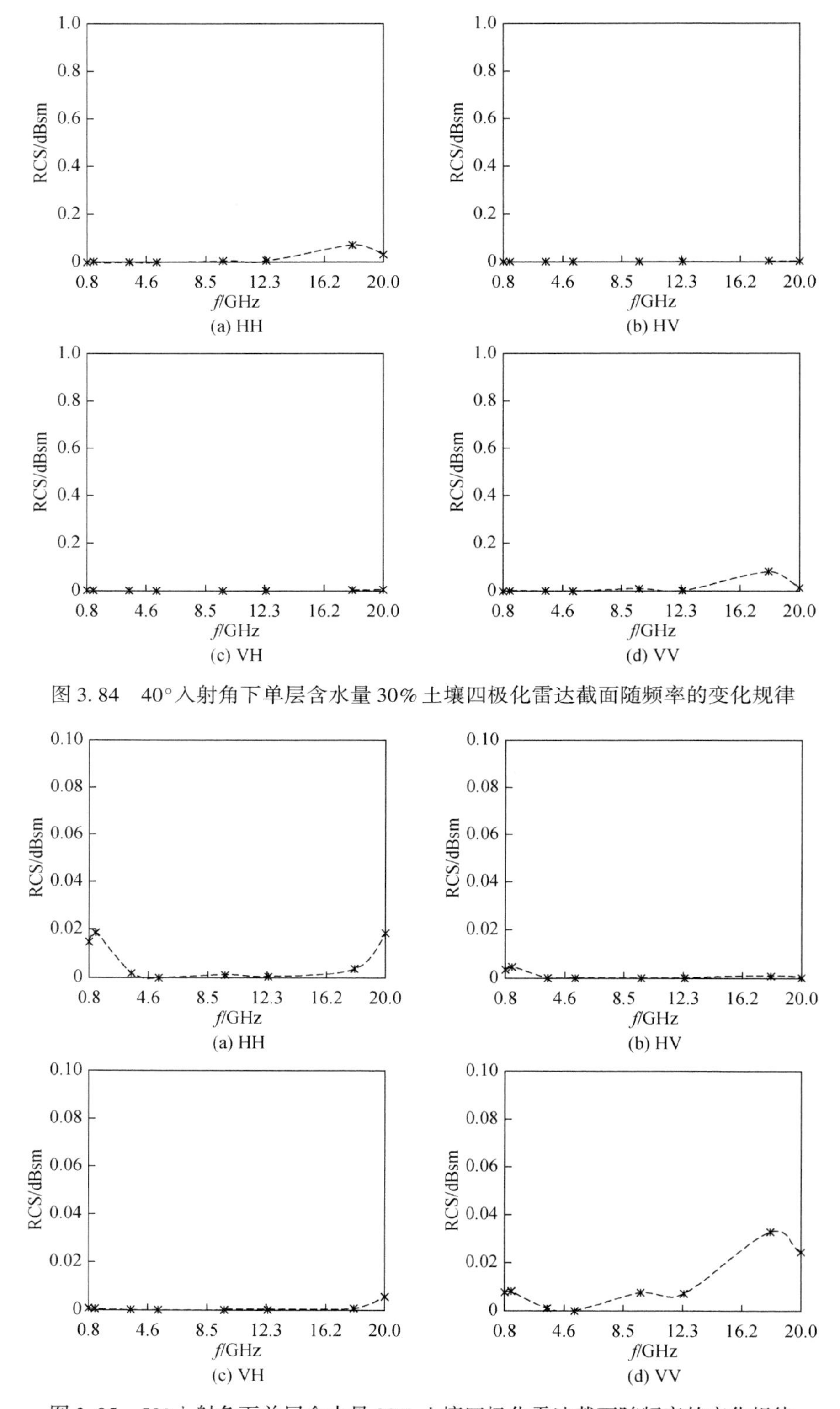

图 3.84 40°入射角下单层含水量 30% 土壤四极化雷达截面随频率的变化规律

图 3.85 50°入射角下单层含水量 30% 土壤四极化雷达截面随频率的变化规律

在60°入射角条件下，单层含水量30%土壤HH/HV/VH/VV四极化雷达截面（RCS）随入射电磁波频率的变化规律如图3.86所示。可以看出，单层含水量30%土壤VV极化后向散射截面（RCS）在12.4～20.0GHz频率范围有相对较强的后向散射回波，随着频率的增大VV极化后向散射截面先增大后减小。而HV极化和VH极化后向散射截面数值很小，且随入射电磁波频率变化也很小。

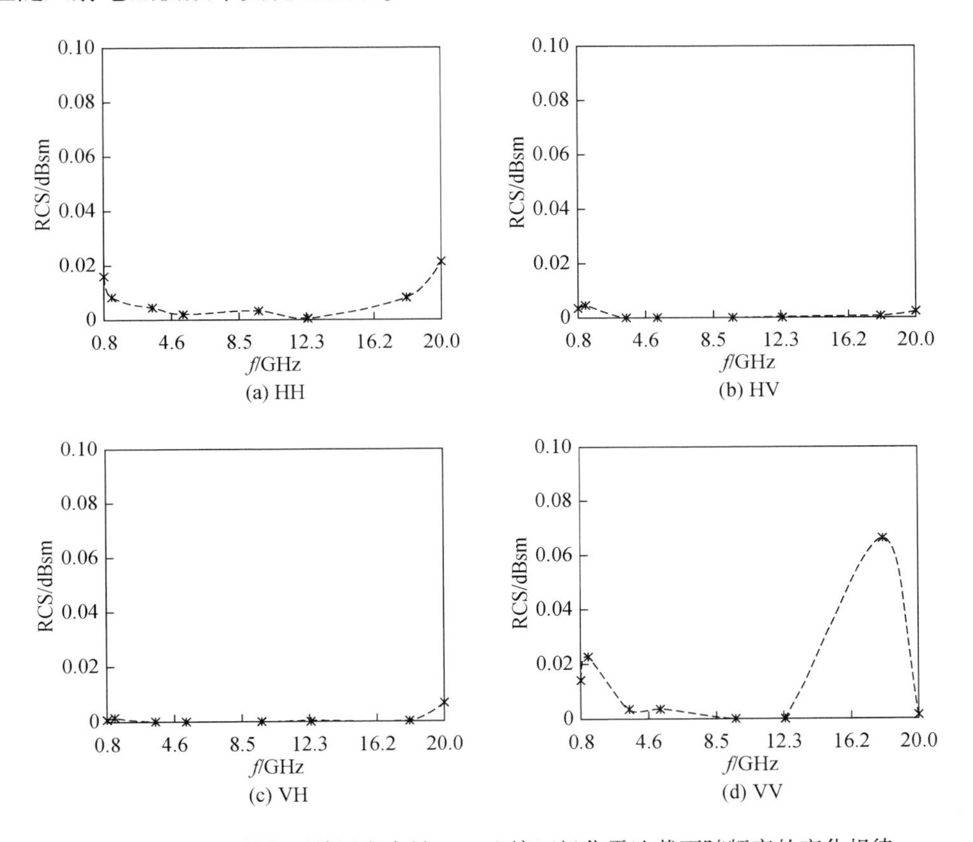

图3.86　60°入射角下单层含水量30%土壤四极化雷达截面随频率的变化规律

3. 上层10cm 5%含水量、下层40cm 30%含水量双层土壤雷达截面（RCS）-入射波频率（f）

在10°入射角条件下，上层10cm 5%含水量、下层40cm 30%含水量双层土壤HH/HV/VH/VV四极化雷达截面（RCS）随入射电磁波频率的变化规律如图3.87所示。可以看出，在12.4～20.0GHz频率范围，上层10cm 5%含水量、下层40cm 30%含水量双层土壤HH极化和VV极化有相对较强的后向散射回波，HH极化和VV极化后向散射截面（RCS）先增大后减小，变化幅度约为5dBsm。而HV极化和VH极化后向散射截面数值很小，且随入射电磁波频率变化也很小。

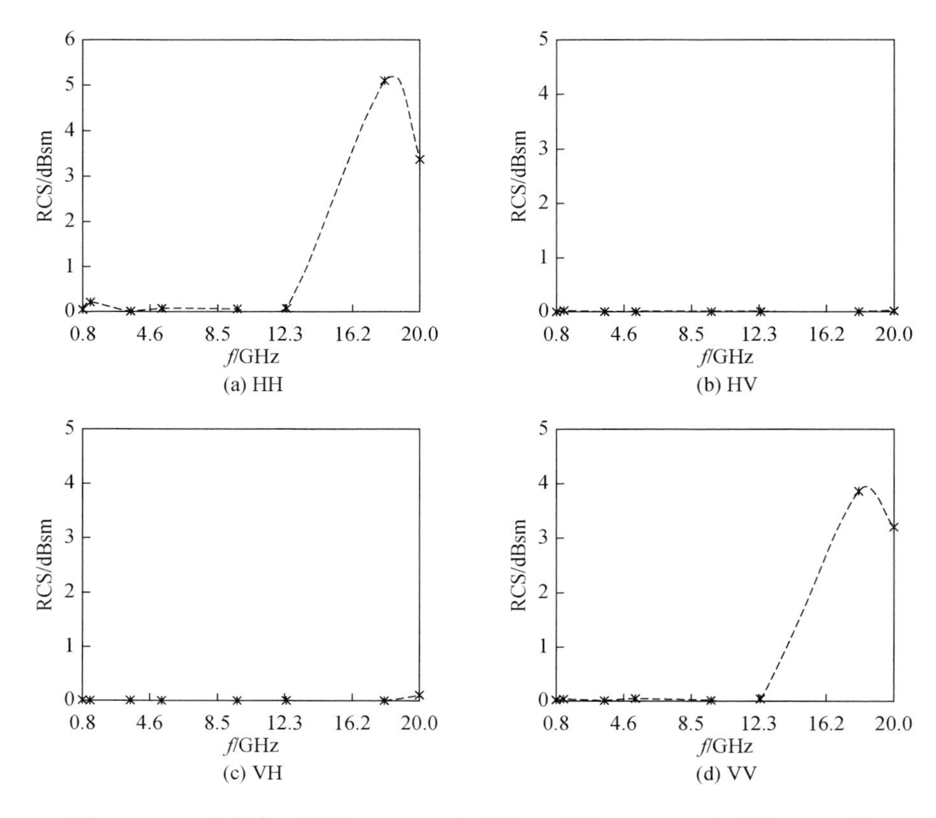

图 3.87　10°入射角下上层 10cm 5% 含水量、下层 40cm 30% 含水量双层土壤四极化雷达截面随频率的变化规律

在 20°入射角条件下，上层 10cm 5% 含水量、下层 40cm 30% 含水量双层土壤 HH/HV/VH/VV 四极化雷达截面（RCS）随入射电磁波频率的变化规律如图 3.88 所示。可以看出，在 12.4～20.0GHz 频率范围，上层 10cm 5% 含水量、下层 40cm 30% 含水量双层土壤 HH 极化和 VV 极化有相对较强的后向散射回波，HH 极化和 VV 极化后向散射截面（RCS）先增大后减小，变化幅度约为 0.4dBsm。而 HV 极化和 VH 极化后向散射截面数值很小，且随入射电磁波频率变化也很小。

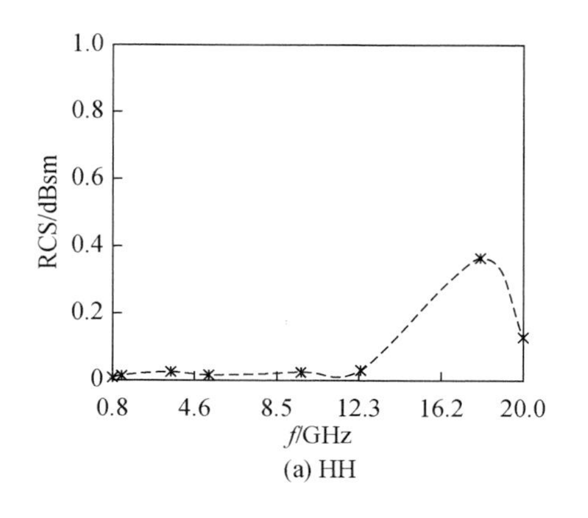

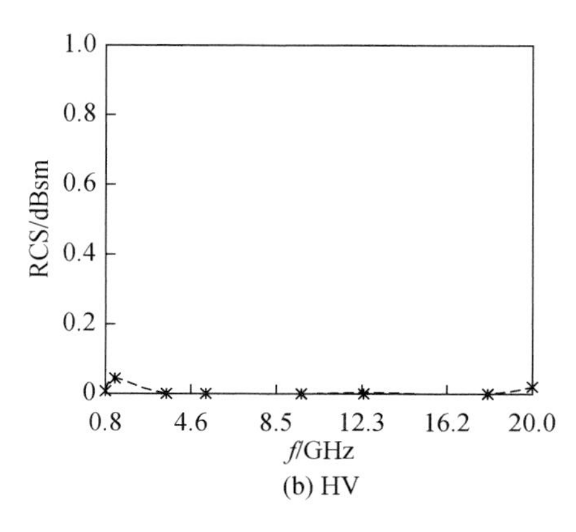

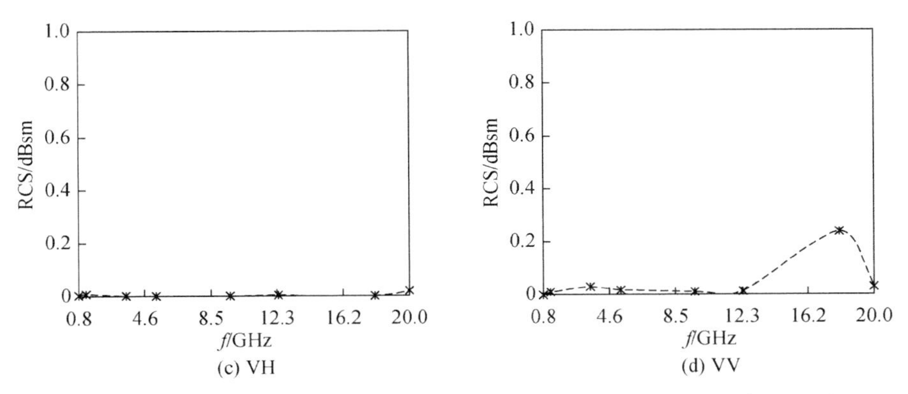

图3.88　20°入射角下上层10cm 5%含水量、下层40cm 30%含水量双层土壤四极化雷达截面随频率的变化规律

在30°入射角条件下，上层10cm 5%含水量、下层40cm 30%含水量双层土壤HH/HV/VH/VV四极化雷达截面（RCS）随入射电磁波频率的变化规律如图3.89所示。可以看出，在12.4～20.0GHz频率范围，上层10cm 5%含水量、下层40cm 30%含水量双层土壤HH极化和VV极化有相对较强的后向散射回波，HH极化和VV极化后向散射截面（RCS）先增大后减小。而HV极化和VH极化后向散射截面数值很小，且随入射电磁波频率变化也很小。

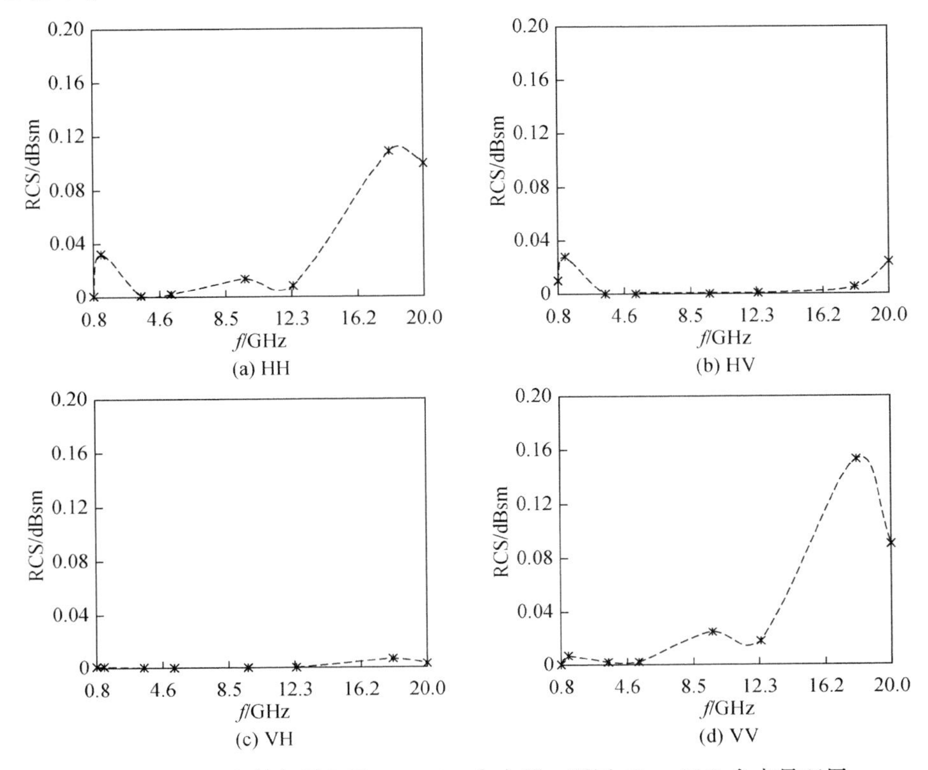

图3.89　30°入射角下上层10cm 5%含水量、下层40cm 30%含水量双层土壤四极化雷达截面随频率的变化规律

在 40°入射角条件下，上层 10cm 5% 含水量、下层 40cm 30% 含水量双层土壤 HH/HV/VH/VV 四极化雷达截面（RCS）随入射电磁波频率的变化规律如图 3.90 所示。可以看出，在 12.4 ~ 20.0GHz 频率范围，上层 10cm 5% 含水量、下层 40cm 30% 含水量双层土壤 HH 极化和 VV 极化有相对较强的后向散射回波，HH 极化和 VV 极化后向散射截面（RCS）随着频率的增大而增大，VV 极化增加的幅度大于 HH 极化。而 HV 极化和 VH 极化后向散射截面数值很小，且随入射电磁波频率变化也很小。

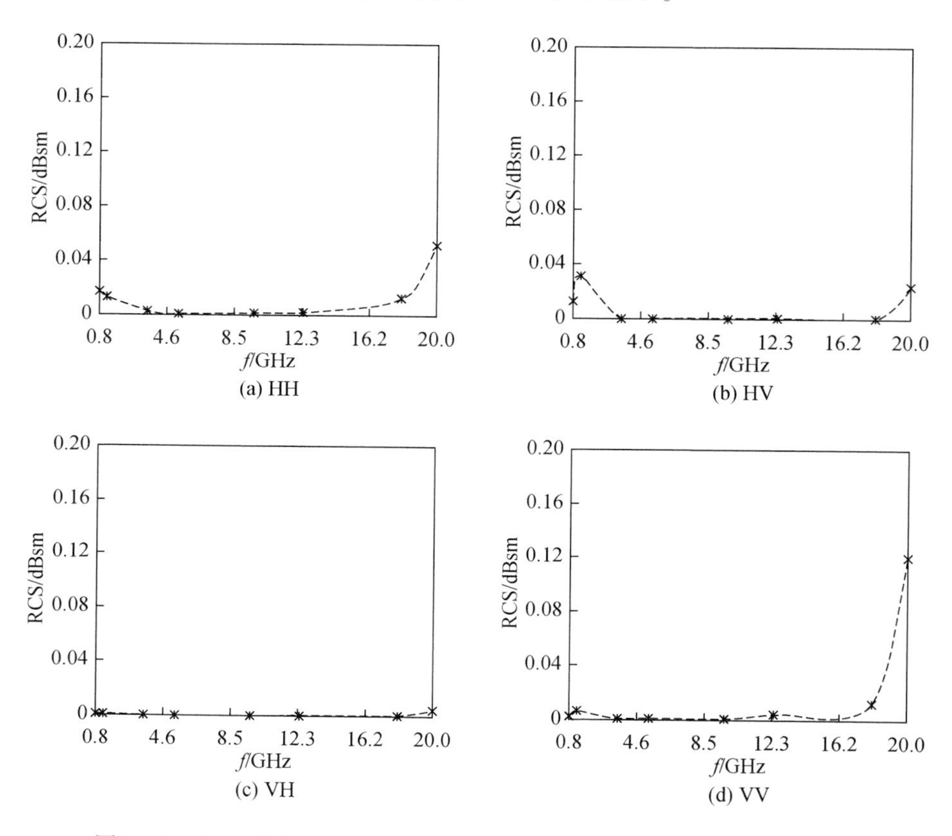

图 3.90　40°入射角下上层 10cm 5% 含水量、下层 40cm 30% 含水量双层土壤四极化雷达截面随频率的变化规律

在 50°入射角条件下，上层 10cm 5% 含水量、下层 40cm 30% 含水量双层土壤 HH/HV/VH/VV 四极化雷达截面（RCS）随入射电磁波频率的变化规律如图 3.91 所示。可以看出，在 0.8 ~ 3.5GHz 频率范围，上层 10cm 5% 含水量、下层 40cm 30% 含水量双层土壤 HH 极化和 VV 极化有相对较强的后向散射回波，HH 极化和 VV 极化后向散射截面（RCS）先增大后减小。在 18.0 ~ 20.0GHz 频率范围，VV 极化后向散射截面（RCS）随着频率的增大而增大。而 HV 极化和 VH 极化后向散射截面数值很小，且随入射电磁波频率变化也很小。

在 60°入射角条件下，上层 10cm 5% 含水量、下层 40cm 30% 含水量双层土壤 HH/HV/VH/VV 四极化雷达截面（RCS）随入射电磁波频率的变化规律如图 3.92 所示。可以

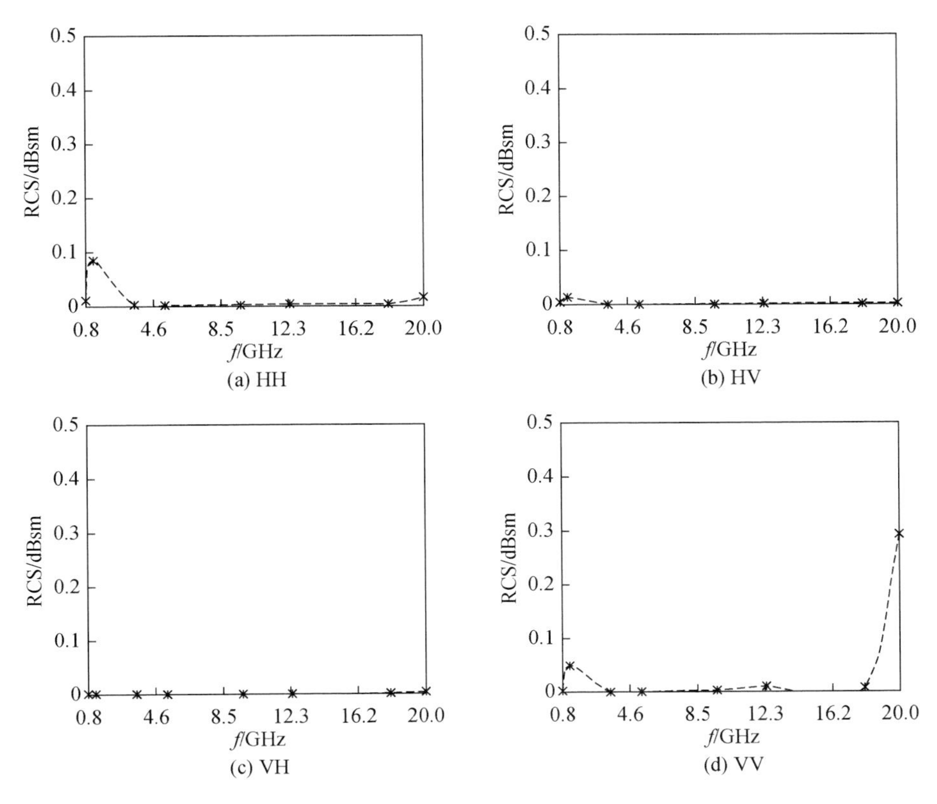

图3.91　50°入射角下上层10cm 5%含水量、下层40cm 30%含水量双层土壤四极化雷达截面随频率的变化规律

看出，在0.8～5.3GHz和12.4～20.0GHz频率范围，上层10cm 5%含水量、下层40cm 30%含水量双层土壤HH极化和VV极化有相对较强的后向散射回波。在0.8～5.3GHz频率范围，HH极化雷达截面（RCS）随着频率的增加而减小，VV极化后向散射截面（RCS）先增大后减小。在12.4～20.0GHz频率范围，HH极化雷达截面（RCS）随着频率的增大先增大后减小，VV极化后向散射截面（RCS）随着频率的增大而增大。而HV极化和VH极化后向散射截面数值很小，且随入射电磁波频率变化也很小。

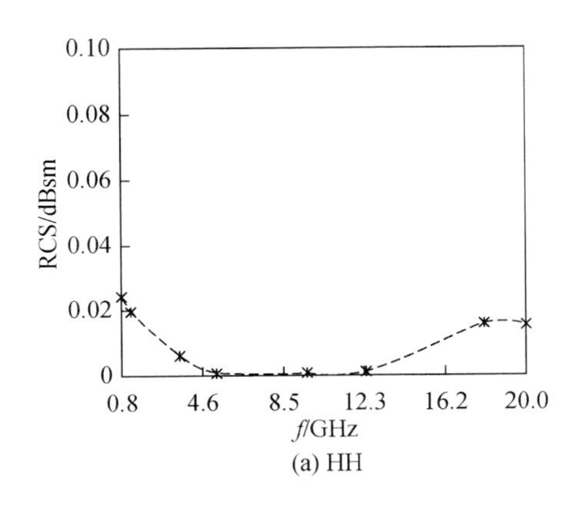

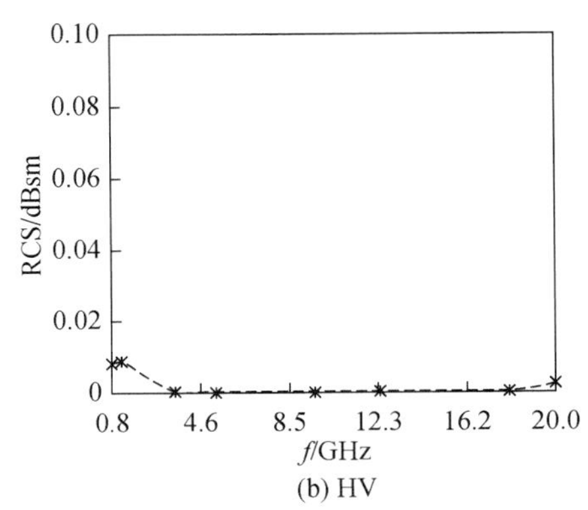

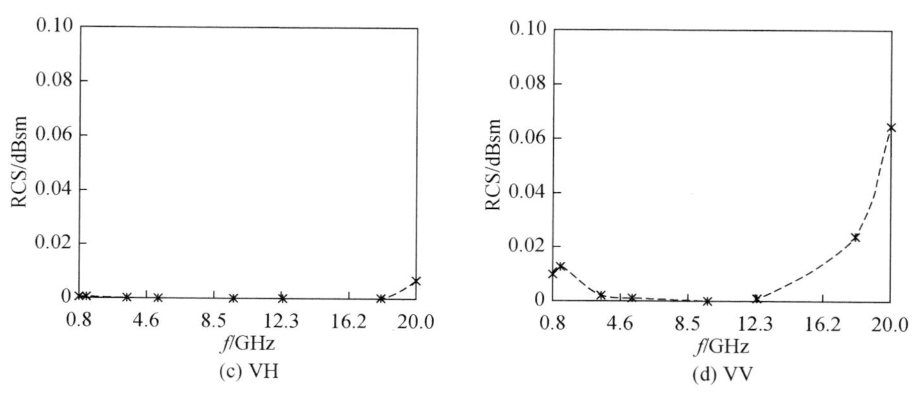

图 3.92　60°入射角下上层 10cm 5% 含水量、下层 40cm 30% 含水量双层土壤四极化雷达截面随频率的变化规律

4. 上层 20cm 5% 含水量、下层 30cm 30% 含水量双层土壤雷达截面（RCS）-入射波频率（f）

在 10°入射角条件下，上层 20cm 5% 含水量、下层 30cm 30% 含水量双层土壤 HH/HV/VH/VV 四极化雷达截面（RCS）随入射电磁波频率的变化规律如图 3.93 所示。可以看出，在 9.6～20.0GHz 频率范围，上层 20cm 5% 含水量、下层 30cm 30% 含水量双层土壤 HH 极化和 VV 极化有相对较强的后向散射回波，HH 极化和 VV 极化后向散射截面（RCS）随着频率的增大而增大，VV 极化的增加幅度大于 HH 极化。而 HV 极化和 VH 极化后向散射截面数值很小，且随入射电磁波频率变化也很小。

在 20°入射角条件下，上层 20cm 5% 含水量、下层 30cm 30% 含水量双层土壤 HH/HV/VH/VV 四极化雷达截面（RCS）随入射电磁波频率的变化规律如图 3.94 所示。可以看出，在 9.6～20.0GHz 频率范围，上层 20cm 5% 含水量、下层 30cm 30% 含水量双层土壤 HH 极化和 VV 极化有相对较强的后向散射回波，HH 极化和 VV 极化后向散射截面（RCS）随着频率的增大而增大，VV 极化的增加幅度大于 HH 极化。而 HV 极化和 VH 极化后向散射截面数值很小，且随入射电磁波频率变化也很小。

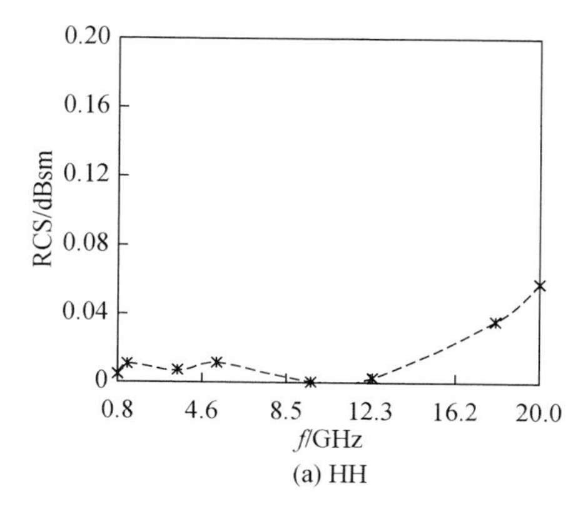

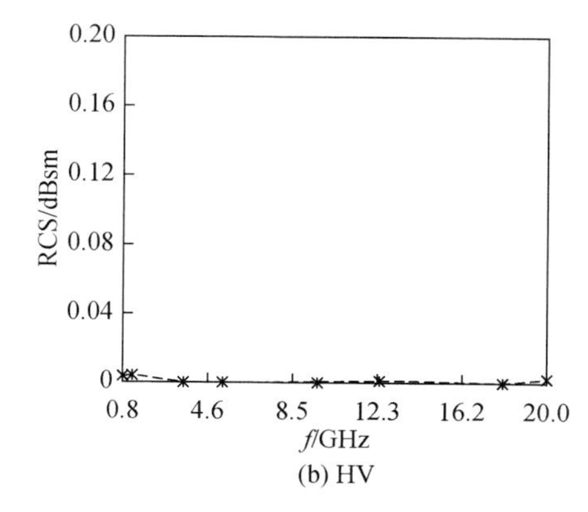

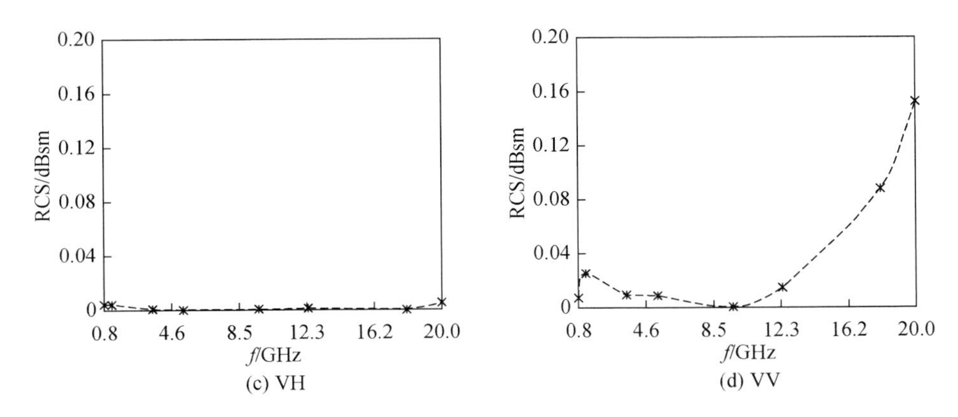

图 3.93　10°入射角下上层 20cm 5% 含水量、下层 30cm 30% 含水量双层土壤四极化雷达截面随频率的变化规律

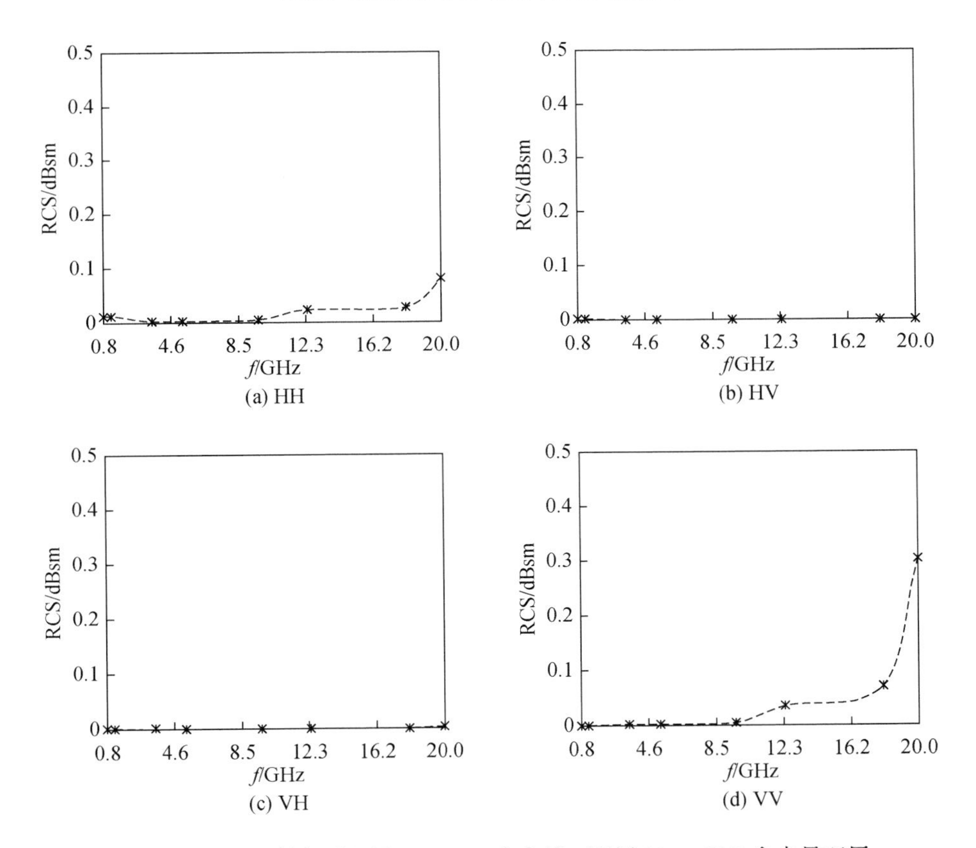

图 3.94　20°入射角下上层 20cm 5% 含水量、下层 30cm 30% 含水量双层土壤四极化雷达截面随频率的变化规律

在 30°入射角条件下，上层 20cm 5% 含水量、下层 30cm 30% 含水量双层土壤 HH/HV/VH/VV 四极化雷达截面（RCS）随入射电磁波频率的变化规律如图 3.95 所示。在

3.5～12.4GHz 频率范围，上层 20cm 5% 含水量、下层 30cm 30% 含水量双层土壤 HH 极化和 VV 极化有相对较强的后向散射回波，HH 极化和 VV 极化后向散射截面（RCS）先增大后减小，RCS 最大值出现在 9.6GHz 左右。而 HV 极化和 VH 极化后向散射截面数值很小，且随入射电磁波频率变化也很小。

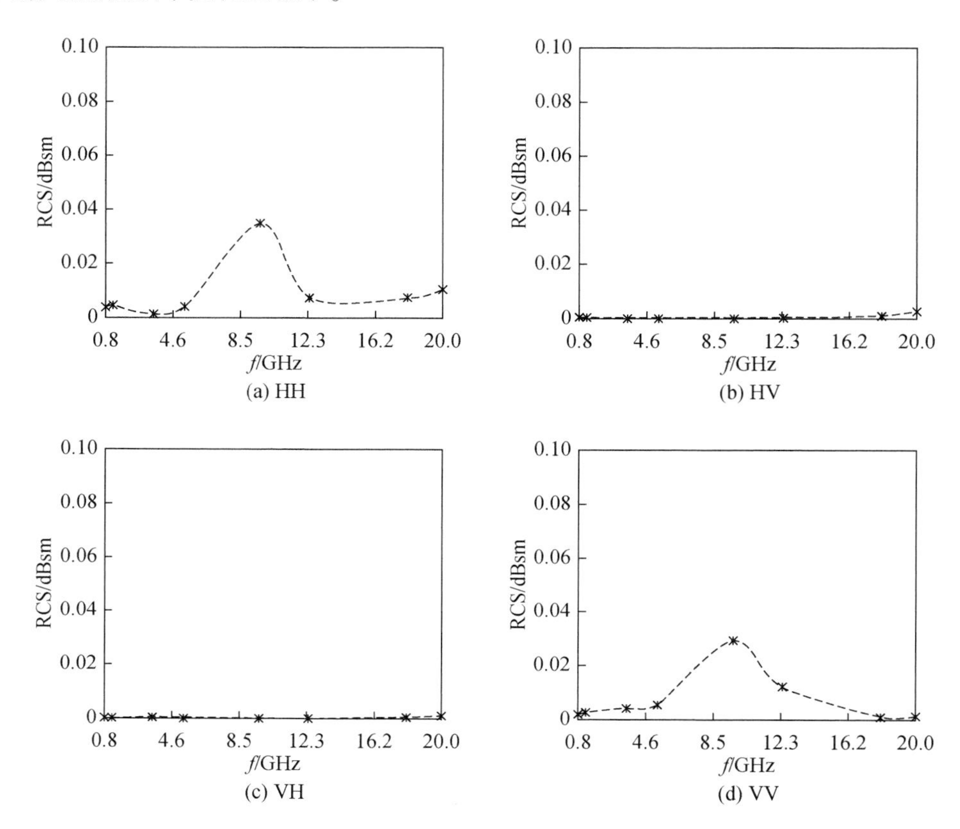

图 3.95　30°入射角下上层 20cm 5% 含水量、下层 30cm 30% 含水量双层土壤四极化雷达截面随频率的变化规律

在 40°入射角条件下，上层 20cm 5% 含水量、下层 30cm 30% 含水量双层土壤 HH/HV/VH/VV 四极化雷达截面（RCS）随入射电磁波频率的变化规律如图 3.96 所示。在 12.4～20.0GHz 频率范围，上层 20cm 5% 含水量、下层 30cm 30% 含水量双层土壤 HH 极化和 VV 极化有相对较强的后向散射回波，HH 极化后向散射截面（RCS）先增大后减小，VV 极化后向散射截面（RCS）随着频率增大而增大。而 HV 极化和 VH 极化后向散射截面数值很小，且随入射电磁波频率变化也很小。

在 50°入射角条件下，上层 20cm 5% 含水量、下层 30cm 30% 含水量双层土壤 HH/HV/VH/VV 四极化雷达截面（RCS）随入射电磁波频率的变化规律如图 3.97 所示。在 0.8～3.5GHz 频率范围，上层 20cm 5% 含水量、下层 30cm 30% 含水量双层土壤 HH 极化有相对较强的后向散射回波，后向散射截面（RCS）先增大后减小。在 12.4～20.0GHz 频率范围，上层 20cm 5% 含水量、下层 30cm 30% 含水量双层土壤 VV 极化有相对较强的后

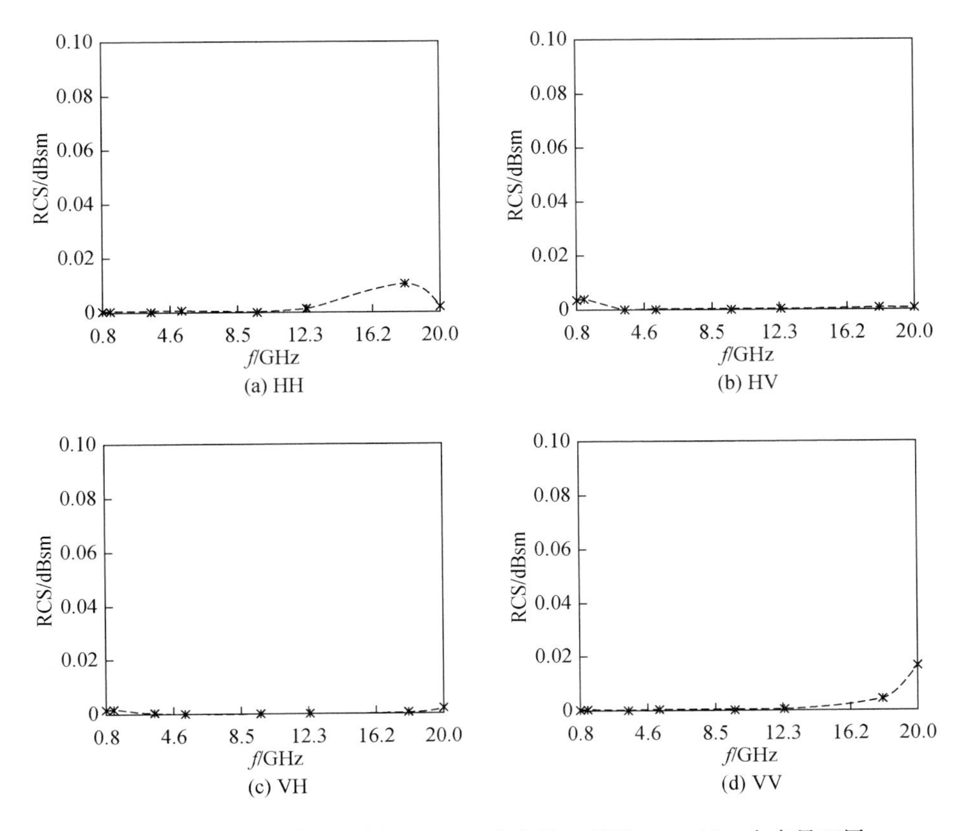

(a) HH　(b) HV　(c) VH　(d) VV

图 3.96　40°入射角下上层 20cm 5% 含水量、下层 30cm 30% 含水量双层土壤四极化雷达截面随频率的变化规律

向散射回波，后向散射截面（RCS）随着频率增大而增大。而 HV 极化和 VH 极化后向散射截面数值很小，且随入射电磁波频率变化也很小。

在 60°入射角条件下，上层 20cm 5% 含水量、下层 30cm 30% 含水量双层土壤 HH/HV/VH/VV 四极化雷达截面（RCS）随入射电磁波频率的变化规律如图 3.98 所示。在

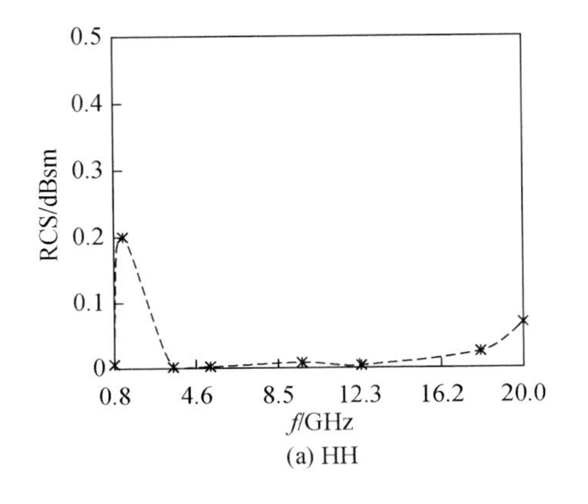

(a) HH

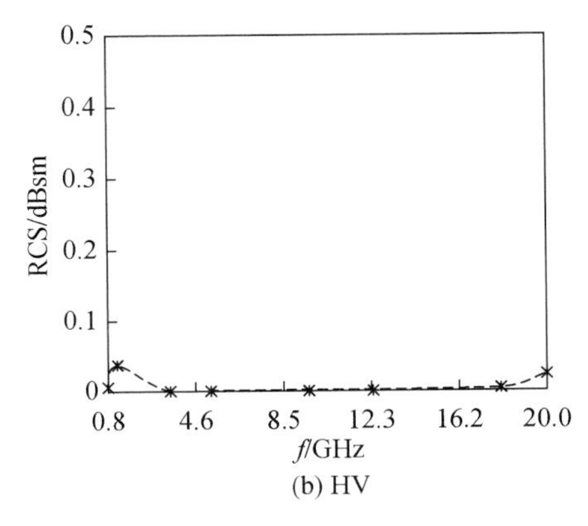

(b) HV

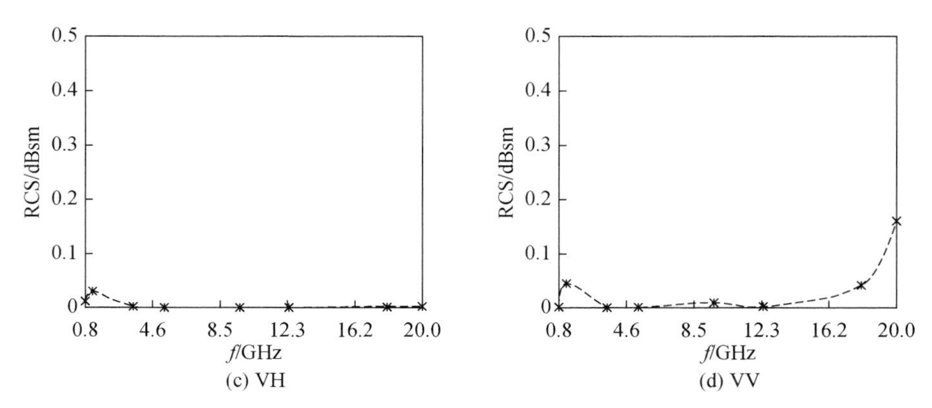

图 3.97　50°入射角下上层 20cm 5% 含水量、下层 30cm 30% 含水量双层土壤四极化雷达截面随频率的变化规律

0.8～3.5GHz 频率范围，上层 20cm 5% 含水量、下层 30cm 30% 含水量双层土壤 HH 极化和 VV 极化有相对较强的后向散射回波，后向散射截面（RCS）先增大后减小，RCS 最大值出现在 1.2GHz 左右。而 HV 极化和 VH 极化后向散射截面数值很小，且随入射电磁波频率变化也很小。

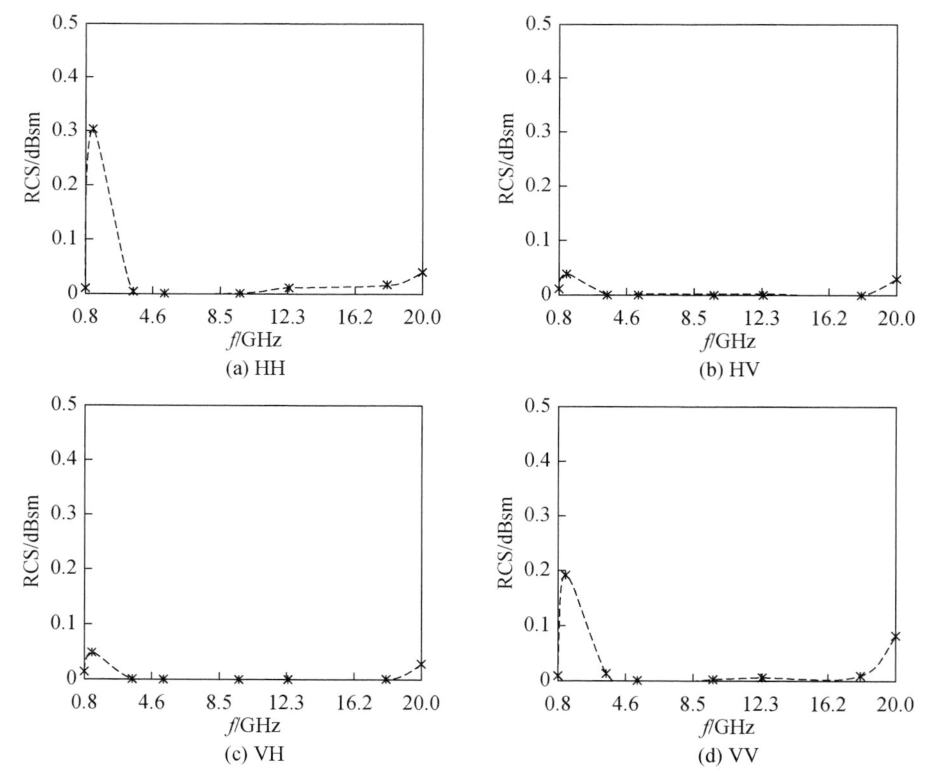

图 3.98　60°入射角下上层 20cm 5% 含水量、下层 30cm 30% 含水量双层土壤四极化雷达截面随频率的变化规律

3.3.2 雷达截面–入射角

1. 单层含水量5%土壤雷达截面（RCS）–入射角（θ）

在1.2GHz频率观测条件下，单层含水量5%土壤HH/HV/VH/VV四极化雷达散射截面（RCS）随入射角的变化规律如图3.99所示。可以看到，随着入射角逐渐增大，HV极化和VH极化后向散射截面（RCS）没有显著的增加或减少，HH极化后向散射截面出现了下降和上升交替出现的变化；VV极化在入射角为20°时下降，在入射角为50°时开始增加。

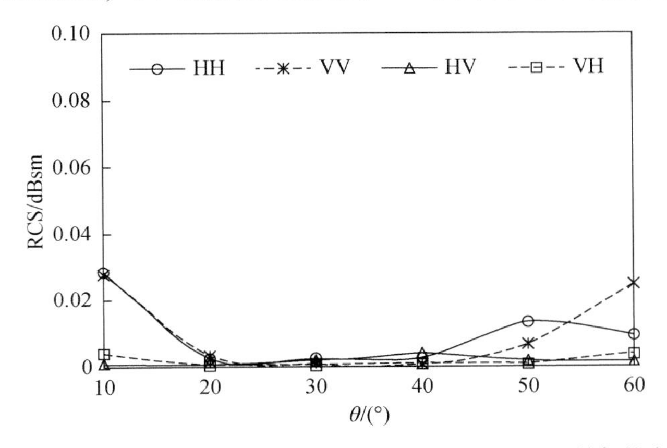

图3.99 单层含水量5%土壤1.2GHz频率下雷达截面随入射角的变化规律

在3.5GHz频率观测条件下，单层含水量5%土壤HH/HV/VH/VV四极化雷达散射截面（RCS）随入射角的变化规律如图3.100所示。可以看到，随着入射角逐渐增大，HV极化和VH极化后向散射截面（RCS）随入射角的变化没有显著的增加或减少，HH极化和VV极化后向散射截面在入射角为20°时下降。

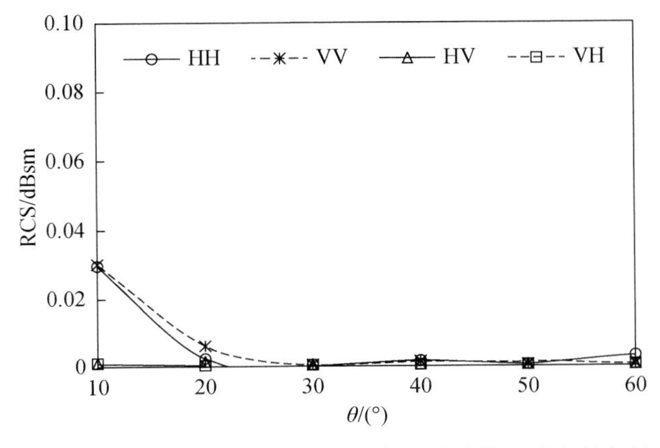

图3.100 单层含水量5%土壤3.5GHz频率下雷达截面随入射角的变化规律

在5.3GHz频率观测条件下，单层含水量5%土壤HH/HV/VH/VV四极化雷达散射截面（RCS）随入射角的变化规律如图3.101所示。可以看到，随着入射角逐渐增大，HV极化和VH极化后向散射截面（RCS）随入射角的变化没有显著的增加或减少，HH极化和VV极化后向散射截面在入射角为20°和30°时下降。

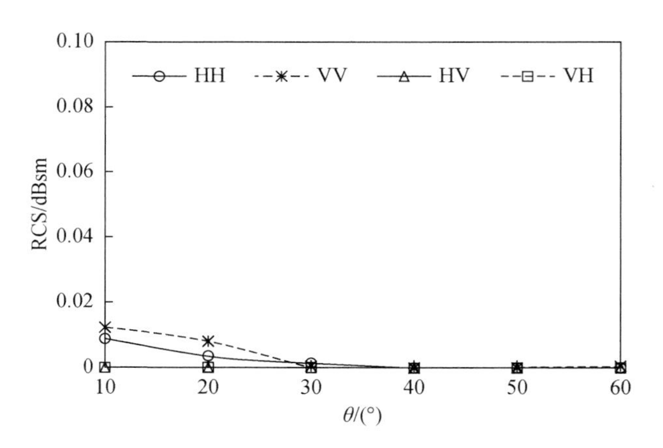

图3.101 单层含水量5%土壤5.3GHz频率下雷达截面随入射角的变化规律

在9.6GHz频率观测条件下，单层含水量5%土壤HH/HV/VH/VV四极化雷达散射截面（RCS）随入射角的变化规律如图3.102所示。可以看到，随着入射角逐渐增大，HV极化和VH极化后向散射截面（RCS）随入射角的变化没有显著的增加或减少，HH极化和VV极化后向散射截面在入射角为20°时下降。

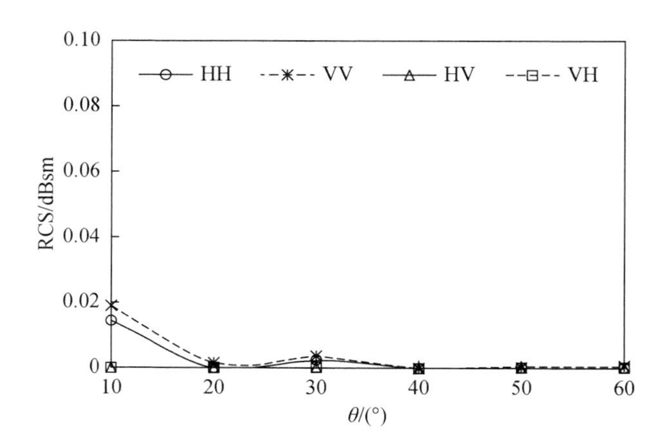

图3.102 单层含水量5%土壤9.6GHz频率下雷达截面随入射角的变化规律

2. 单层含水量30%土壤雷达截面（RCS）-入射角（θ）

在1.2GHz频率观测条件下，单层含水量30%土壤HH/HV/VH/VV四极化雷达散射截面（RCS）随入射角的变化规律如图3.103所示。可以看到，随着入射角逐渐增大，HV极化和VH极化后向散射截面（RCS）没有显著的增加或减少，HH极化和VV极化后向散射截面在入射角为20°时下降。

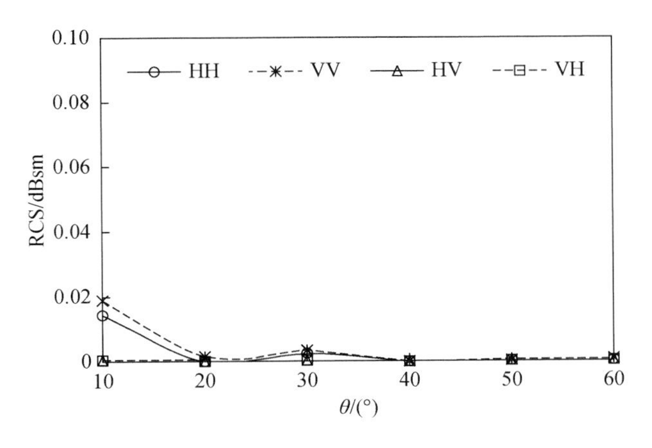

图3.103　单层含水量30%土壤1.2GHz频率下雷达截面随入射角的变化规律

在3.5GHz频率观测条件下，单层含水量30%土壤HH/HV/VH/VV四极化雷达散射截面（RCS）随入射角的变化规律如图3.104所示。可以看到，随着入射角逐渐增大，HV极化和VH极化后向散射截面（RCS）没有显著的增加或减少，HH极化和VV极化后向散射截面在入射角为20°时下降。

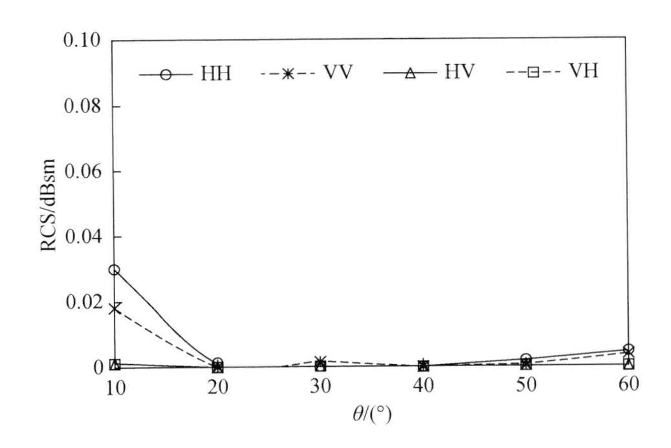

图3.104　单层含水量30%土壤3.5GHz频率下雷达截面随入射角的变化规律

在5.3GHz频率观测条件下，单层含水量30%土壤HH/HV/VH/VV四极化雷达散射截面（RCS）随入射角的变化规律如图3.105所示。可以看到，随着入射角逐渐增大，HV极化和VH极化后向散射截面（RCS）没有显著的增加或减少，HH极化和VV极化后向散射截面在入射角为20°时陡然下降。

在9.6GHz频率观测条件下，单层含水量30%土壤HH/HV/VH/VV四极化雷达散射

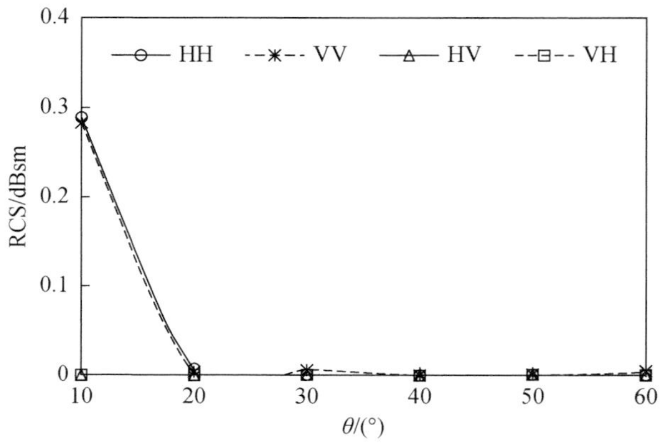

图 3.105 单层含水量 30% 土壤 5.3GHz 频率下雷达截面随入射角的变化规律

截面（RCS）随入射角的变化规律如图 3.106 所示。可以看到，随着入射角逐渐增大，HV 极化和 VH 极化后向散射截面（RCS）没有显著的增加或减少，HH 极化和 VV 极化后向散射截面在入射角为 20°时陡然下降，在入射角为 30°时小幅上升后又下降。

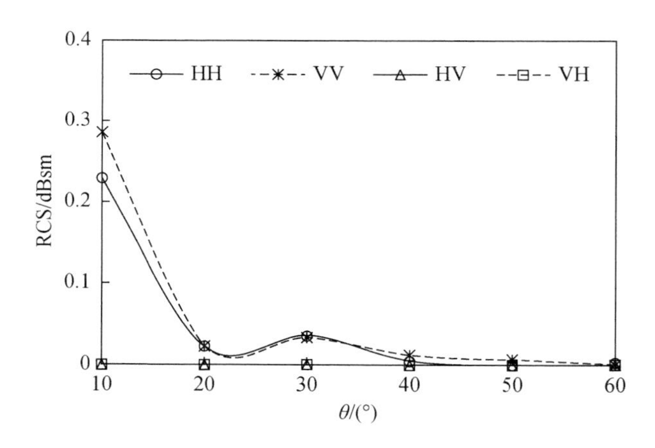

图 3.106 单层含水量 30% 土壤 9.6GHz 频率下雷达截面随入射角的变化规律

3. 上层 10cm 5% 含水量、下层 40cm 30% 含水量双层土壤雷达截面（RCS）-入射角（θ）

在 1.2GHz 频率观测条件下，上层 10cm 5% 含水量、下层 40cm 30% 含水量 HH/HV/VH/VV 四极化雷达散射截面（RCS）随入射角的变化规律如图 3.107 所示。可以看到，随着入射角逐渐增大，VH 极化后向散射截面（RCS）没有显著的增加或减少，HH 极化后向散射截面在入射角为 20°时陡然下降后交替出现上升和下降的变化，VV 极化则在入射角为 50°时出现上升的变化，HV 极化出现了上升和下降交替出现的波动变化。

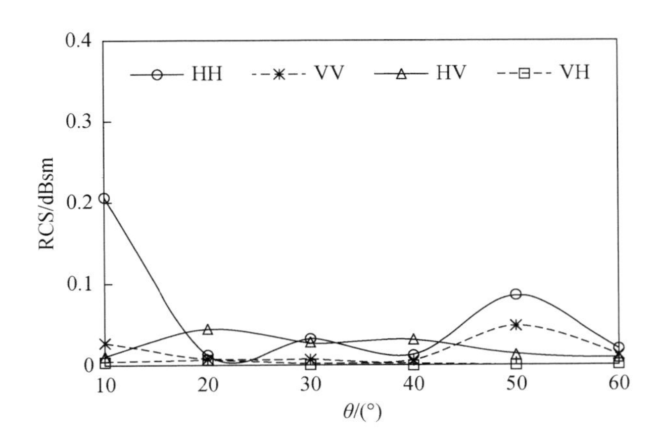

图 3.107　上层 10cm 5% 含水量、下层 40cm 30% 含水量双层土壤 1.2GHz 频率下雷达截面随入射角的变化规律

在 3.5GHz 频率观测条件下，上层 10cm 5% 含水量、下层 40cm 30% 含水量 HH/HV/VH/VV 四极化雷达散射截面（RCS）随入射角的变化规律如图 3.108 所示。可以看到，随着入射角逐渐增大，HV 极化和 VH 极化后向散射截面（RCS）没有显著的增加或减少，HH 极化和 VV 极化后向散射截面在入射角为 20°时上升后下降。

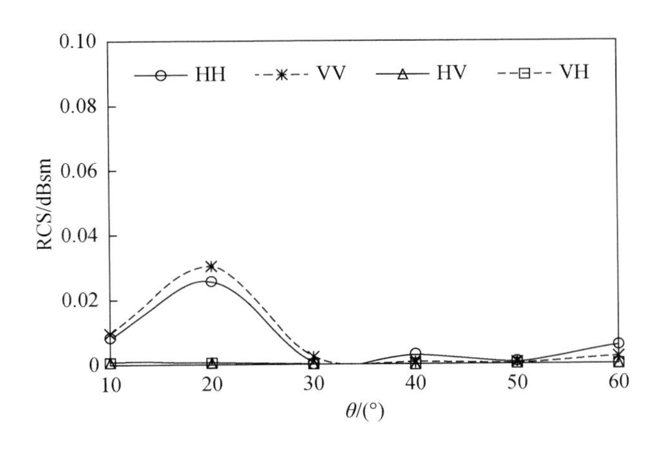

图 3.108　上层 10cm 5% 含水量、下层 40cm 30% 含水量双层土壤 3.5GHz 频率下雷达截面随入射角的变化规律

在 5.3GHz 频率观测条件下，上层 10cm 5% 含水量、下层 40cm 30% 含水量 HH/HV/VH/VV 四极化雷达散射截面（RCS）随入射角的变化规律如图 3.109 所示。可以看到，随着入射角逐渐增大，HV 极化和 VH 极化后向散射截面（RCS）没有显著的增加或减少，HH 极化和 VV 极化后向散射截面呈下降趋势。

在 9.6GHz 频率观测条件下，上层 10cm 5% 含水量、下层 40cm 30% 含水量 HH/HV/VH/VV 四极化雷达散射截面（RCS）随入射角的变化规律如图 3.110 所示。可以看到，

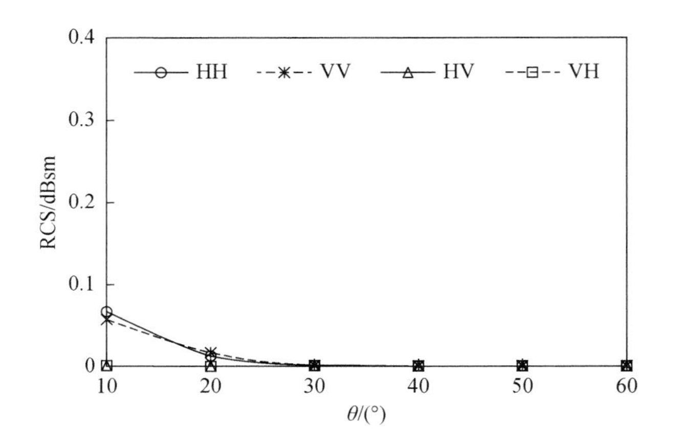

图 3.109 上层 10cm 5% 含水量、下层 40cm 30% 含水量双层土壤 5.3GHz 频率下雷达截面随入射角的变化规律

随着入射角逐渐增大，HV 极化和 VH 极化后向散射截面（RCS）没有显著的增加或减少，HH 极化后向散射截面呈下降趋势，VV 极化出现了下降和上升交替出现的变化。

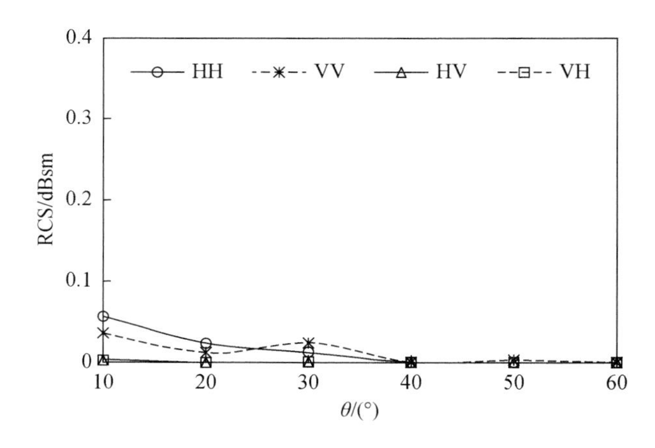

图 3.110 上层 10cm 5% 含水量、下层 40cm 30% 含水量双层土壤 9.6GHz 频率下雷达截面随入射角的变化规律

4. 上层 20cm 5% 含水量、下层 30cm 30% 含水量双层土壤雷达截面（RCS）-入射角（θ）

1.2GHz 频率观测条件下，上层 20cm 5% 含水量、下层 30cm 30% 含水量 HH/HV/VH/VV 四极化雷达散射截面（RCS）随入射角的变化规律如图 3.111 所示。可以看到，随着入射角逐渐增大，HH/VH/VV 极化后向散射截面（RCS）在入射角为 50°和 60°时均出现了增加，HH 极化增加的幅度最大。

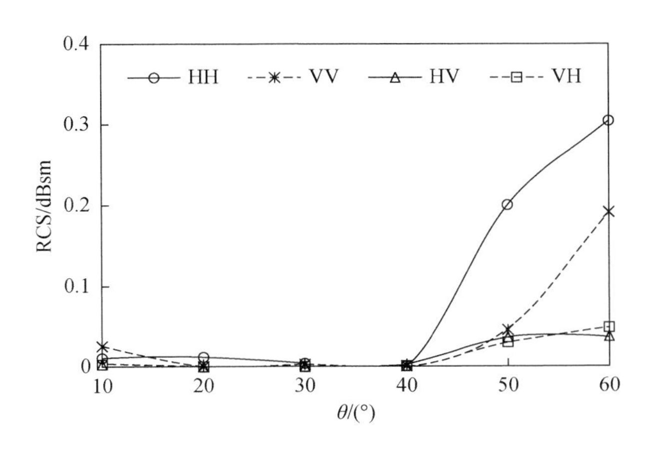

图3.111　上层20cm 5%含水量、下层30cm 30%含水量双层土壤1.2GHz频率下雷达截面随入射角的变化规律

在3.5GHz频率观测条件下，上层20cm 5%含水量、下层30cm 30%含水量HH/HV/VH/VV四极化雷达散射截面（RCS）随入射角的变化规律如图3.112所示。可以看到，随着入射角逐渐增大，HH/HV/VH/VV四极化后向散射截面（RCS）没有显著的增加或减少。

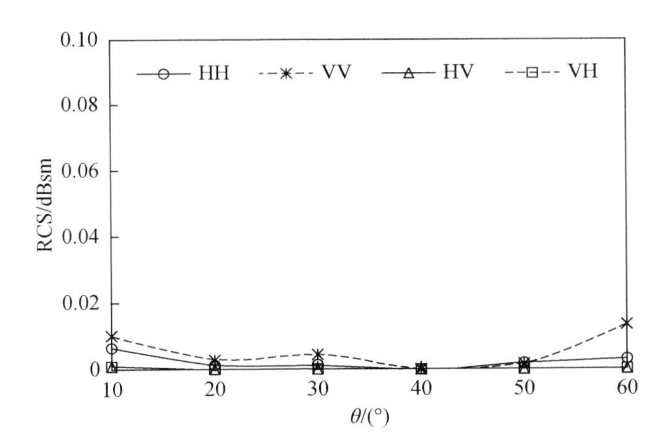

图3.112　上层20cm 5%含水量、下层30cm 30%含水量双层土壤3.5GHz频率下雷达截面随入射角的变化规律

在5.3GHz频率观测条件下，上层20cm 5%含水量、下层30cm 30%含水量HH/HV/VH/VV四极化雷达散射截面（RCS）随入射角的变化规律如图3.113所示。可以看到，随着入射角逐渐增大，HH/HV/VH/VV四极化后向散射截面（RCS）没有显著的增加或减少。

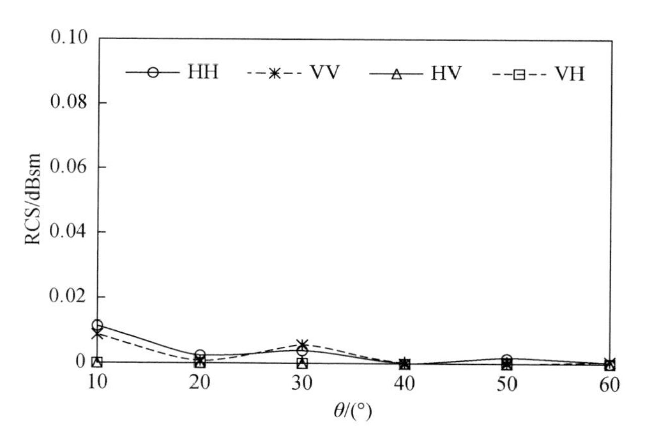

图 3. 113 上层 20cm 5% 含水量、下层 30cm 30% 含水量双层土壤 5. 3GHz 频率下雷达截面随入射角的变化规律

在 9. 6GHz 频率观测条件下，上层 20cm 5% 含水量、下层 30cm 30% 含水量 HH/HV/VH/VV 四极化雷达散射截面（RCS）随入射角的变化规律如图 3. 114 所示。可以看到，随着入射角逐渐增大，HV/VH 极化后向散射截面（RCS）没有显著的增加或减少，HH 极化和 VV 极化在入射角为 30°时和入射角为 50°时出现了增加，在入射角为 30°时增加幅度更大。

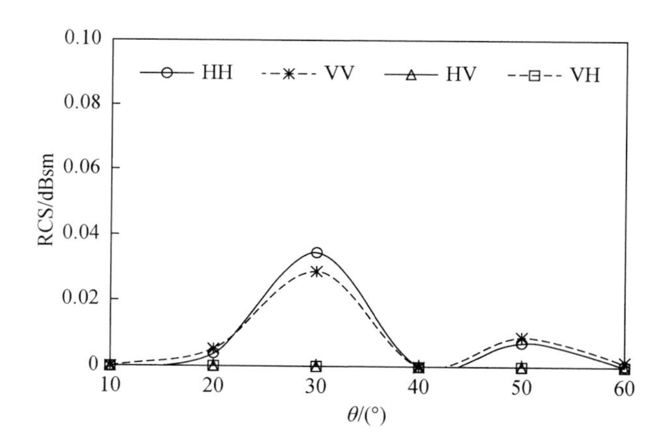

图 3. 114 上层 20cm 5% 含水量、下层 30cm 30% 含水量双层土壤 9. 6GHz 频率下雷达截面随入射角的变化规律

3.4 含盐土壤ISAR成像结果

1. 含盐土壤L/S/C/X/Ku波段的成像结果

以40°入射角，0°方位角为例展示和分析0.5%含盐量土壤的多波段ISAR成像结果，如图3.115所示。可以看到，随着波段频率的增加，图像距离向和方位向分辨率也不断升高，圆形的容器形状显示得越来越清晰。HV和VH交叉极化相比HH和VV同极化展现了较弱的散射接收信号，这一点在C波段和X波段尤为明显。

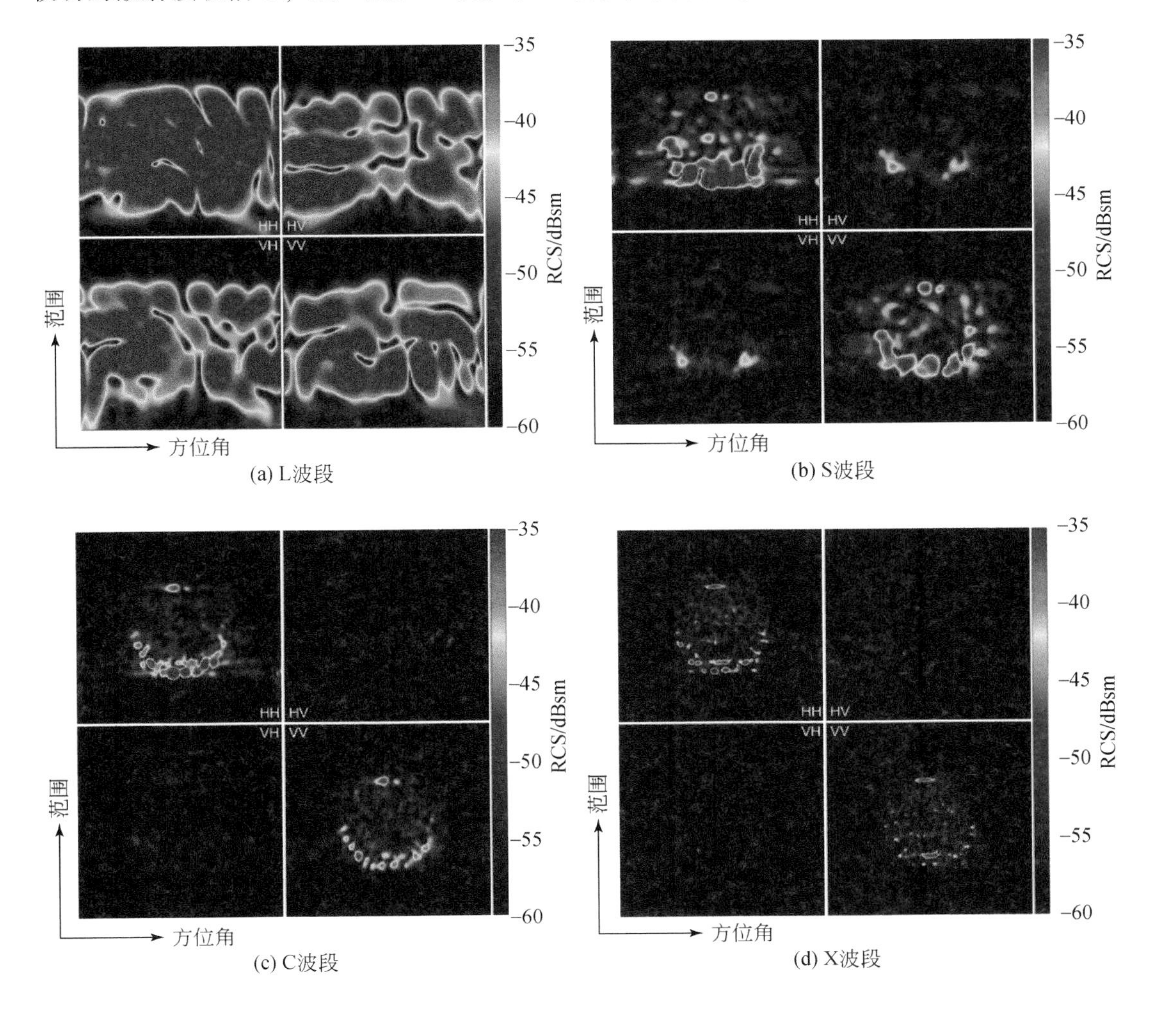

(a) L波段 (b) S波段 (c) C波段 (d) X波段

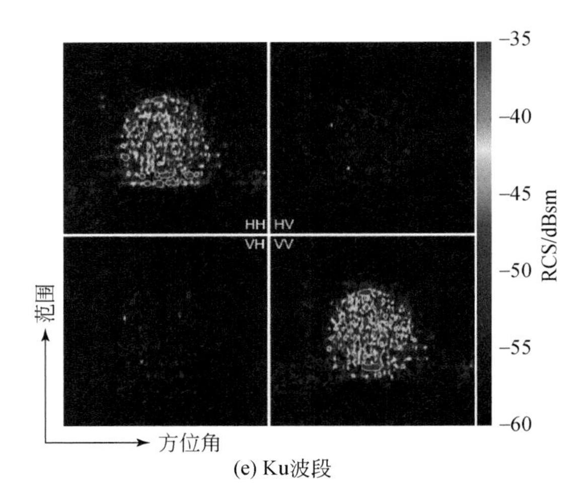

(e) Ku波段

图 3.115　40°入射角 0°方位角含盐 0.5% 土壤不同波段成像结果

2. 不同入射角成像结果

以 0.5% 含盐土壤的 Ku 波段为例展示和分析 20° ~ 60° 入射角 ISAR 成像结果，如图 3.116 所示。可以看到，不同入射角均在图像中间区域呈现出圆形成像结果，并且随着入射角增加，矩形区域在距离向有明显的压缩现象。在所有入射角中，HV 和 VH 交叉极化的土壤散射信号明显低于 HH 和 VV 同极化。随着入射角的增大，噪声的影响加大。

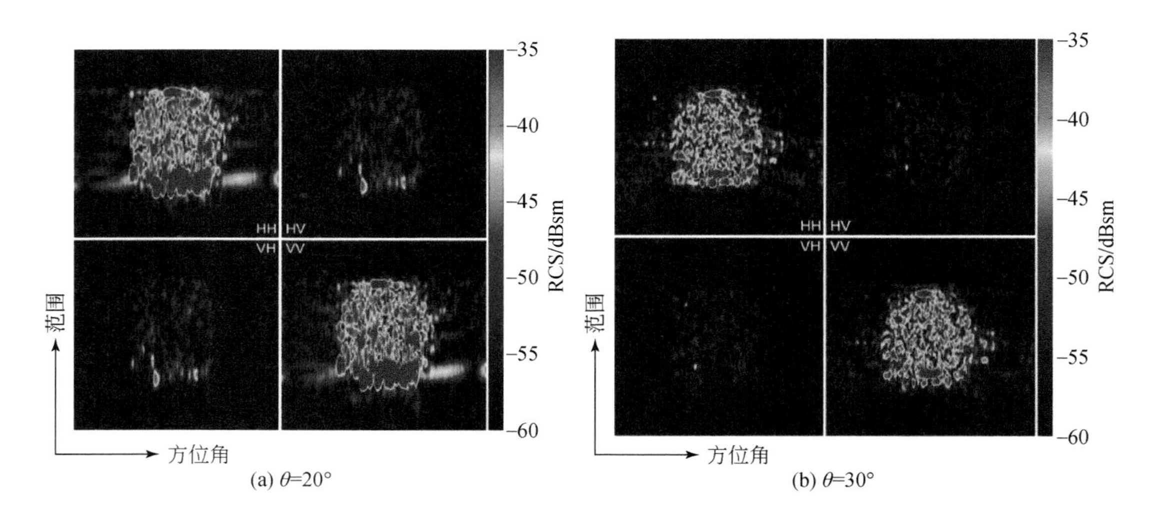

(a) θ=20°　(b) θ=30°

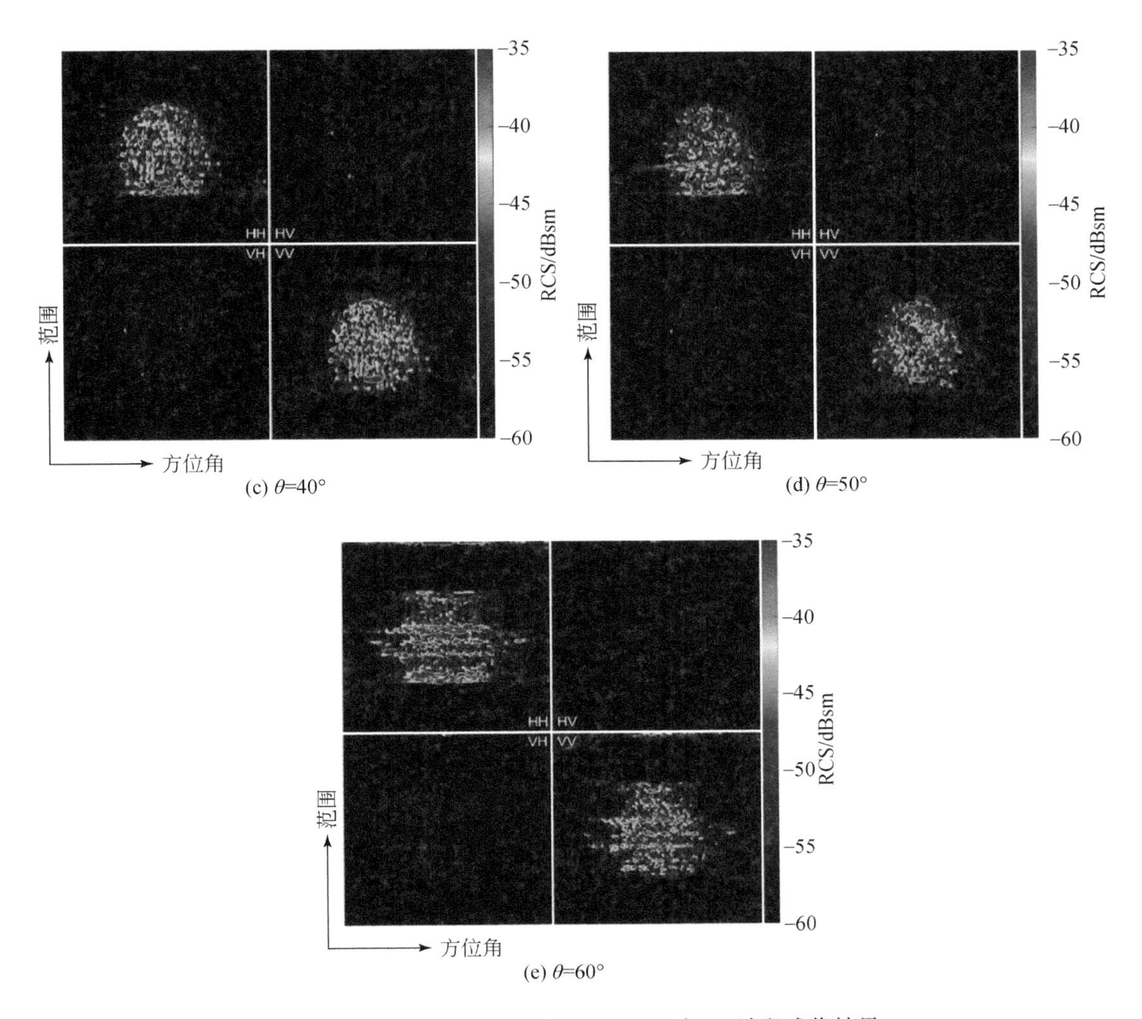

(c) θ=40°

(d) θ=50°

(e) θ=60°

图 3. 116　不同入射角的含盐 0. 5% 土壤 Ku 波段成像结果

第 4 章　农作物目标微波散射特性测量实验与分析结果

4.1　实验设计

以水稻为例开展植被介质全要素微波散射特性测量。由于水稻生长过程中植株形态、含水量等参数变化明显，因此选择幼苗期、拔节期、抽穗期、乳熟期四个时期开展水稻全要素微波散射特性测量实验。

为了尽可能真实还原大田水稻场景，根据大田测量的墩距、行距，将水稻移栽到实验室容器内。在实验测量中，水稻场景大小包括三种，一是 1.6m×1.8m，二是 1.2m×1.8m，三是 1.2m×1.6m。其中前两种场景由小容器组合而成，容器壁用来模拟大田田埂，最后一种场景由大容器构成，场景中间没有容器壁的影响。其中，场景 1 容器内放置测量的是幼苗期水稻（图 4.1）；场景 2 容器内放置测量的是抽穗期水稻（图 4.2 为抽穗期水稻测量场景照）；场景 3 容器内分别放置了拔节期水稻和乳熟期水稻进行测量，如图 4.3 所示的拔节期水稻测量场景照为 70 株拔节期水稻场景，图 4.4 所示的乳熟期水稻测量场景照为 4 株乳熟期水稻场景。

图 4.1　幼苗期水稻测量场景照

图 4.2　抽穗期水稻测量场景照

图 4.3　拔节期水稻测量场景照

为了得到较为完备的水稻全要素微波散射特性数据，在水稻的散射特性测量和 ISAR 成像测量实验中，设计了 0.8 ~ 20.0GHz 频率、0° ~ 90°入射角、0° ~ 360°方位角的测量参数。在测量过程中，严格控制外部测量环境并按照上述测量参数进行测量，各水稻场景具体参数设计如表 4.1 所示。

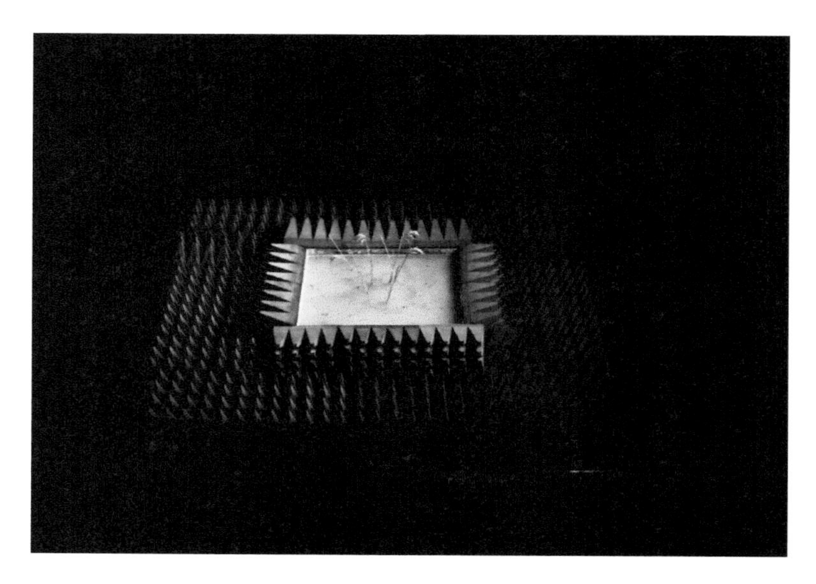

图 4.4 乳熟期水稻测量场景照

表 4.1 各物候期水稻全要素测量参数

	散射特性测量			仿真成像实验测量		
幼苗期水稻	频率	范围/GHz	0.8～20.0	频率	范围/GHz	0.8～20.0
		步进/GHz	0.005		波段	L/S/C/X/Ku
		个数/个	4442		个数/个	5
	方位角	范围/(°)	0～90	方位角	范围/(°)	90
		步进/(°)	45		步进/(°)	0
		个数/个	3		个数/个	1
	入射角	范围/(°)	10～60	入射角	范围/(°)	20～50
		步进/(°)	10		步进/(°)	10
		个数/个	6		个数/个	4
	极化	极化方式	HH/VV/HV/VH	极化	极化方式	HH/VV/HV/VH
		个数/个	4		个数/个	4
拔节期水稻	频率	范围/GHz	0.8～20.0	频率	范围/GHz	0.8～20.0
		步进/GHz	0.005		波段	L/S/C/X/Ku
		个数/个	4042		个数/个	5
	方位角	范围/(°)	-180～135	方位角	范围/(°)	-180～135
		步进/(°)	45		步进/(°)	45
		个数/个	8		个数/个	8

续表

	散射特性测量			仿真成像实验测量		
拔节期水稻	入射角	范围/(°)	20～50	入射角	范围/(°)	20～50
		步进/(°)	5		步进/(°)	10
		个数/个	7		个数/个	4
	极化	极化方式	HH/VV/HV/VH	极化	极化方式	HH/VV/HV/VH
		个数/个	4		个数/个	4
抽穗期水稻	频率	范围/GHz	0.8～18.0	频率	范围/GHz	0.8～1.7、9.0～16.0
		步进/GHz	0.025		波段	L/Ku
		个数/个	730		个数/个	2
	方位角	范围/(°)	-180～135	方位角	范围/(°)	-180～135
		步进/(°)	45		步进/(°)	45
		个数/个	8		个数/个	8
	入射角	范围/(°)	10～60	入射角	范围/(°)	10～60
		步进/(°)	5		步进/(°)	10
		个数/个	11		个数/个	6
	极化	极化方式	HH/VV/HV/VH	极化	极化方式	HH/VV/HV/VH
		个数/个	4		个数/个	4
乳熟期水稻	频率	范围/GHz	0.8～20.0	频率	范围/GHz	0.8～20.0
		步进/GHz	0.01		波段	L/S/C/X/Ku
		个数/个	2022		个数/个	5
	方位角	范围/(°)	-180～135	方位角	范围/(°)	-180～135
		步进/(°)	45		步进/(°)	45
		个数/个	8		个数/个	8
	入射角	范围/(°)	20～50	入射角	范围/(°)	20～50
		步进/(°)	5		步进/(°)	10
		个数/个	7		个数/个	4
	极化	极化方式	HH/VV/HV/VH	极化	极化方式	HH/VV/HV/VH
		个数/个	4		个数/个	4
数据集/条	319824+905408+256960+452928=1935120			80+640+384+640=1744		
水稻目标数据集/条	1936864					

在获取水稻全要素微波散射特性的同时，为了更好地解译水稻的微波散射特性，详细测量了水稻的生理结构特征，包括场景大小、植株密度、叶面积指数、叶绿素、水稻植株结构参数以及生物量（鲜重）等参数。

4.2 多层植被介质的雷达后向散射特性测量结果

4.2.1 雷达截面–入射波频率

1. 幼苗期水稻雷达截面（RCS）–入射波频率（f）

在10°入射角条件下，幼苗期水稻HH/HV/VH/VV（HH=发射水平极化，接收水平极化；HV=发射垂直极化，接收水平极化；VH=发射水平极化，接收垂直极化；VV=发射垂直极化，接收垂直极化）四极化雷达截面（RCS）随入射电磁波频率的变化规律如图4.5所示。可以看出，随着入射电磁波频率的增加，幼苗期水稻HH/HV/VH/VV四极化后向散射截面（RCS）都不断增大，其中VV极化、VH极化后向散射截面随入射波频率的

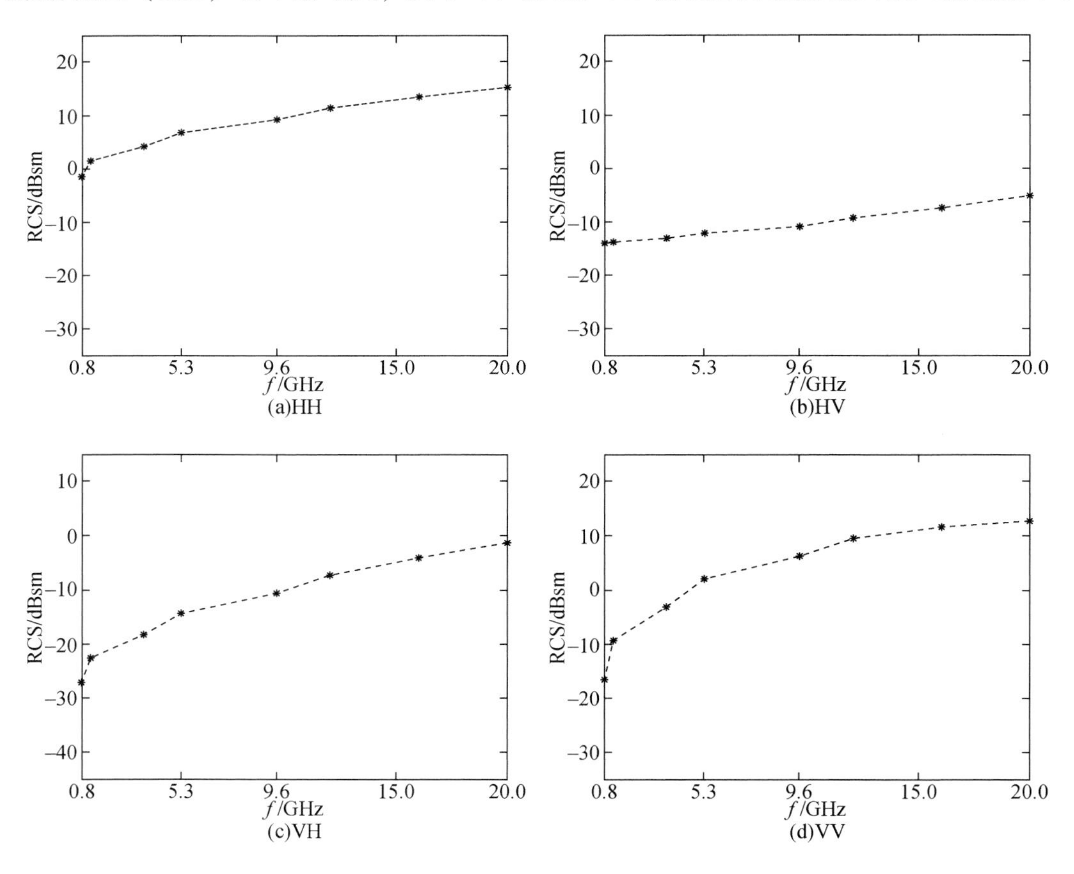

图4.5 10°入射角下幼苗期水稻四极化雷达截面随频率的变化规律

变化较为明显，增幅大于25dBsm；HV极化随入射电磁波频率的变化最小，增幅只有5dBsm左右。HH极化后向散射截面随入射电磁波频率的变化介于中间，增幅约为15dBsm。相对于高频波段，低频入射条件下幼苗期水稻HH/VH/VV极化的后向散射界面变化更为缓慢，这是因为在低频入射波条件下，幼苗期水稻田的回波主要来自下垫面。

在20°入射角条件下，幼苗期水稻HH/HV/VH/VV四极化雷达截面（RCS）随入射电磁波频率的变化规律如图4.6所示。可以看出，随着入射电磁波频率的增加，幼苗期水稻HH极化和VV极化后向散射截面（RCS）不断增大，其中VV极化后向散射截面随入射电磁波频率变化的增长幅度最大，达到25dBsm；而HH极化后向散射截面随入射电磁波频率变化的增幅相对较小，只有15dBsm。随着入射电磁波频率的增加，HV极化和VH极化后向散射截面先增大后减小，并在9.6GHz频率左右达到RCS最大值。

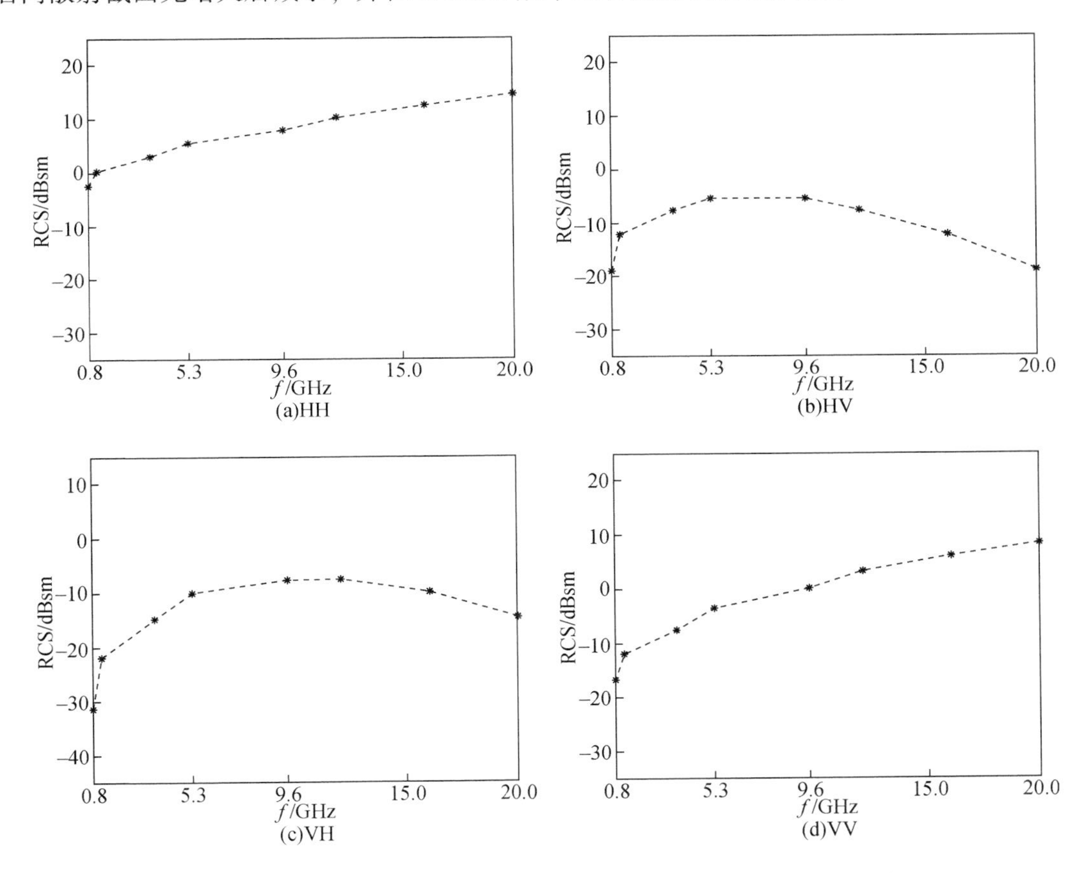

图4.6　20°入射角下幼苗期水稻四极化雷达截面随频率的变化规律

在30°入射角条件下，幼苗期水稻HH/HV/VH/VV四极化雷达截面（RCS）随入射电磁波频率的变化规律如图4.7所示。可以看出，随着入射电磁波频率的增加，幼苗期水稻HH/HV/VH极化后向散射截面（RCS）都不断增大，其中VH极化后向散射截面随入射波频率的变化最为明显，增幅约为30dBsm，HV极化和HH极化后向散射截面随入射电磁波频率的变化相近，增幅在18dBsm左右。VV极化后向散射截面随入射电磁波频率的增加则是先增加后减小。四极化在低频的RCS变化相比于高频更为快速，这是由于低频入射波观测下，幼苗期水稻田的回波主要来自下垫面。

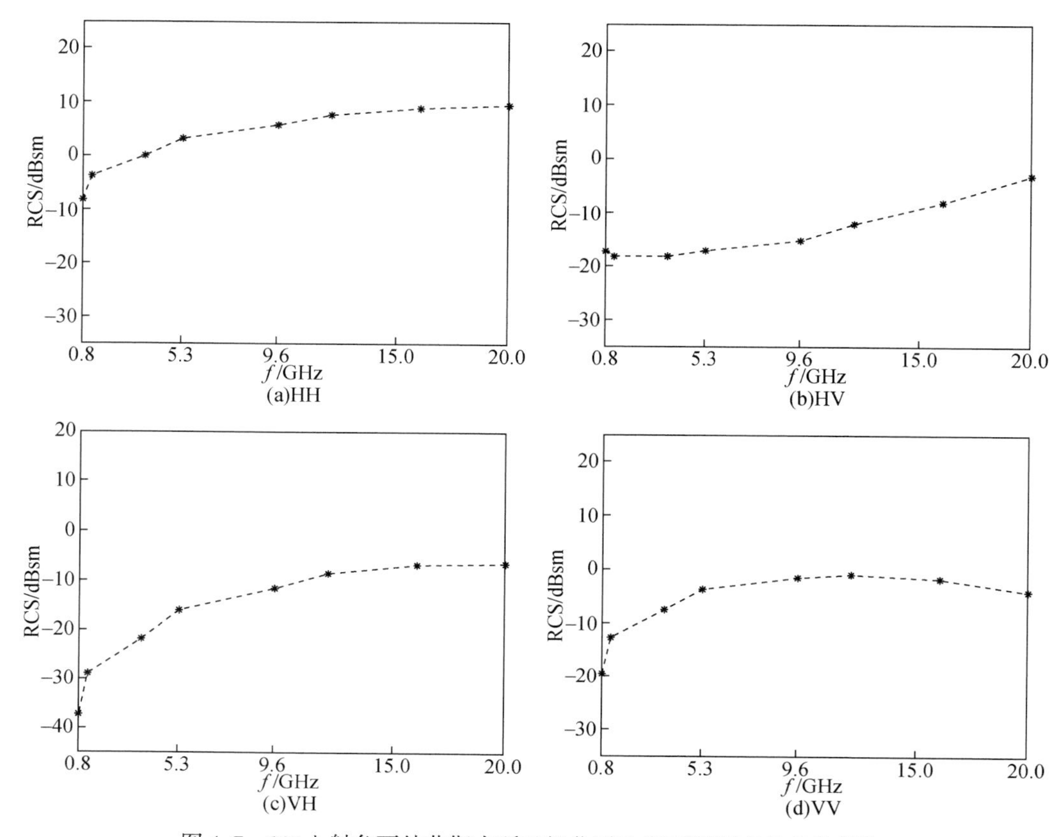

图4.7 30°入射角下幼苗期水稻四极化雷达截面随频率的变化规律

在40°入射角条件下，幼苗期水稻HH/HV/VH/VV四极化雷达截面（RCS）随入射电磁波频率的变化规律如图4.8所示。可以看出，随着入射电磁波频率的增加，幼苗期水稻HH/VH/VV极化后向散射截面（RCS）都不断增大，其中HH极化和VH极化后向散射截面随入射波频率的变化较为明显且相近，增幅均在20dBsm左右，而VV极化RCS随入射电磁波频率的变化相对较小，增幅只有12dBsm。最后，HV极化RCS随入射电磁波频率的增加表现为先减小后增加，并在5.3GHz左右达到最小值。

在50°入射角条件下，幼苗期水稻HH/HV/VH/VV四极化雷达截面（RCS）随入射电磁波频率的变化规律如图4.9所示。可以看出，随着入射电磁波频率的增加，幼苗期水稻HH/VH/VV极化后向散射截面（RCS）都不断增大，其中VH极化后向散射截面随入射电磁波频率的变化最明显，增幅近30dBsm；VV极化RCS随入射电磁波频率的变化最小，增幅约为20dBsm；HH极化RCS随入射电磁波频率的变化增幅介于中间，约为25dBsm。另外，HV极化后向散射截面随入射电磁波频率的增加表现为先减小后增大，并在5.3GHz达到最小值。

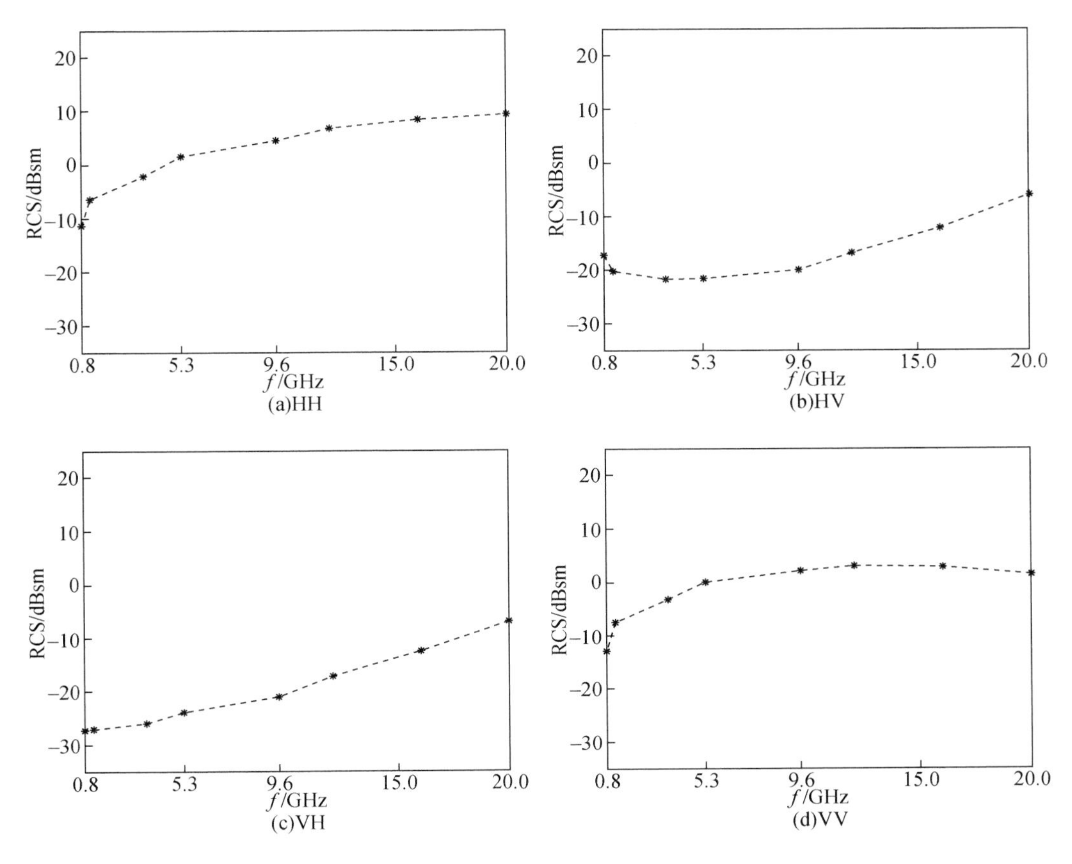

图 4.8　40°入射角下幼苗期水稻四极化雷达截面随频率的变化规律

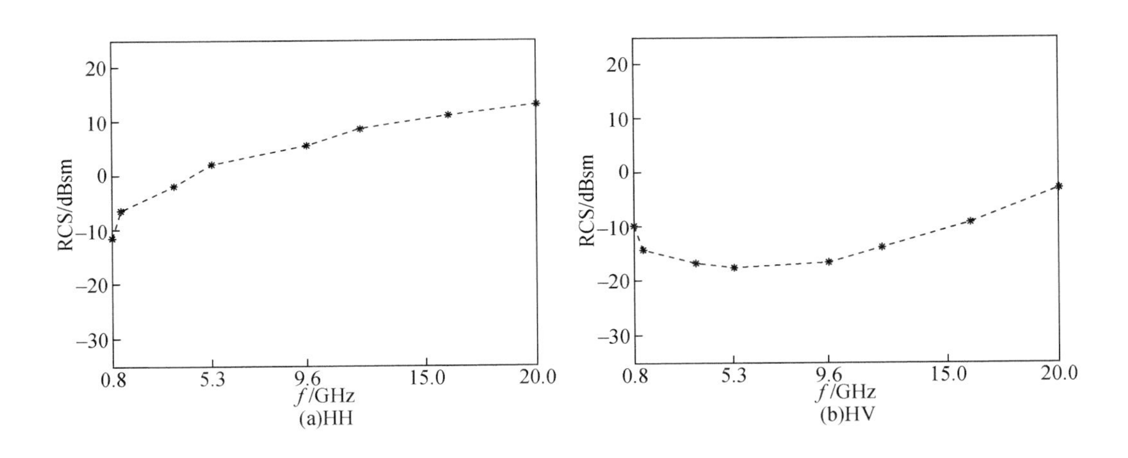

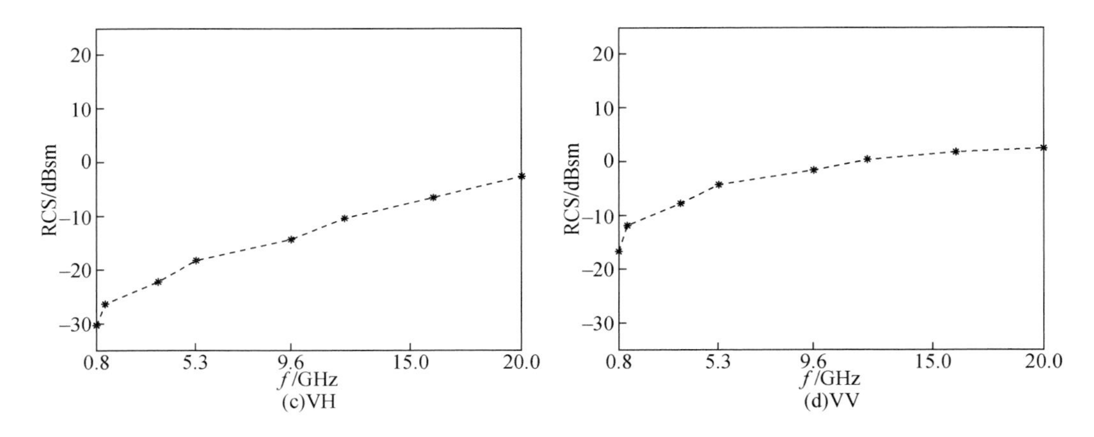

图 4.9 50°入射角下幼苗期水稻四极化雷达截面随频率的变化规律

在 60°入射角条件下，幼苗期水稻 HH/HV/VH/VV 四极化雷达截面（RCS）随入射电磁波频率的变化规律如图 4.10 所示。可以看出，随着入射电磁波频率的增加，幼苗期水稻 HH 极化和 VH 极化后向散射截面（RCS）都不断增大，其中 VH 极化后向散射截面随入射电磁波频率的变化最明显，增幅近 35dBsm；HH 极化后向散射截面随入射电磁波的变化相对较小，增幅约为 25dBsm。HV 极化 RCS 随入射电磁波频率的变化表现为先减小后增大，且变化幅度只有约 5dBsm，而 VV 极化 RCS 随入射电磁波频率的变化表现为先增大后减小，并在 9.6GHz 达到最大值。

2. 拔节期水稻雷达截面（RCS）-入射波频率（f）

在 20°入射角条件下，拔节期水稻 HH/HV/VH/VV 四极化雷达截面（RCS）随入射电磁波频率的变化规律如图 4.11 所示。可以看出，随着入射电磁波频率的增加，拔节期水稻 VH 极化后向散射截面（RCS）不断增大，总增幅约为 17dBsm；而 HH/HV/VV 极化 RCS 均表现出先增大后减小的变化规律，其中，HH 极化和 VH 同极化 RCS 在 12GHz 左右达到最大值，而 HV 极化 RCS 则在 5.3GHz 左右达到最大值。

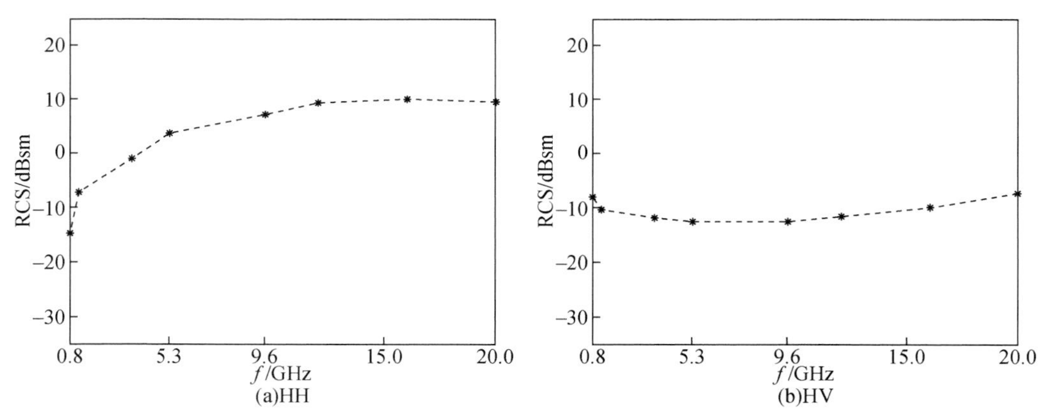

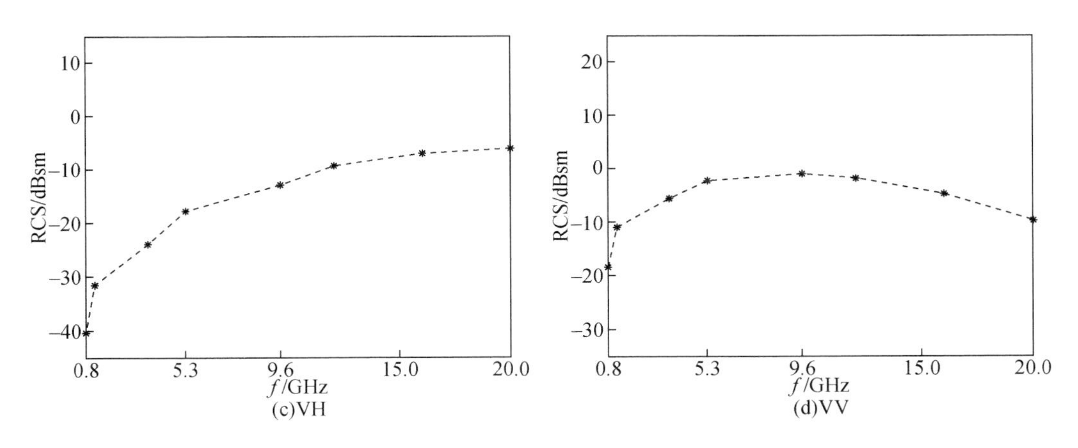

图 4. 10　60°入射角下幼苗期水稻四极化雷达截面随频率的变化规律

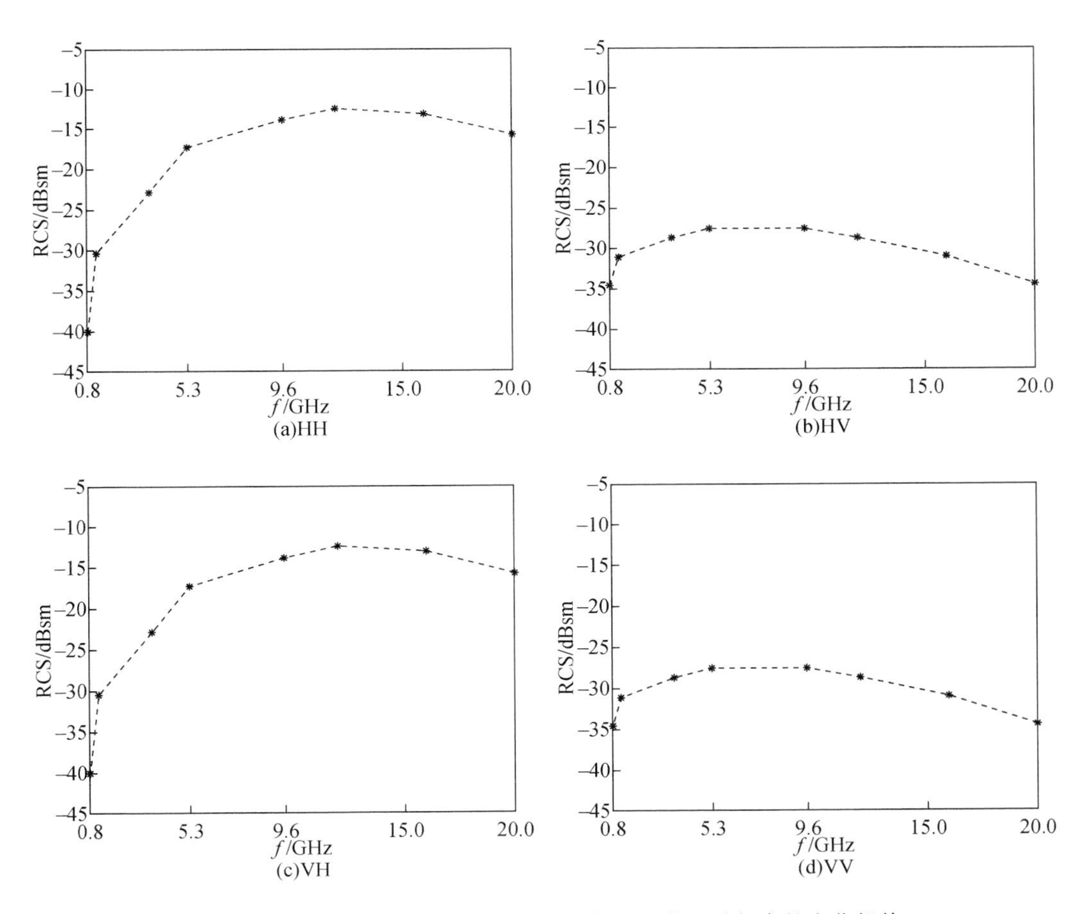

图 4. 11　20°入射角下拔节期水稻四极化雷达截面随频率的变化规律

在30°入射角条件下，拔节期水稻HH/HV/VH/VV四极化雷达截面（RCS）随入射电磁波频率的变化规律如图4.12所示。可以看出，随着入射电磁波频率的增加，拔节期水稻HH/HV/VH/VV极化RCS均呈现先增大后减小的变化曲线，其中，HH极化和HV极化的RCS峰值位于9.6GHz频率点附近，VH极化和VV极化的RCS峰值在5.3GHz频率点附近。HH/HV/VV极化RCS变化曲线都在低频处展现出较大的增长率，但在后面的频率范围内变化较为平缓；VH极化RCS在测量频率范围内有较大的极差（约21dBsm），且在低频和高频处分别展现出较大的增长率和减少率。

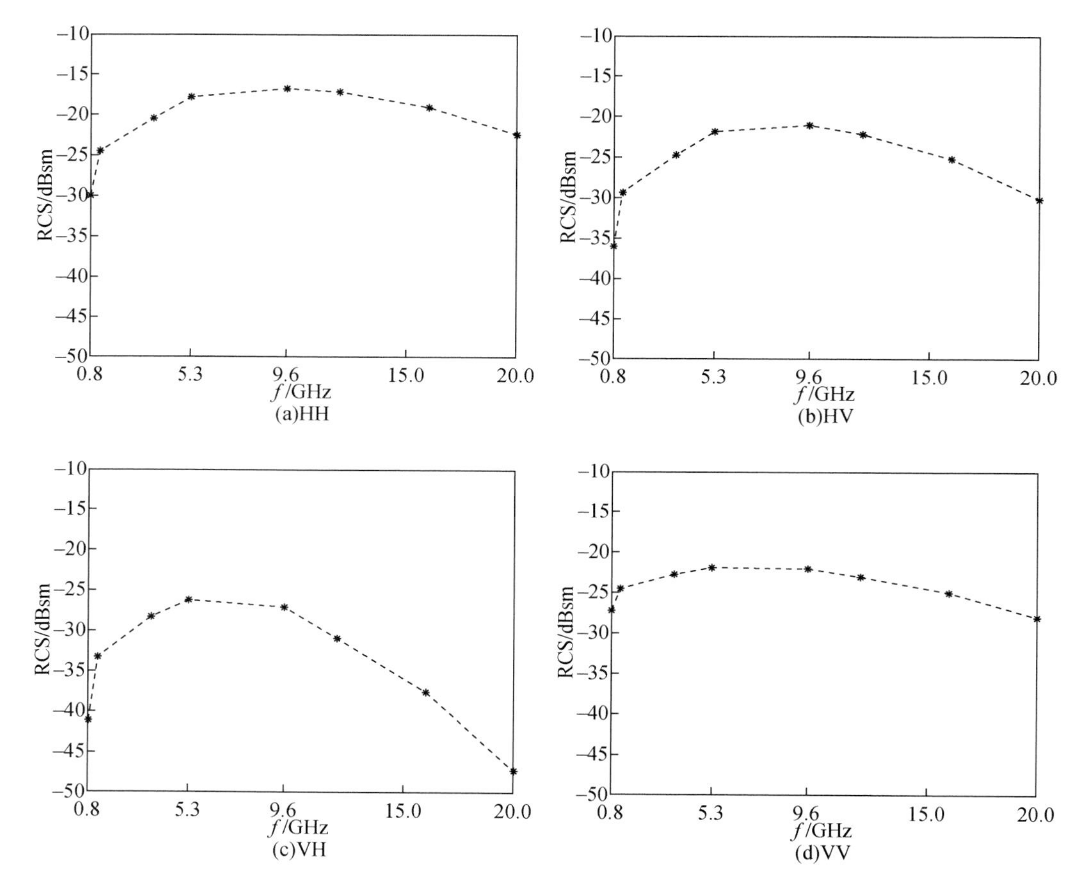

图4.12　30°入射角下拔节期水稻四极化雷达截面随频率的变化规律

在40°入射角条件下，拔节期水稻HH/HV/VH/VV四极化雷达截面（RCS）随入射电磁波频率的变化规律如图4.13所示。可以看出，随着入射电磁波频率的增加，拔节期水稻HV/VH/VV极化RCS均为先增大后减小，而HH极化RCS则为不断增加。VH极化和VV极化RCS在测量频率范围内的变化速度很缓慢，对应的极差值也较小，约为7dBsm和5dBsm；相比于VH极化和VV极化，HV极化RCS在低频和高频部分的变化速度都较快，且有更大的极差值（9dBsm）；最后，HH极化RCS的增长幅度（极差）约为14dBsm。

在50°入射角条件下，拔节期水稻HH/HV/VH/VV四极化雷达截面（RCS）随入射电

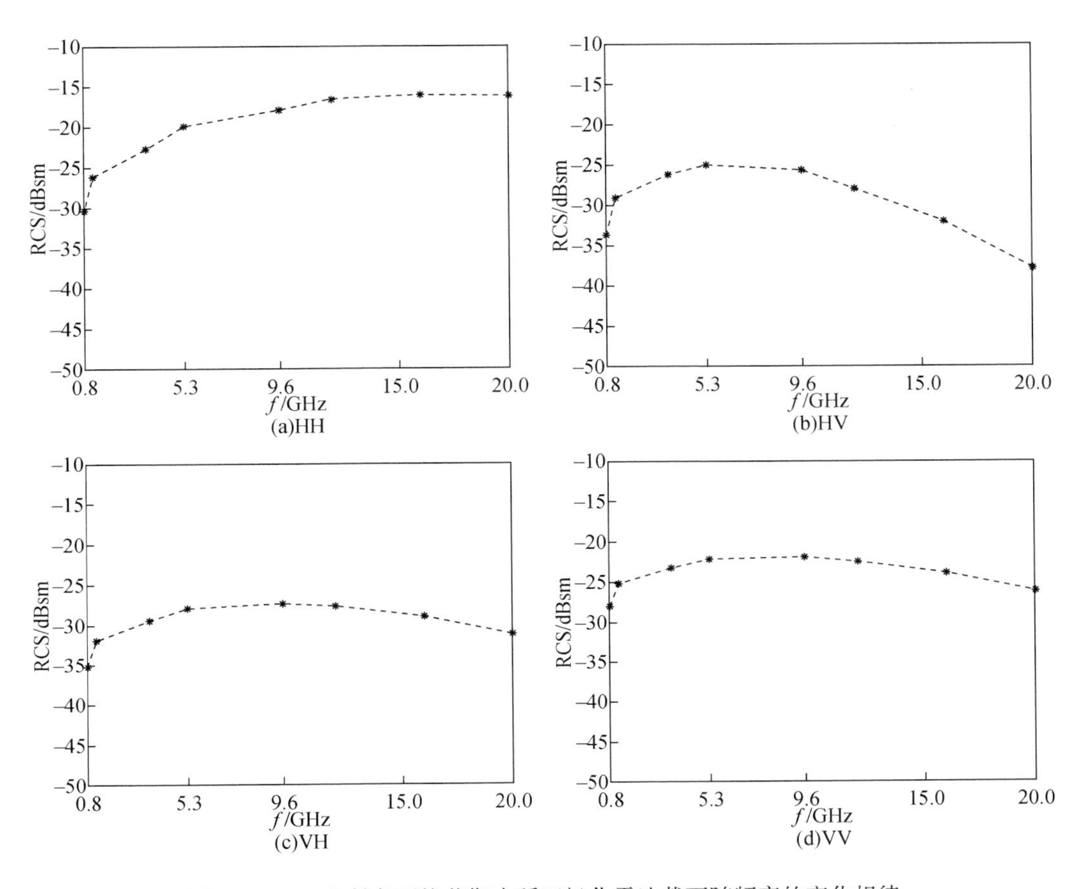

图4.13　40°入射角下拔节期水稻四极化雷达截面随频率的变化规律

磁波频率的变化规律如图4.14所示。可以看出，随着入射电磁波频率的增加，拔节期水稻HH/HV/VH/VV极化后向散射截面（RCS）均为先增大后减小，并且有相似的变化节点，即在0.8～5.3GHz频率范围内不断增加，在5.3～9.6GHz频率范围内平稳过渡并得到曲线RCS峰值，最后在9.6～20GHz频率范围内不断减小。

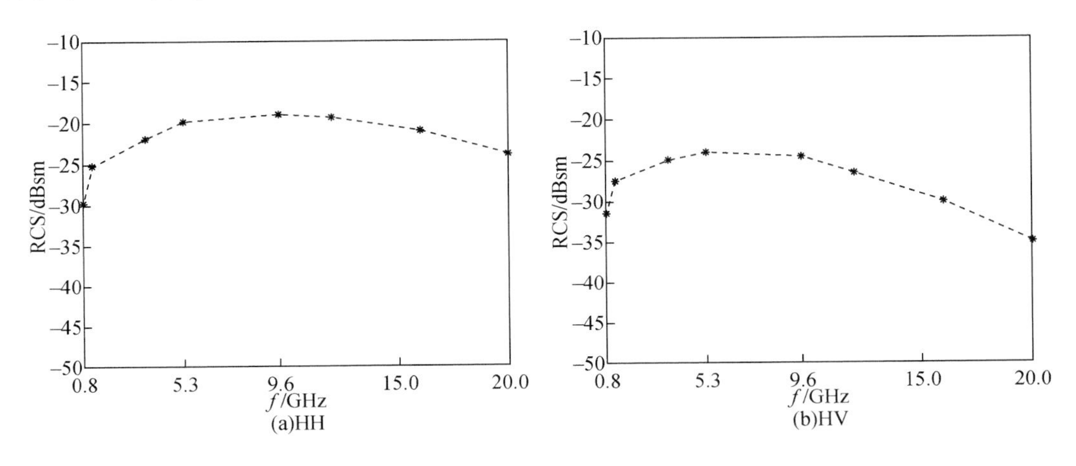

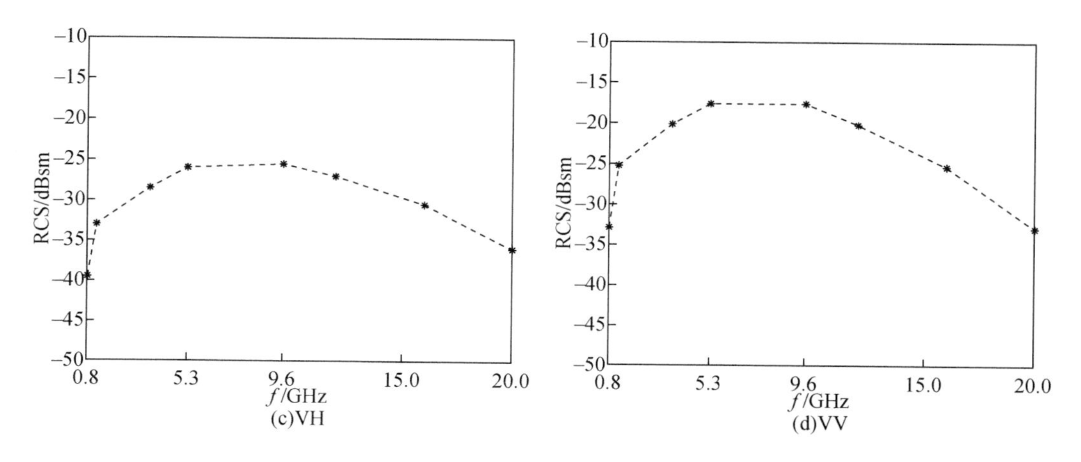

图 4.14　50°入射角下拔节期水稻四极化雷达截面随频率的变化规律

3. 抽穗期水稻雷达截面（RCS）-入射波频率（f）

在 10°入射角条件下，抽穗期水稻 HH/HV/VH/VV 四极化雷达截面（RCS）随入射电磁波频率的变化规律如图 4.15 所示。可以看出，随着入射电磁波频率的增加，HH 极化和 VH 极化 RCS 都不断增加，其中 HH 极化 RCS 随入射电磁波频率的变化较为明显，增幅大于 15dBsm；VH 极化后向散射截面随入射电磁波频率的变化相对较小，增幅只有 7dBsm。随着入射电磁波频率的增加，HV 极化后向散射截面表现为先减小后增加，并在 3.2GHz 达到最小值，约为-22dBsm；而 VV 极化后向散射截面表现为先增加后减小，并在 9.6GHz 达到最大值，约为-1dBsm。

在 20°入射角条件下，抽穗期水稻 HH/HV/VH/VV 四极化雷达截面（RCS）随入射电磁波频率的变化规律如图 4.16 所示。可以看出，随着入射电磁波频率的增加，HV 极化和 VH 极化 RCS 都不断增加，其中 HV 极化后向散射截面 RCS 随入射电磁波频率变化的增幅为 8dBsm；而 VH 极化 RCS 的增幅只有 5dBsm；HH 极化随入射电磁波频率的变化幅度较

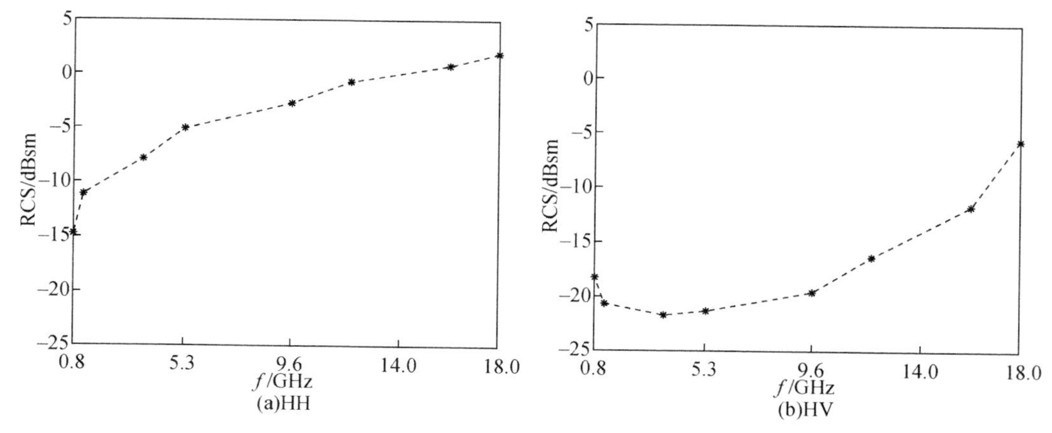

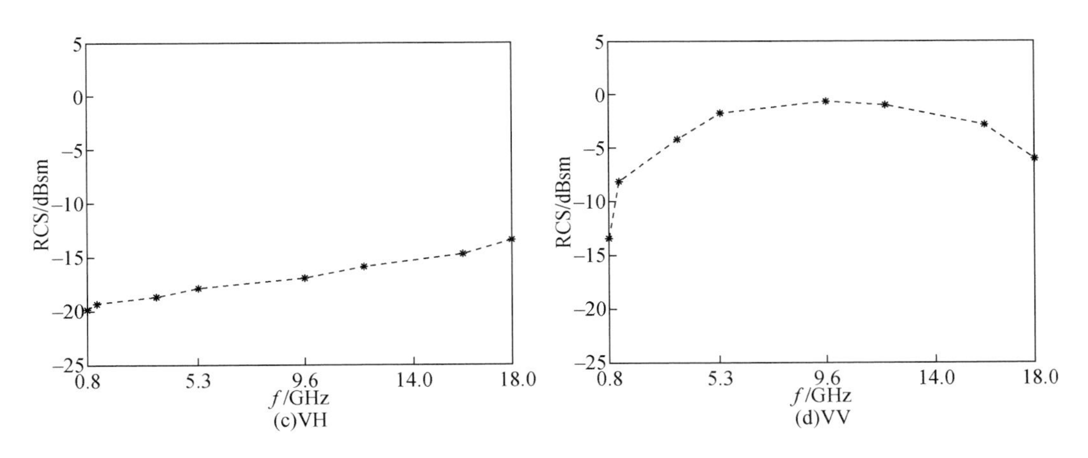

图 4. 15　10°入射角下抽穗期水稻四极化雷达截面随频率的变化规律

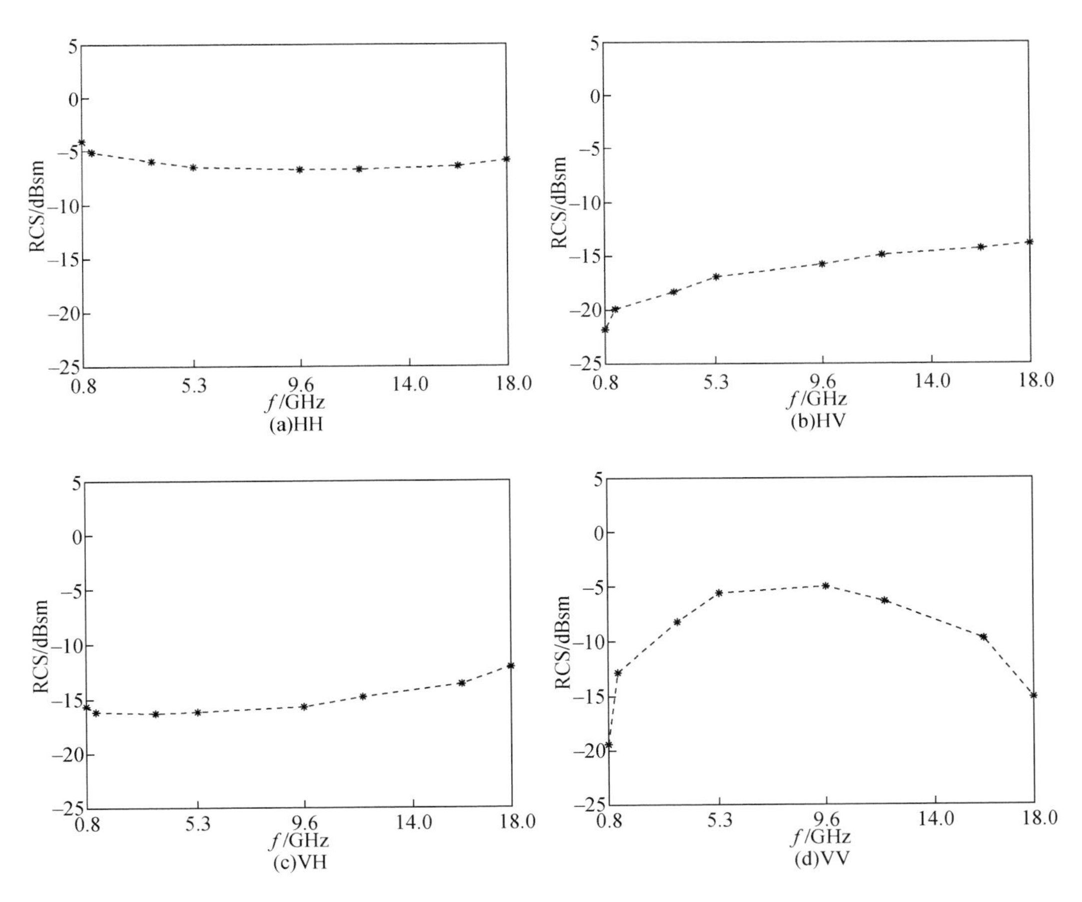

图 4. 16　20°入射角下抽穗期水稻四极化雷达截面随频率的变化规律

小，只有 3dBsm；VV 极化 RCS 随入射电磁波频率的变化表现为先增大后减小，并在 9.6GHz 达到最大值。

在 30°入射角条件下，抽穗期水稻 HH/HV/VH/VV 四极化雷达散射截面 RCS 随入射电磁波频率的变化规律如图 4.17 所示。可以看出，随着入射电磁波频率的增加，HH/HV/VH/VV 极化 RCS 都不断增加，其中 HH 极化和 HV 极化 RCS 随入射电磁波频率的变化较为明显且相近，增幅接近 15dBsm；VH 极化 RCS 随入射电磁波频率的变化最小，增幅只有 3dBsm；VV 极化 RCS 随入射电磁波频率的变化介于中间，增幅约为 5dBsm。

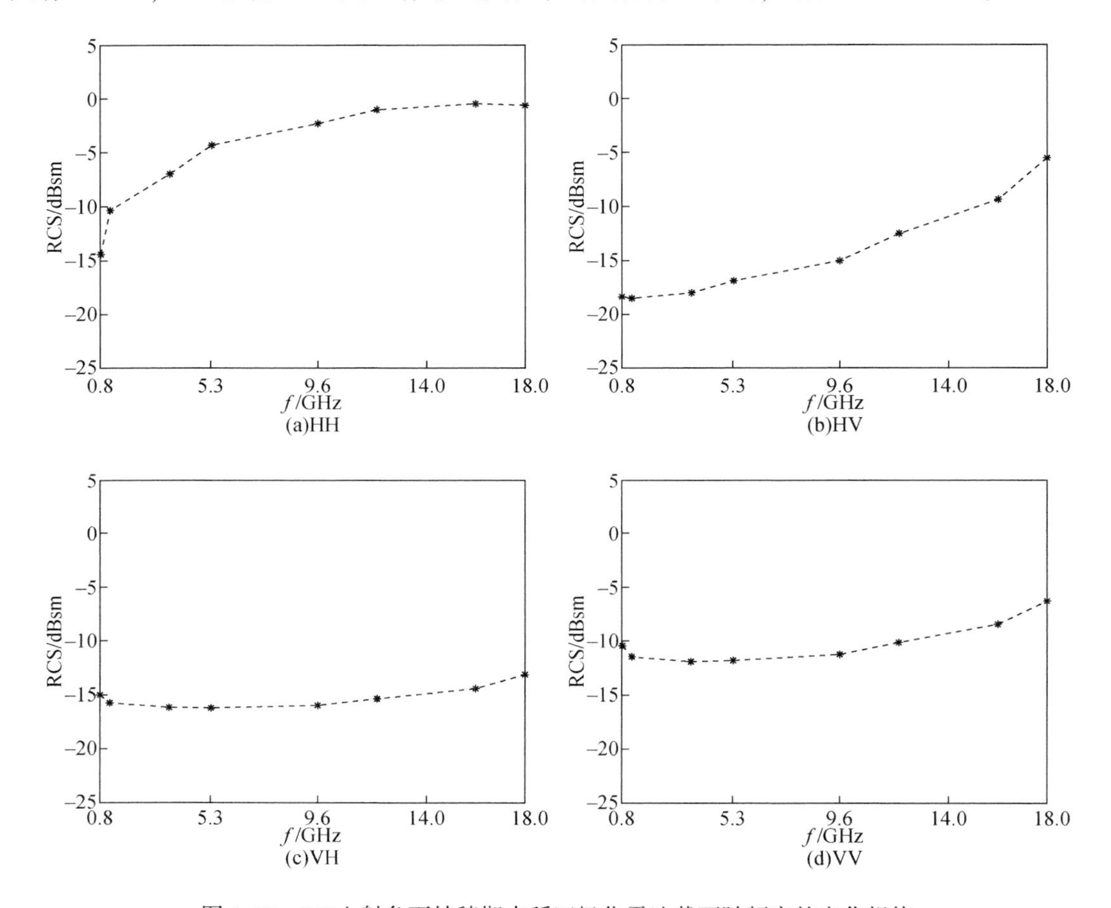

图 4.17　30°入射角下抽穗期水稻四极化雷达截面随频率的变化规律

在 40°入射角条件下，抽穗期水稻 HH/HV/VH/VV 四极化雷达散射截面 RCS 随入射电磁波频率的变化规律如图 4.18 所示。可以看出，随着入射电磁波频率的增加，只有 HV 极化 RCS 不断增加，其增幅为 16dBsm。HH/VH/VV 极化的 RCS 随入射电磁波频率的变化均为先减小后增加，且都在 5.3GHz 达到最小值。

在 50°入射角条件下，抽穗期水稻 HH/HV/VH/VV 四极化雷达散射截面（RCS）随入射电磁波频率的变化规律如图 4.19 所示。可以看出，随着入射电磁波频率的增加，HV 极化和 VV 极化 RCS 都不断增加，其中 HV 极化 RCS 随入射电磁波频率的变化较明显，增幅

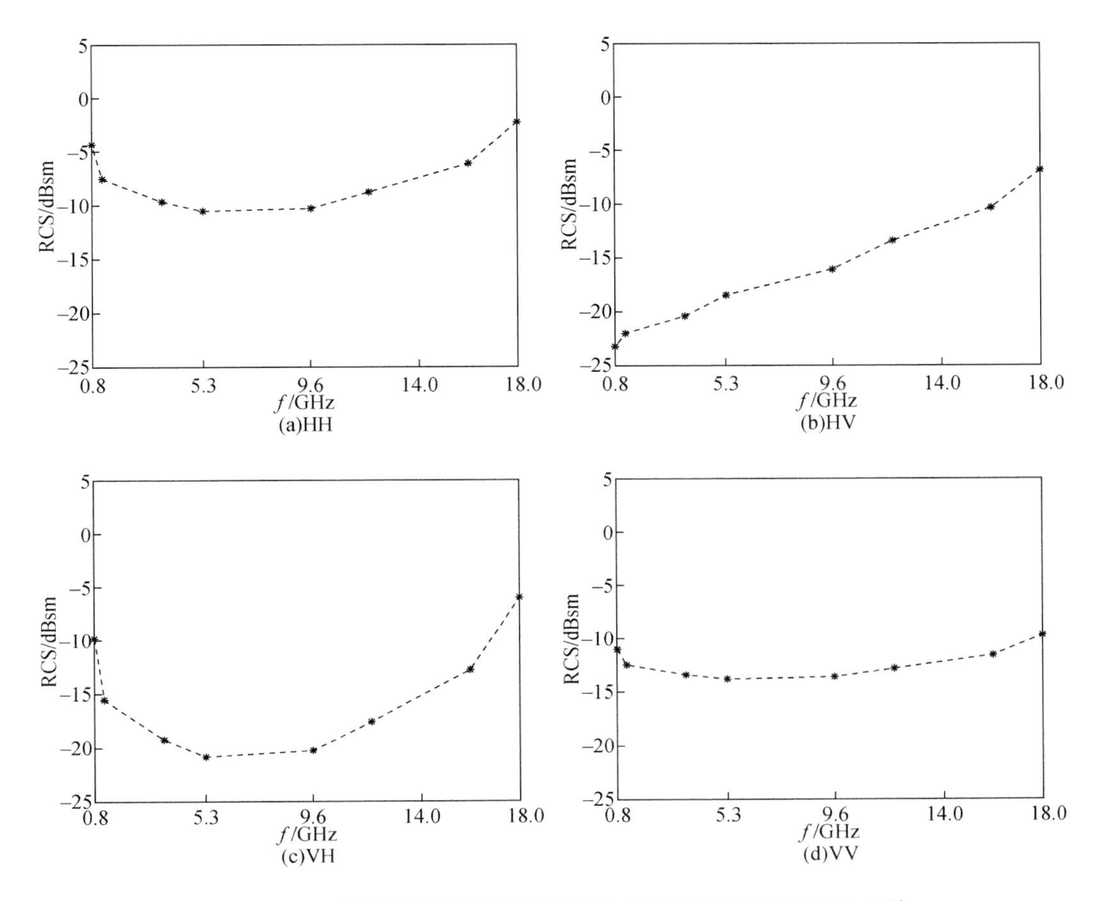

图 4.18　40°入射角下抽穗期水稻四极化雷达截面随频率的变化规律

约为 14dBsm；VV 极化 RCS 随入射电磁波频率的变化相对较小，增幅约为 10dBsm；HH 极化 RCS 随入射电磁波频率的变化表现为先减小后增大，并在 5.3GHz 达到最小值；VH 极化 RCS 随入射电磁波频率的变化表现为先增大后减小，并在 12.0GHz 达到最大值。

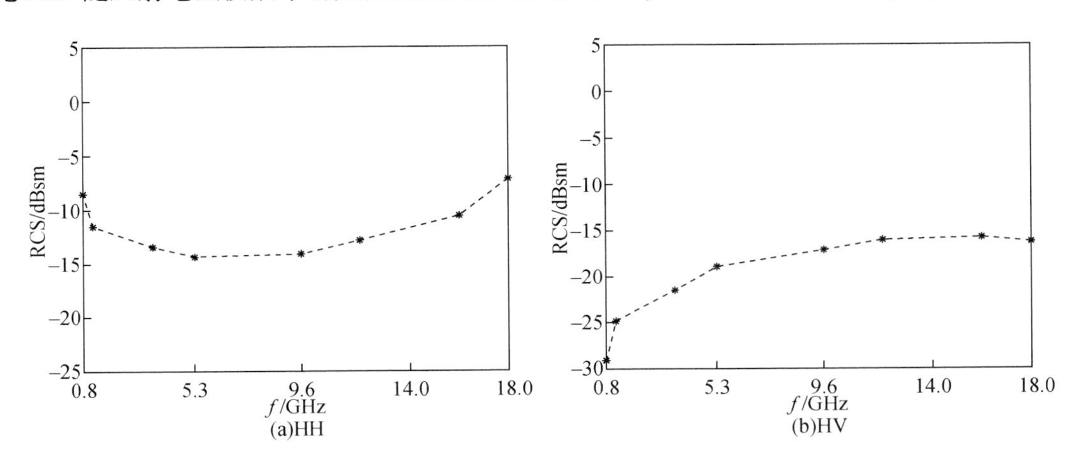

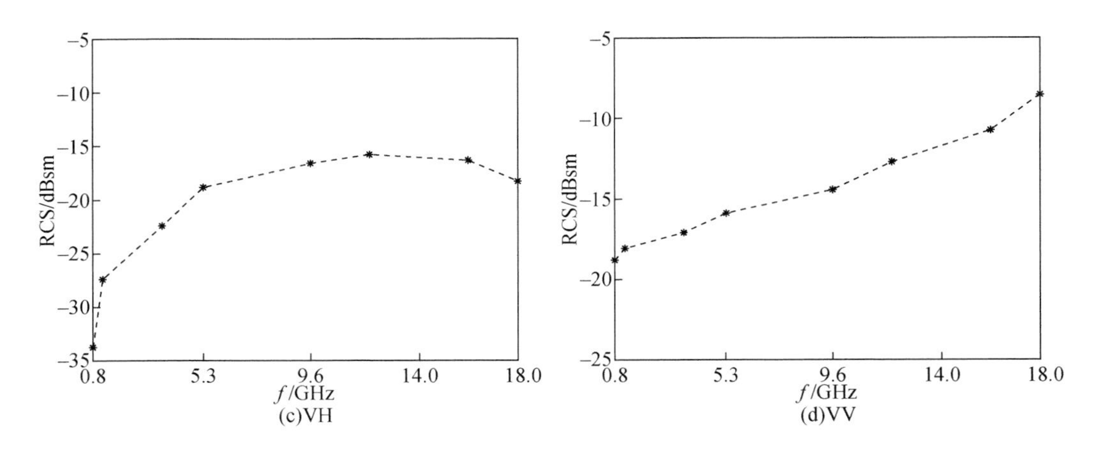

图 4. 19　50°入射角下抽穗期水稻四极化雷达截面随频率的变化规律

在 60°入射角条件下，抽穗期水稻 HH/HV/VH/VV 四极化雷达截面（RCS）随入射电磁波频率的变化规律如图 4. 20 所示。可以看出，随着入射电磁波频率的增加，HH/HV/

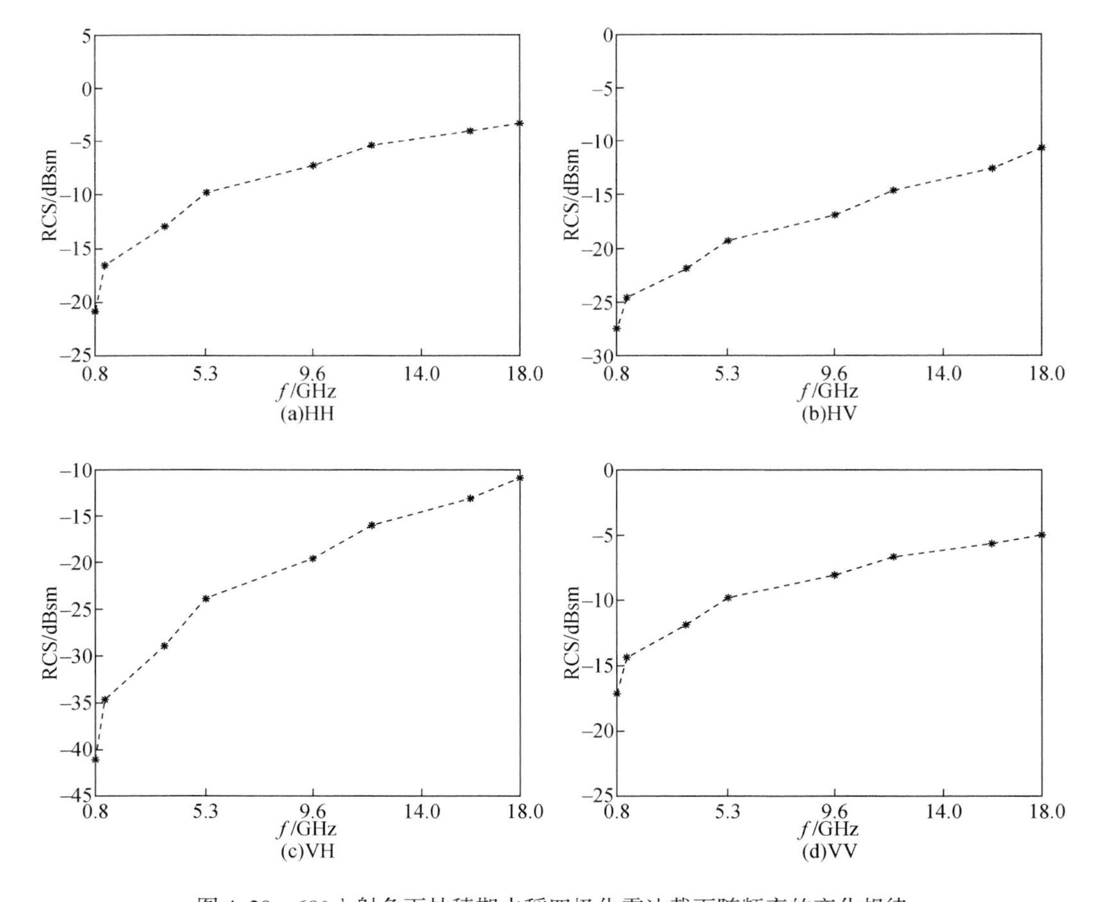

图 4. 20　60°入射角下抽穗期水稻四极化雷达截面随频率的变化规律

VH/VV 极化后向散射截面（RCS）都不断增加，其中 VH 极化 RCS 随入射电磁波频率的变化最大，增幅达到 30dBsm；VV 极化 RCS 的变化最小，增幅只有 12dBsm；HH 极化和 HV 极化 RCS 随入射电磁波频率的变化介于中间，增幅约为 17dBsm。

4. 乳熟期水稻雷达截面（RCS）-入射波频率（f）

在 20°入射角条件下，乳熟期水稻 HH/HV/VH/VV 四极化雷达散射截面（RCS）随入射电磁波频率的变化规律如图 4.21 所示。可以看出，随着入射电磁波频率的增加，HH 极化和 VV 极化后向散射截面（RCS）都不断增加，并且增幅达到 20dBsm 左右；VH 极化后向散射截面随入射电磁波频率的变化表现为先增大后减小，并在 5.3GHz 达到最大值；HV 极化后向散射截面随入射电磁波频率的增加不断减小，减小幅度约为 5dBsm。

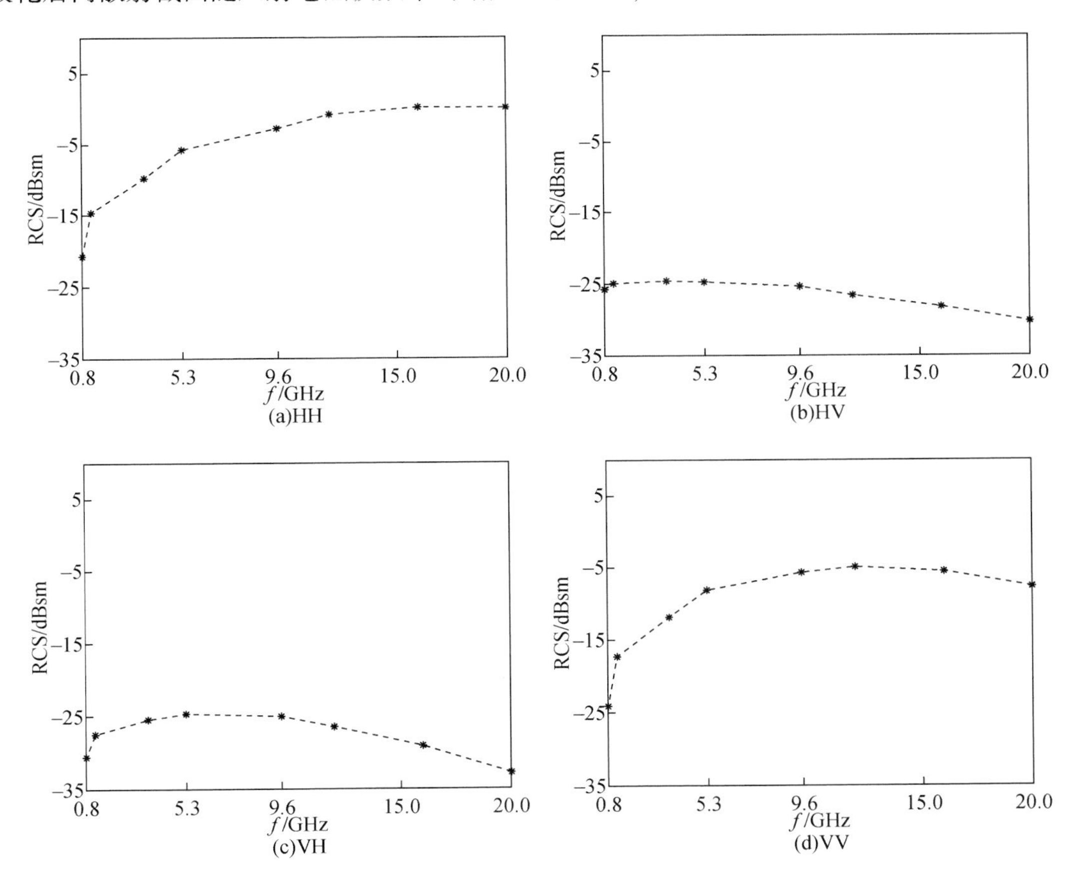

图 4.21　20°入射角下乳熟期水稻四极化雷达截面随频率的变化规律

在 30°入射角条件下，乳熟期水稻 HH/HV/VH/VV 四极化雷达散射截面（RCS）随入射电磁波频率的变化规律如图 4.22 所示。可以看出，随着入射电磁波频率的增加，HH 极化后向散射截面（RCS）不断增大，并且增长幅度较大，约为 45dBsm；HV 极化后向散射截面随入射电磁波频率的增加不断减小，减小幅度约为 20dBsm；VH 极化和 VV 极化后向散射截面随入射电磁波的增加表现为先增大后减小，变化幅度相似且较小，幅度为 10dBsm。

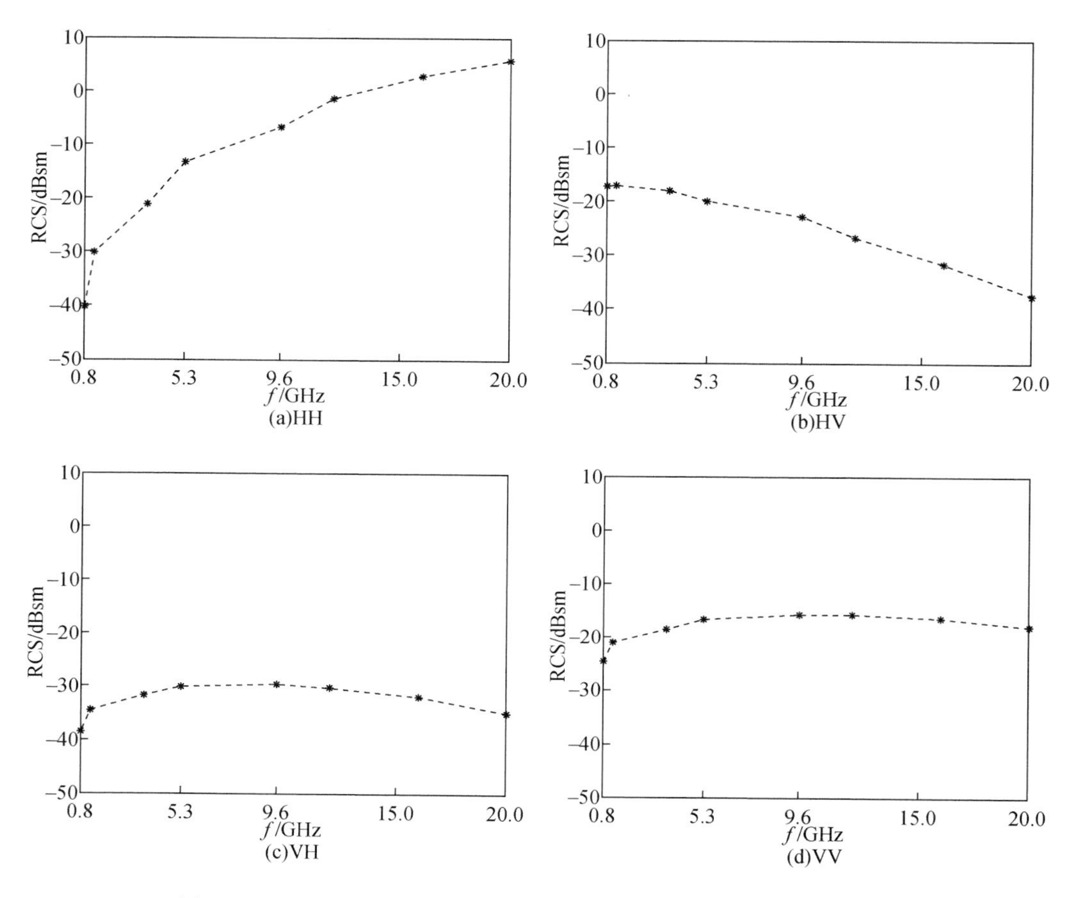

图 4.22　30°入射角下乳熟期水稻四极化雷达截面随频率的变化规律

在 40°入射角条件下，乳熟期水稻 HH/HV/VH/VV 四极化雷达截面（RCS）随入射电磁波频率的变化规律如图 4.23 所示。可以看出，随着入射电磁波频率的增加，HH 极化、HV 极化和 VV 极化后向散射截面都不断增大，其中 HH 极化 RCS 增长幅度最大，约为 35dBsm；HV 极化 RCS 增长幅度最小，约为 10dBsm；VV 极化 RCS 增长幅度介于中间，增幅约为 20dBsm；VH 极化后向散射截面随入射电磁波的增加无明显变化。

在 50°入射角条件下，乳熟期水稻 HH/HV/VH/VV 四极化雷达截面（RCS）随入射电磁波频率的变化规律如图 4.24 所示。可以看出，随着入射电磁波频率的增加，HH 极化后向散射截面不断增加，增长幅度约为 38dBsm；HV 极化和 VH 极化后向散射截面随入射电磁波频率的增加不断减小，其中 HV 极化 RCS 减小幅度约为 13dBsm，VH 极化 RCS 减小幅度约为 8dBsm；VV 极化后向散射截面在低频波段增长迅速，而在高频波段增长缓慢，甚至在频率增长的末尾有轻微的减小。

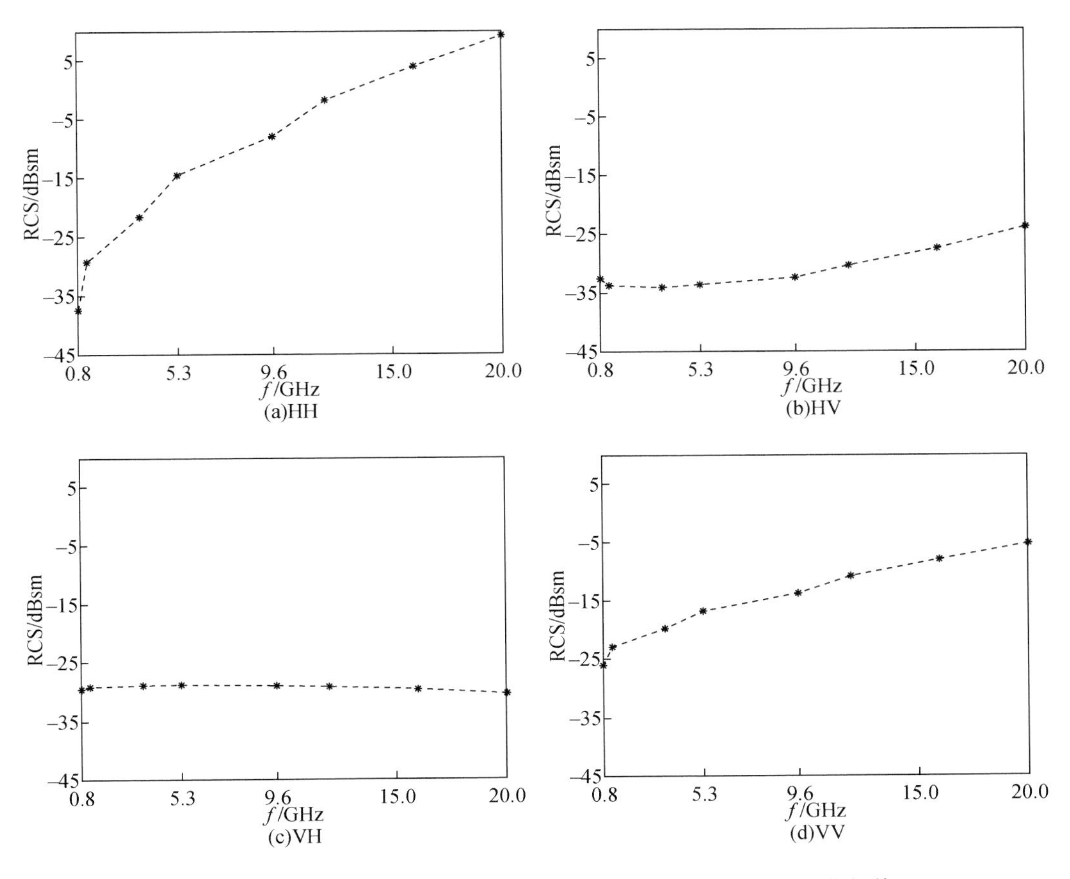

图 4.23　40°入射角下乳熟期水稻四极化雷达截面随频率的变化规律

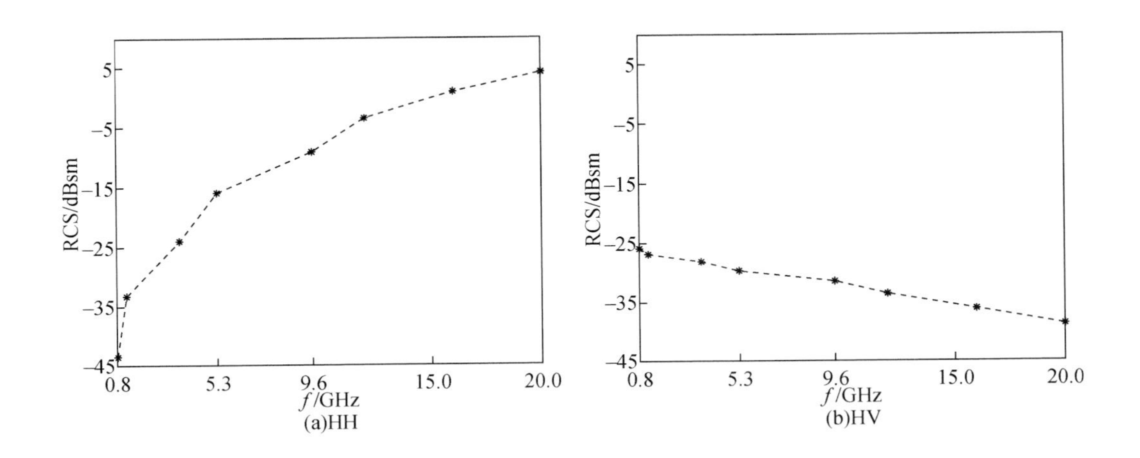

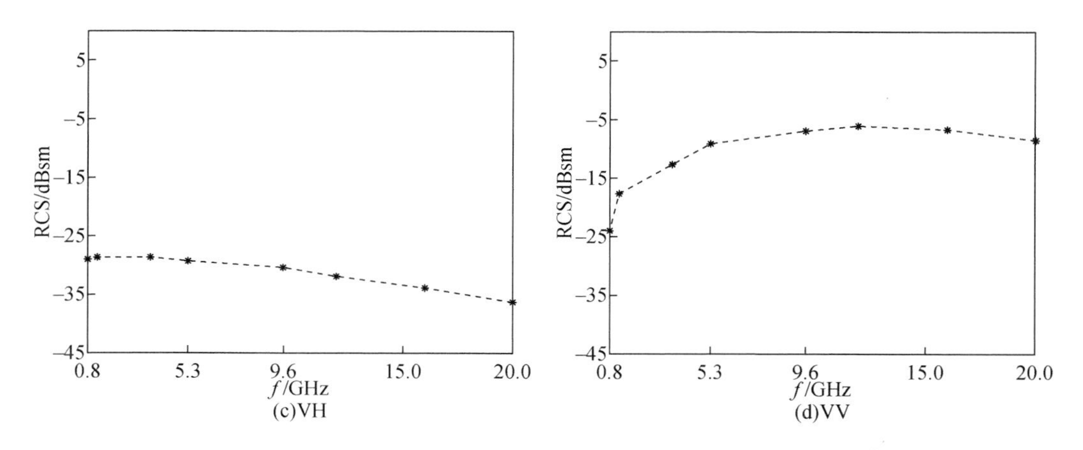

图 4. 24　50°入射角下乳熟期水稻四极化雷达截面随频率的变化规律

4. 2. 2　雷达截面–入射角

1. 幼苗期水稻雷达截面（RCS）–入射角（θ）

在 1. 2GHz 频率观测条件下，幼苗期水稻 HH/HV/VH/VV 四极化雷达散射截面（RCS）随入射角的变化规律如图 4. 25 所示。可以看到，随着入射角逐渐增大，HH 极化、HV 极化和 VH 极化后向散射截面（RCS）随入射角的变化没有显著的增加或减少，VV 极

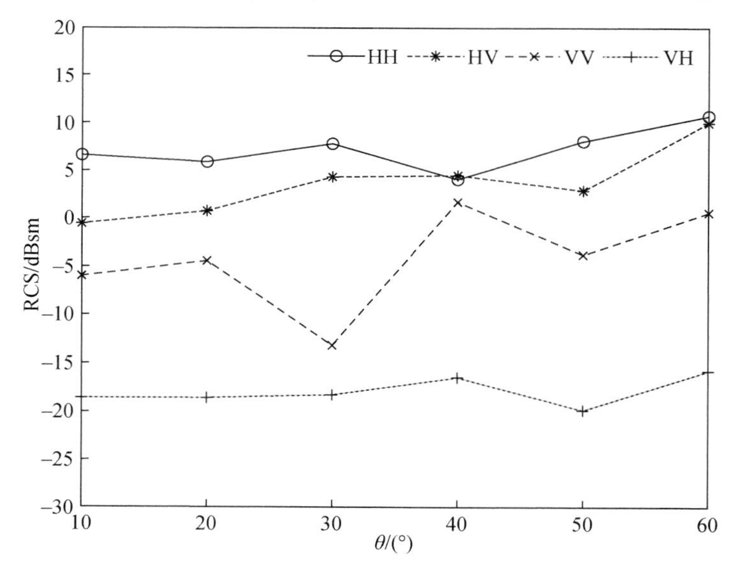

图 4. 25　幼苗期水稻 1. 2GHz 频率下雷达截面随入射角的变化规律

化后向散射截面则在入射角为 30°和 40°的有明显的减少和增长变化。在低频波段条件下，幼苗期水稻 HH/HV/VH/VV 极化后向散射截面在不同入射角几乎无明显的变化，这是因为在低频入射波条件下，幼苗期水稻田的回波主要来自下垫面。

在 3.2GHz 频率观测条件下，幼苗期水稻 HH/HV/VH/VV 四极化雷达散射截面（RCS）随入射角的变化规律如图 4.26 所示。可以看到，HH 极化后向散射截面（RCS）在入射角为 20°时陡然增大，并在入射角为 50°和 60°时连续下降；VV 极化后向散射截面在入射角为 20°时陡然减小，随后逐渐增大；HV 极化后向散射截面在入射角为 20°时陡然增大，随后逐渐减小，并在入射角为 60°时再次减小；HV 和 VH 极化后向散射截面均在 20°入射角时达到最大值，约为-15dBsm。

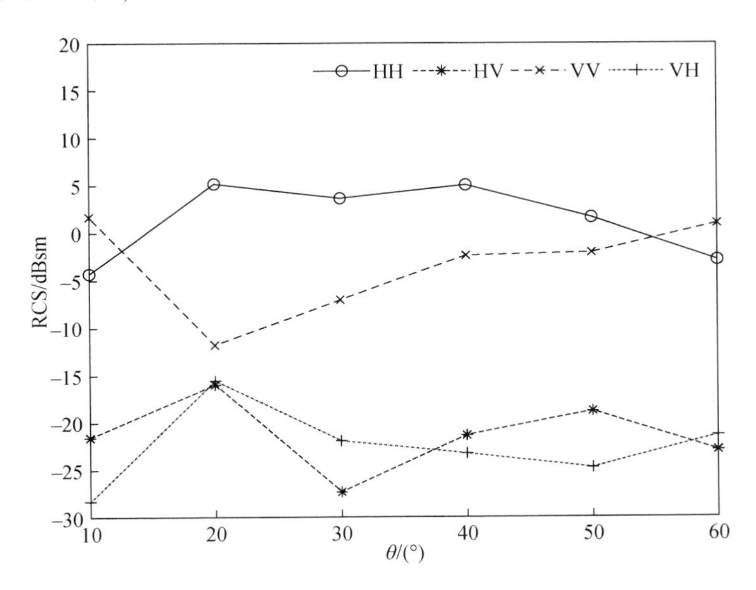

图 4.26　幼苗期水稻 3.2GHz 频率下雷达截面随入射角的变化规律

在 5.3GHz 频率观测条件下，幼苗期水稻 HH/HV/VH/VV 四极化雷达截面（RCS）随入射角的变化规律如图 4.27 所示。可以看到，HH 极化后向散射截面（RCS）在入射角为 30°时陡然减小，随后逐渐增大；VV 极化后向散射截面在入射角为 30°时陡然减小，随后交替增大和减小；HV 极化后向散射截面在入射角为 20°时陡然增加，随后逐渐下降，在入射角为 50°时达到最小值后又陡然增加；VH 极化后向散射截面在入射角为 20°时陡然增加，随后逐渐下降，在入射角为 40°时达到最小值后又逐渐增加。

在 9.6GHz 频率观测条件下，幼苗期水稻 HH/HV/VH/VV 四极化雷达截面（RCS）随入射角的变化规律如图 4.28 所示。可以看到，HH 极化后向散射截面（RCS）随着入射角的增加呈现先增加后减小的变化特征；VV 极化后向散射截面在入射角为 20°时陡然减小，随后在入射角为 30°时陡然增加，之后相对稳定；HV 和 VH 极化后向散射截面随入射角的变化规律非常相似，均在 20°入射角达到最高值，在 40°入射角达到最低值。

在 15.0GHz 频率观测条件下，幼苗期水稻 HH/HV/VH/VV 四极化雷达截面（RCS）

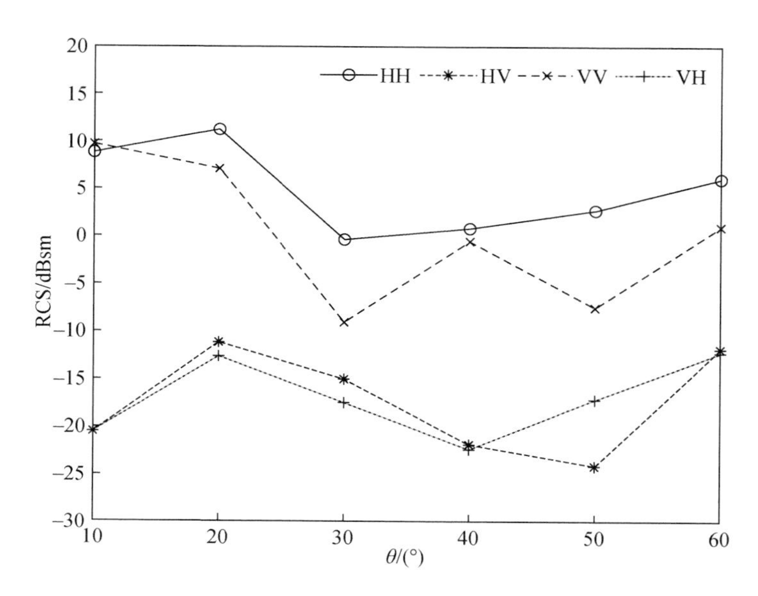

图 4. 27　幼苗期水稻 5. 3GHz 频率下雷达截面随入射角的变化规律

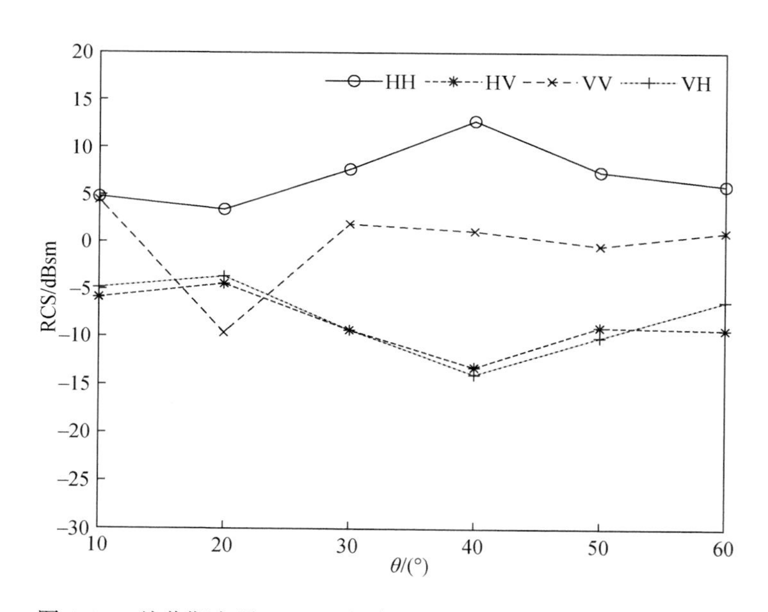

图 4. 28　幼苗期水稻 9. 6GHz 频率下雷达截面随入射角的变化规律

随入射角的变化规律如图 4. 29 所示。可以看到，HH 极化后向散射截面（RCS）在入射角为 20°和 50°时明显增大，其余入射角则平稳无明显变化；VV 极化后向散射截面在入射角为 30°时陡然减小，随后缓慢增大，最后再次减小；VH 极化和 HV 极化后向散射截面则呈现上升和下降不规律的交替变化特征。

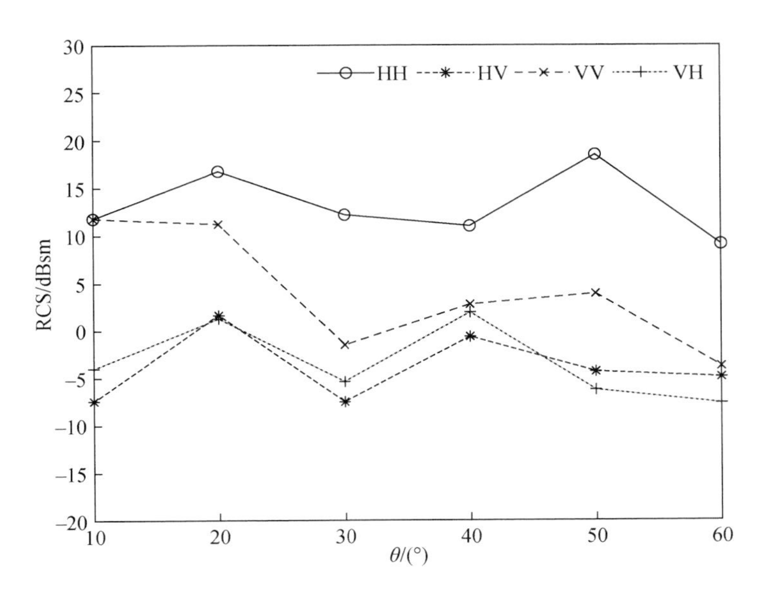

图4.29　幼苗期水稻15.0GHz频率下雷达截面随入射角的变化规律

2. 拔节期水稻雷达截面（RCS）-入射角（θ）

在1.2GHz频率观测条件下，拔节期水稻HH/HV/VH/VV四极化雷达散射截面（RCS）随入射角的变化规律如图4.30所示。可以看到，HH极化后向散射截面在入射角为30°和40°时都逐渐减小，减小总量约为8dBsm，在入射角为50°时又陡然增大5dBsm；HV极化后向散射截面在入射角为30°时增长了约5dBsm，其余各入射角无明显变化；VH极化后向散射截面在入射角为30°时陡然增加约14dBsm，其余各入射角RCS差异数值不超过5dBsm；最后，VV极化后向散射截面各入射角无明显变化。

在3.2GHz频率观测条件下，拔节期水稻HH/HV/VH/VV四极化雷达散射截面（RCS）随入射角的变化规律如图4.31所示。可以看到，HH极化后向散射截面随入射角的增加而不断增大，增长幅度约为20dBsm；当入射角小于30°时，VV极化后向散射界面随入射角增大，当入射角大于30°时，VV极化后向散射截面趋于稳定；HV极化后向散射截面在入射角为20°、30°和50°时保持在-37dBsm左右，并在入射角为40°时增长到-31dBsm；最后，VH极化后向散射截面在入射角为20°和30°时约为-38dBsm，在入射角为40°时减小到-45dBsm。

在5.3GHz频率观测条件下，拔节期水稻HH/HV/VH/VV四极化雷达散射截面（RCS）随入射角的变化规律如图4.32所示。可以看到，HH极化后向散射截面在入射角为30°和40°时不断增大，增长幅度约为9dBsm，在入射角为50°时减小约5dBsm；VV极化后向散射截面在入射角为30°和40°时不断增大，增长幅度约为18dBsm，在入射角为50°时减小约3dBsm；HV极化和VH交叉极化后向散射截面随入射角的增大无明显变化。

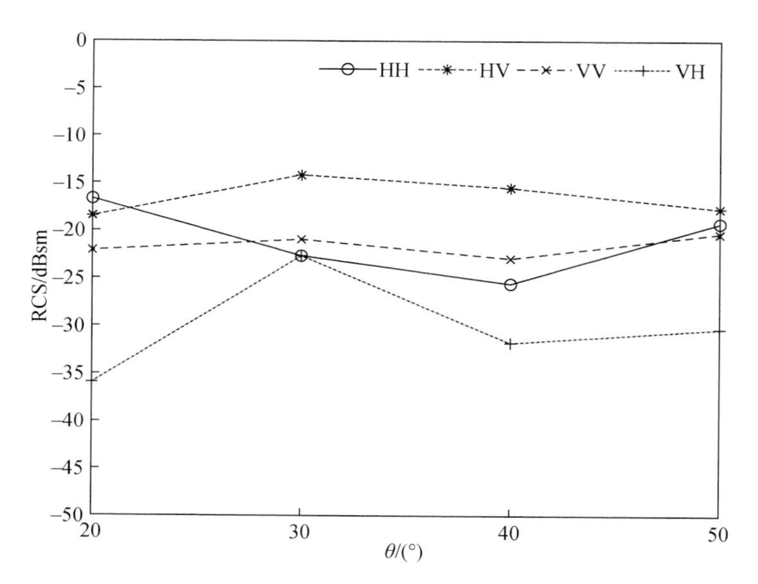

图 4.30　拔节期水稻 1.2GHz 频率下雷达截面随入射角的变化规律

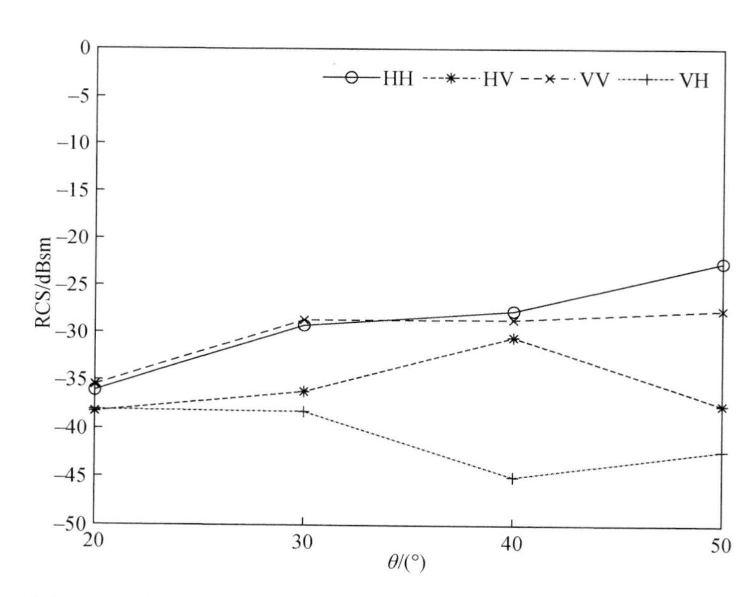

图 4.31　拔节期水稻 3.2GHz 频率下雷达截面随入射角的变化规律

在 9.6GHz 频率观测条件下，拔节期水稻 HH/HV/VH/VV 四极化雷达截面（RCS）随入射角的变化规律如图 4.33 所示。可以看到，HH 极化后向散射截面在入射角为 30°时大幅减小，减小幅度约为 19dBsm，随后在入射角为 40°和 50°时不断增大，增长总幅度为 14dBsm；VH 极化和 HV 极化后向散射截面随着入射角的增大无明显变化，极值约为 5dBsm；VV 极化后向散射截面在入射角为 20°和 30°时很稳定，在入射角为 40°和 50°时陡然增大和减小。

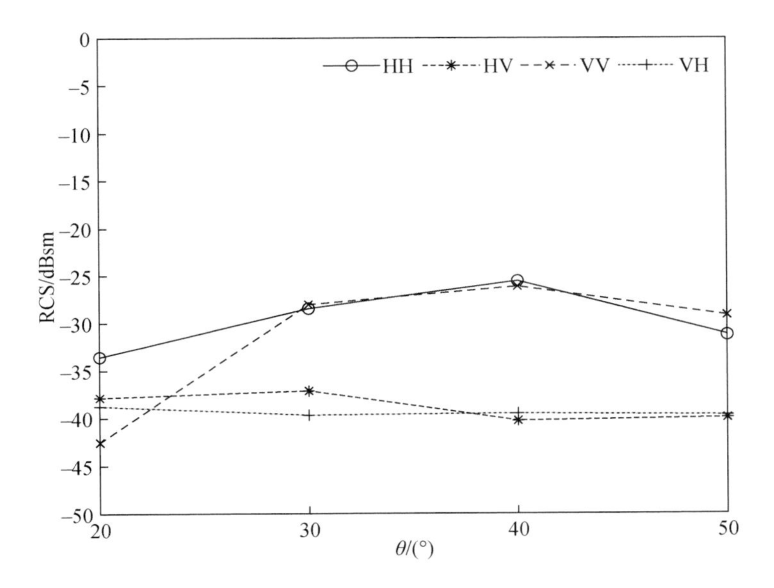

图 4.32　拔节期水稻 5.3GHz 频率下雷达截面随入射角的变化规律

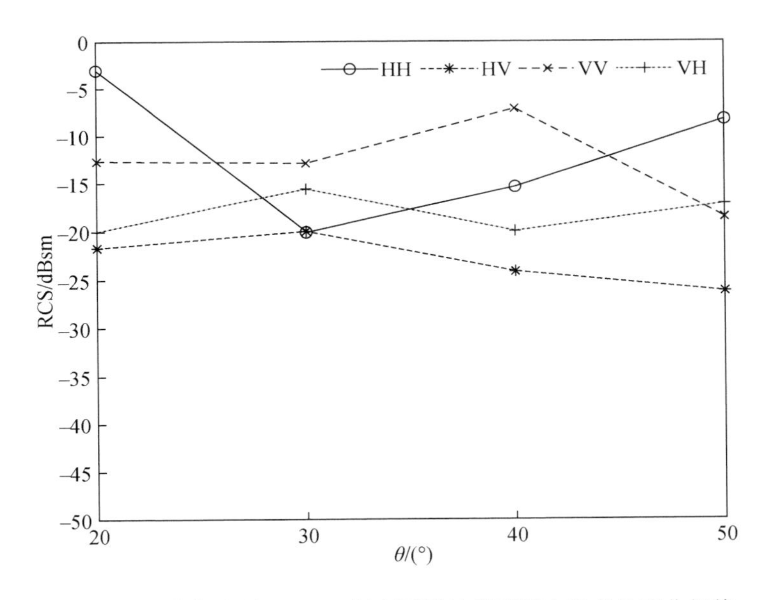

图 4.33　拔节期水稻 9.6GHz 频率下雷达截面随入射角的变化规律

在 15.0GHz 频率观测条件下，拔节期水稻 HH/HV/VH/VV 四极化雷达散射截面（RCS）随入射角的变化规律如图 4.34 所示。可以看到，HH 极化和 VV 同极化在入射角为 20°～40°时的 RCS 测量值大致相等，变化量在 5dBsm 以内；HV 极化在入射角为 30°和 40°时的 RCS 测量值高于入射角为 20°和 50°时的 RCS 测量值，VH 极化在入射角为 20°、40°和 50°时的 RCS 测量值均为−20dBsm，在入射角为 30°的 RCS 为−25dBsm。

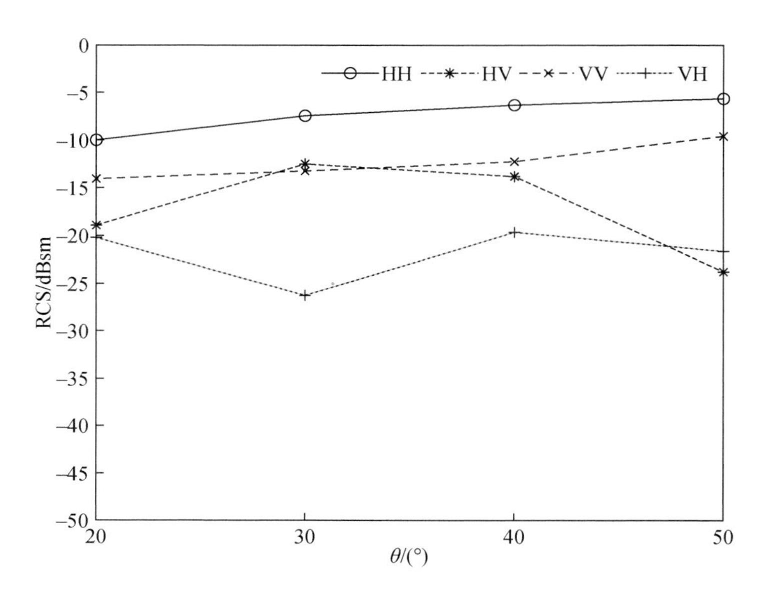

图 4.34　拔节期水稻 15.0GHz 频率下雷达截面值入射角的变化规律

3. 抽穗期水稻雷达截面（RCS）–入射角（θ）

在 1.2GHz 频率观测条件下，抽穗期水稻 HH/HV/VH/VV 四极化雷达散射截面（RCS）随入射角的变化规律如图 4.35 所示。可以看到，HH 极化后向散射截面（RCS）

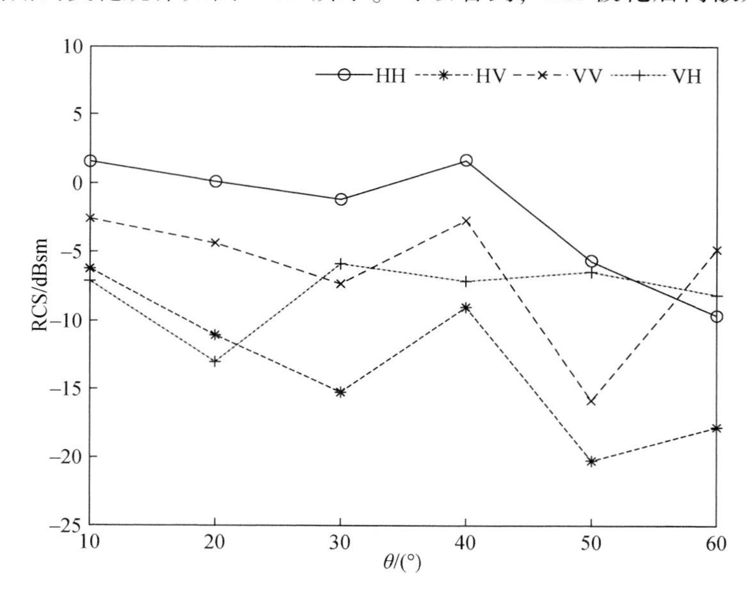

图 4.35　抽穗期水稻 1.2GHz 频率下雷达截面随入射角的变化规律

在入射角为40°时陡然增大，其余各入射角RCS都不断减小；VV极化后向散射截面先不断减小，随后随着入射角的增加呈现上升—下降—上升的陡然变化特征；VH极化后向散射截面在入射角为20°时陡然减小，其余各入射角RCS较平稳；HV极化后向散射截面在入射角为40°时陡然增加，并在入射角为60°时少许增加，其余各入射角RCS整体呈不断减小的变化趋势。

在3.2GHz频率观测条件下，抽穗期水稻HH/HV/VH/VV四极化雷达散射截面（RCS）随入射角的变化规律如图4.36所示。可以看到，HH极化后向散射截面（RCS）在入射角为40°时陡然增加，并在入射角为60°时有少许增加，其余入射角RCS呈现不断下降的变化规律；VV极化后向散射截面在入射角为30°时明显减小，在其余入射角稳定无明显变化；VH极化后向散射截面在入射角为20°时陡然减小，并在入射角为50°和60°时逐渐减小，其余入射角RCS则保持稳定；HV极化后向散射截面随入射角的增大而不断增大，并在入射角为50°时陡然下降。

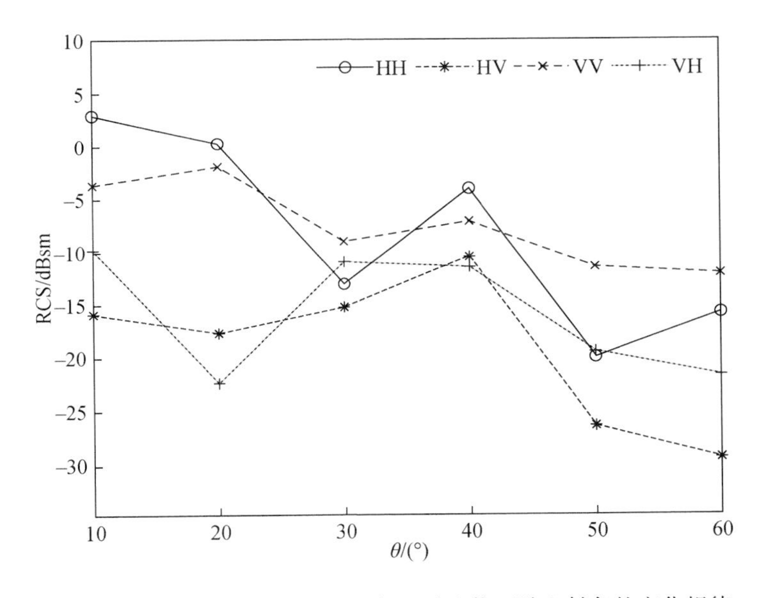

图4.36　抽穗期水稻3.2GHz频率下雷达截面随入射角的变化规律

在5.3GHz频率观测条件下，抽穗期水稻HH/HV/VH/VV四极化雷达散射截面（RCS）随入射角的变化规律如图4.37所示。可以看到，HH极化后向散射截面（RCS）随着入射角增加呈现不断减小的变化规律；VV极化后向散射截面先减小后增大，并在入射角为40°时达到最小值；HV极化后向散射截面随入射角的增加整体呈现不断缓慢减小的变化规律，但在入射角为20°时有少许增加；VH极化后向散射截面随入射角的增加呈现稳定状态，随后在入射角为30°~60°时呈现减小—增加—减小的陡然变化特征。

在9.6GHz频率观测条件下，抽穗期水稻HH/HV/VH/VV四极化雷达散射截面（RCS）随入射角的变化规律如图4.38所示，随着入射角的增大，HH极化后向散射截面整体呈现下降的趋势，在50°入射角时达到最低值，约为-17dBsm，50°之后又有所增加。

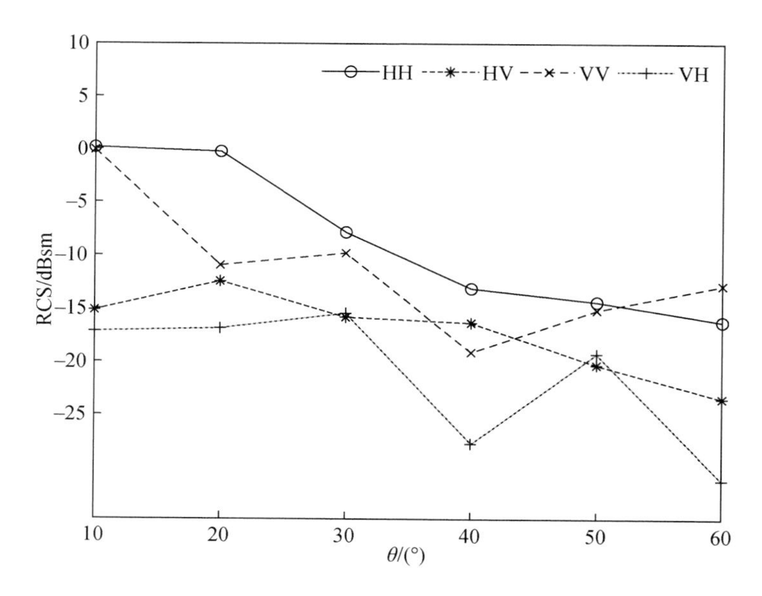

图 4.37 抽穗期水稻 5.3GHz 频率下雷达截面随入射角的变化规律

VH 极化后向散射截面随着入射角的增大而不断增大；VV 极化后向散射截面在入射角为 20°时陡然减小，随后进行无规律升降变化；HV 极化后向散射截面随入射角的增加呈现波动变化的规律，变化范围在−19～−15dBsm 之间。

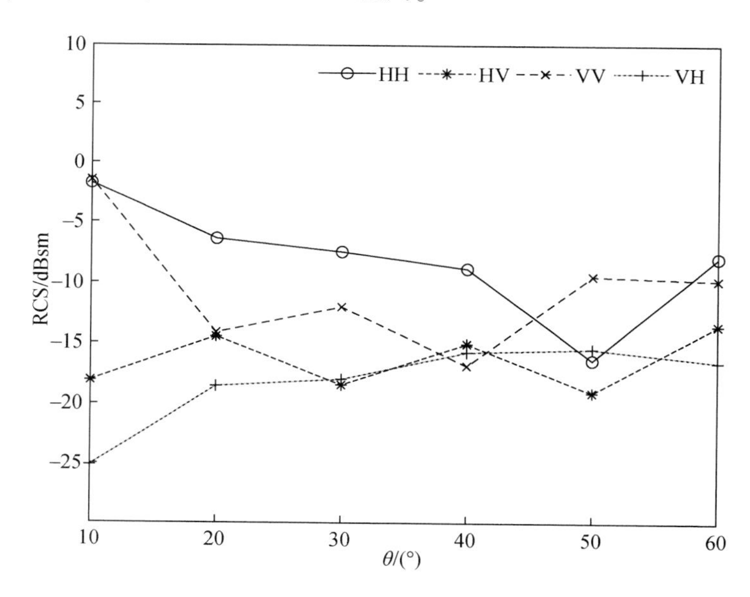

图 4.38 抽穗期水稻 9.6GHz 频率下雷达截面随入射角的变化规律

在 15.0GHz 频率观测条件下，抽穗期水稻 HH/HV/VH/VV 四极化雷达散射截面（RCS）随入射角的变化规律如图 4.39 所示。可以看到，HH 极化后向散射截面（RCS）

随入射角的增加呈无规律的上升和下降变化；VH 极化后向散射截面随入射角增大而不断增大；HV 极化后向散射截面在入射角为 30°时陡然增大，随后不断减小，到 60°时又增大；VV 极化后向散射截面随入射角的增加呈现先减小后增大的变化规律，并在入射角为 30°时达到最小值。

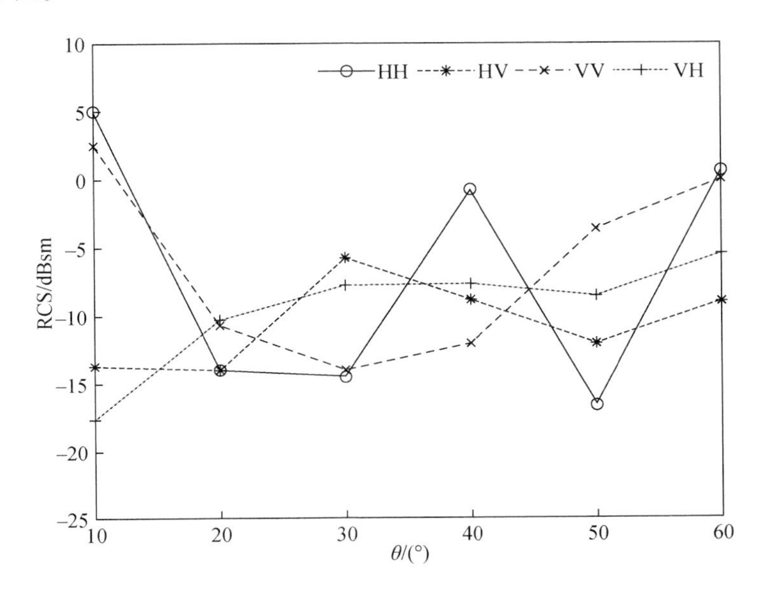

图 4.39　抽穗期水稻 15.0GHz 频率下雷达截面随入射角的变化规律

4. 乳熟期水稻雷达截面（RCS）-入射角（θ）

在 1.2GHz 频率观测条件下，乳熟期水稻 HH/HV/VH/VV 四极化雷达散射截面（RCS）随入射角的变化规律如图 4.40 所示。可以看出，HH 极化 RCS 在入射角为 20°、30°和 50°时无明显差异，均为-20dBsm 左右，在入射角为 40°时，增大到约-13dBsm；VV 极化 RCS 在各入射角较稳定，但在入射角为 50°时增大了约 7dBsm；HV 极化和 VH 交叉极化 RCS 在各入射角均保持稳定，但在入射角为 30°时发生了陡然变化，HV 极化 RCS 陡然增加，VH 极化 RCS 陡然减小。

在 3.2GHz 频率观测条件下，乳熟期水稻 HH/HV/VH/VV 四极化雷达散射截面（RCS）随入射角的变化规律如图 4.41 所示。可以看出，HH 极化 RCS 在各入射角呈现无规律的上升与下降变化；VH 极化 RCS 在各入射角几乎无任何变化；HV 极化和 VV 极化 RCS 随着入射角的增大而增大。

在 5.3GHz 频率观测条件下，乳熟期水稻 HH/HV/VH/VV 四极化雷达散射截面（RCS）随入射角的变化规律如图 4.42 所示。可以看出，HH 极化 RCS 随着入射角的增加而缓慢增大；VV 极化 RCS 在入射角为 30° ~ 50°的范围内随入射角的增大而增大；HV 极化和 VH 极化在入射角为 40°和 50°时的 RCS 十分接近。

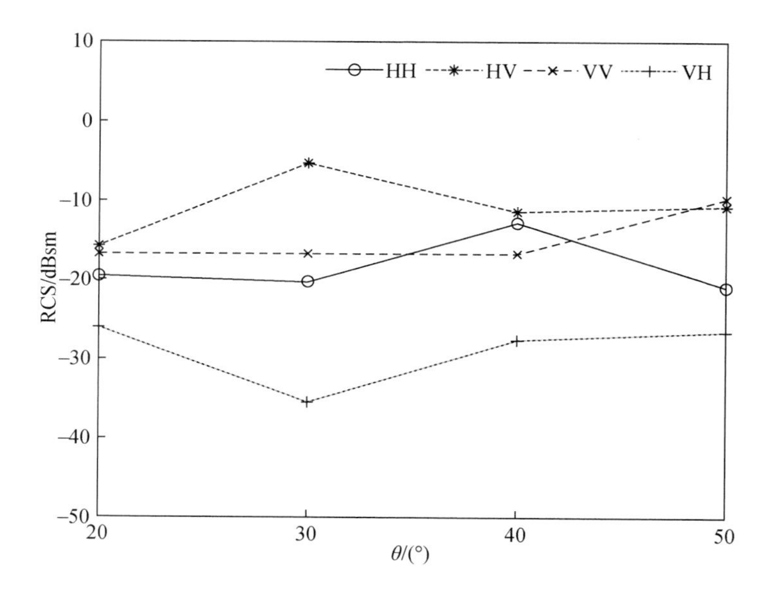

图 4.40　乳熟期水稻 1.2GHz 频率下雷达截面随入射角的变化规律

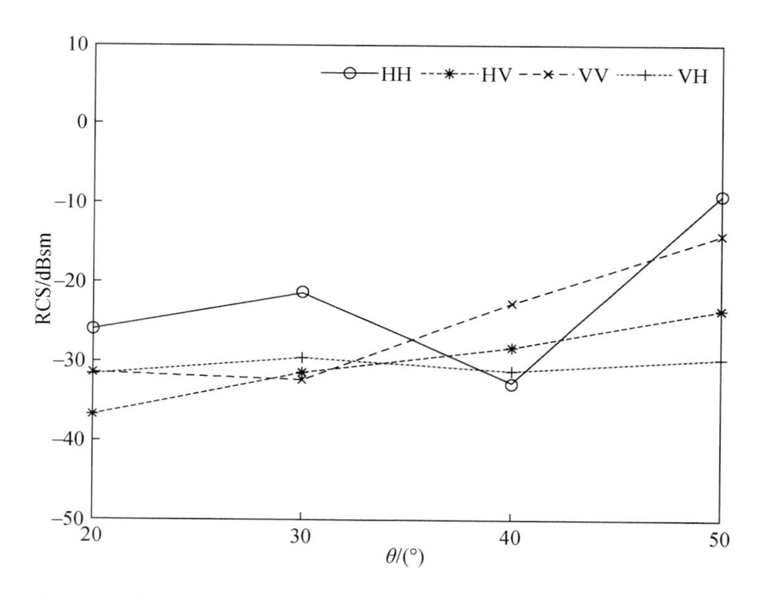

图 4.41　乳熟期水稻 3.2GHz 频率下雷达截面随入射角的变化规律

在 9.6GHz 频率观测条件下，乳熟期水稻 HH/HV/VH/VV 四极化雷达散射截面（RCS）随入射角的变化规律如图 4.43 所示。可以看出，HH 极化在入射角为 20°～40°时 RCS 逐渐增大，增大幅度约为 10dBsm；VV 极化 RCS 在各入射角无明显差异；HV 极化在入射角为 30°时的 RCS 相比于入射角为 20°时的 RCS 增大了 5dBsm 左右，随后不断减小，在入射角为 50°时降低为-20dBsm。VH 极化在入射角为 30°和 40°时的 RCS 为-21dBsm，

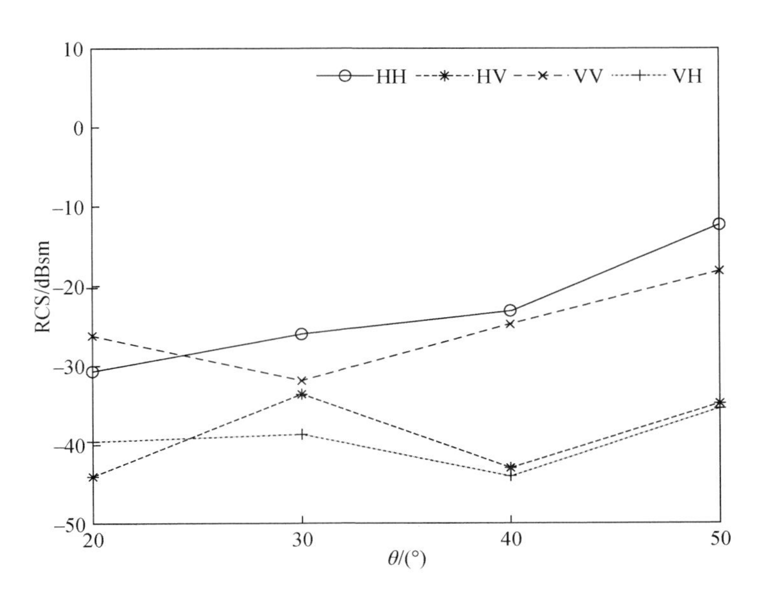

图4.42 乳熟期水稻5.3GHz频率下雷达截面随入射角的变化规律

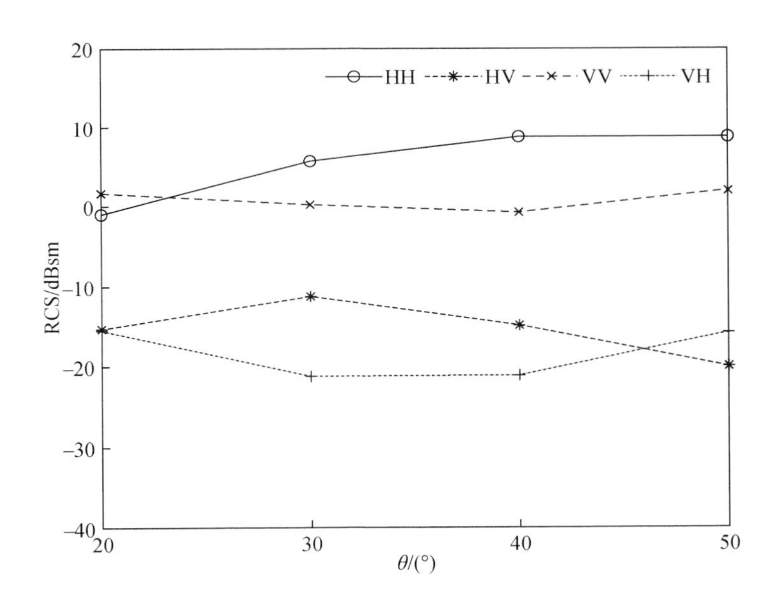

图4.43 乳熟期水稻9.6GHz频率下雷达截面随入射角的变化规律

相比于入射角为20°和50°时减小了约6dBsm。

在15.0GHz频率观测条件下，乳熟期水稻HH/HV/VH/VV四极化雷达散射截面（RCS）随入射角的变化规律如图4.44所示。可以看出，HH极化RCS随入射角的增大呈现缓慢的下降变化；VV极化在入射角为30°～50°时的RCS约为−6dBsm，相比于入射角为20°时减小了约11dBsm；HV极化在入射角为20°～40°时的RCS约为−15dBsm，相比于入射角为 50°时增大了约 19dBsm；VH 极化 RCS 则在各入射角呈无规律的上升与下降变化。

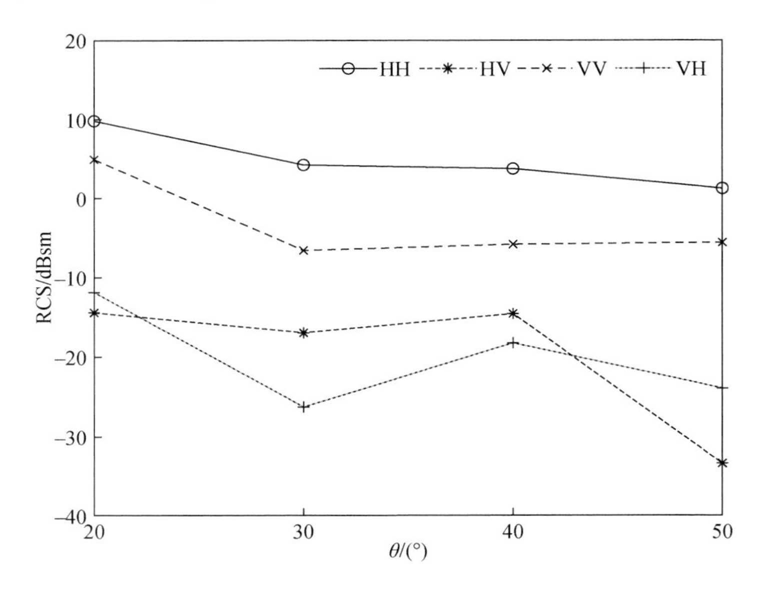

图 4.44　乳熟期水稻 15.0GHz 频率下雷达截面随入射角的变化规律

4.2.3　雷达截面–方位角

1. 幼苗期水稻雷达截面（RCS）–方位角（φ）

在 1.2GHz 频率观测条件下，幼苗期水稻 HH/HV/VH/VV 四极化雷达散射截面（RCS）随方位角的变化规律如图 4.45 所示。可以看出，HH 极化、HV 极化和 VV 极化在 45°方位角的 RCS 相较于 0°和 90°方位角都呈现出不同程度的下降变化，减小幅度在 HV 极化、HH 极化和 VV 极化依次增大，分别是 3dBsm、7dBsm 和 10dBsm；VH 极化在 0°和 45°方位角的 RCS 相差无几，在 90°方位角下降了近 5dBsm。

在 3.2GHz 频率观测下，幼苗期水稻四极化雷达散射截面 RCS 随方位角的变化规律如图 4.46 所示。可以看到，在 0°和 90°方位角时，幼苗期水稻 HH 极化后向散射截面较强，而在 45°方位角时较弱，这是因为幼苗期水稻呈现明显的行列分布，0°和 90°方位角时，雷达信号垂直入射行列方向，二次散射较强。HV 极化在 0°和 90°方位角的 RCS 分别约为 −24dBsm 和 −21dBsm，但在 45°方位角却陡然增大到 −8dBsm；VV 极化 RCS 随方位角的增大而缓慢增大；VH 极化 RCS 则在 45°和 90°方位角分别展现了陡然的增大和减小变化。

在 5.3GHz 频率观测下，幼苗期水稻四极化雷达散射截面 RCS 随方位角的变化规律如图 4.47 所示。可以看到，HV 极化和 VH 极化在 0°、45°和 90°方位角的 RCS 无明显差异，HH 极化和 VV 极化在 45°方位角的 RCS 相较于 0°和 90°方位角的 RCS 较小。

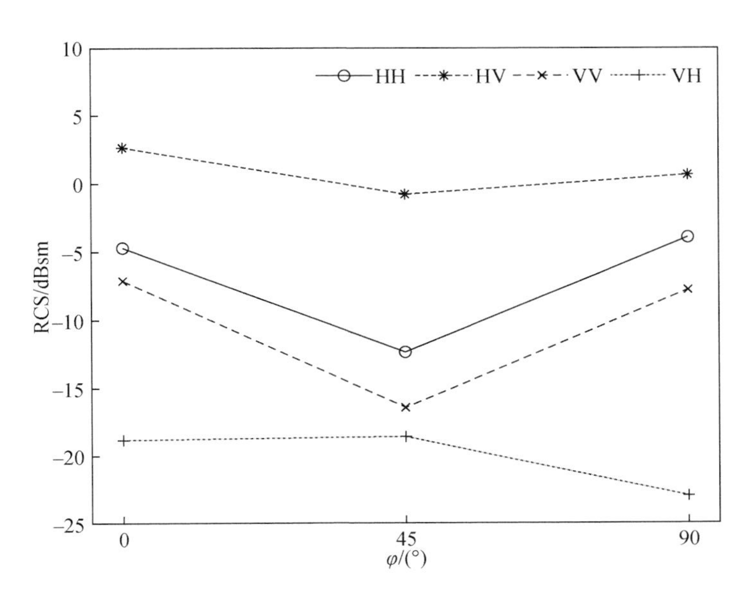

图 4.45　幼苗期水稻 1.2GHz 频率下雷达截面随方位角的变化规律

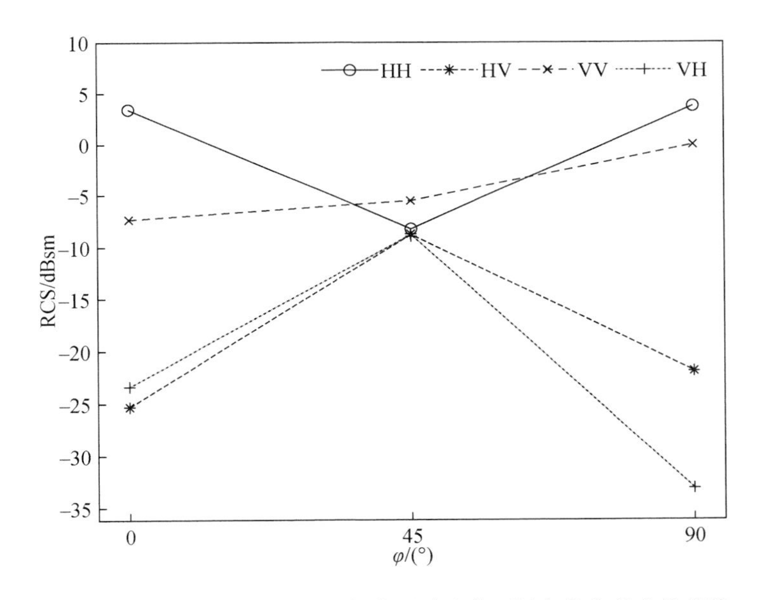

图 4.46　幼苗期水稻 3.2GHz 频率下雷达截面随方位角的变化规律

在 9.6GHz 频率观测下，幼苗期水稻四极化雷达散射截面 RCS 随方位角的变化规律如图 4.48 所示。可以看到，随着方位角角度的增加，HH 极化和 VV 极化 RCS 先减小后增大，且变化幅度较大，而 VH 极化和 HV 交叉极化 RCS 则先增大后减小，但相较于同极化变化幅度较小。

在 15.0GHz 频率观测下，幼苗期水稻四极化雷达散射截面 RCS 随方位角的变化规律

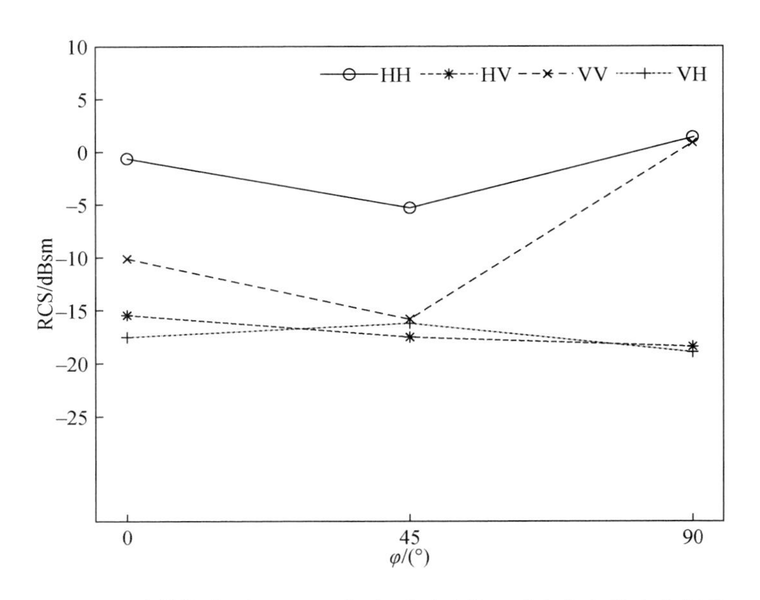

图 4.47　幼苗期水稻 5.3GHz 频率下雷达截面随方位角的变化规律

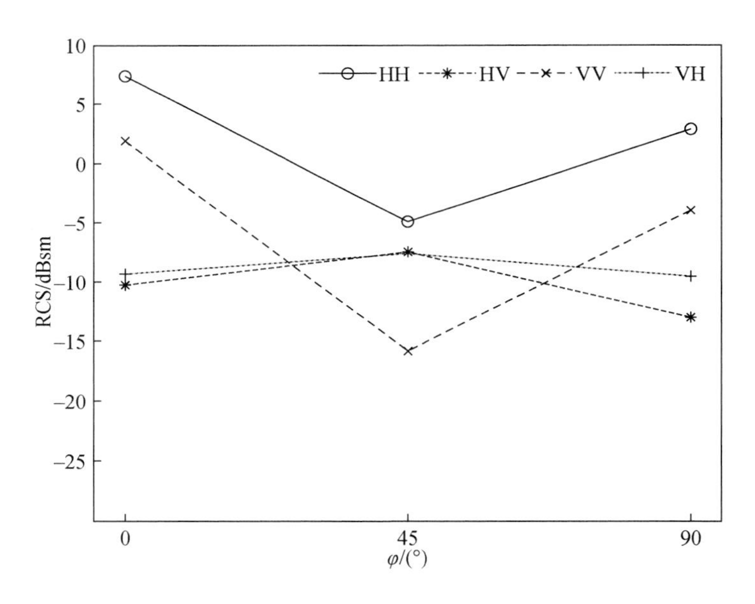

图 4.48　幼苗期水稻 9.6GHz 频率下雷达截面随方位角的变化规律

如图 4.49 所示。可以看到，随着方位角角度增加，VH 极化 RCS 不断增大，HH 极化和 VV 极化 RCS 先减小后增大，HV 极化先增大，随后无明显变化。

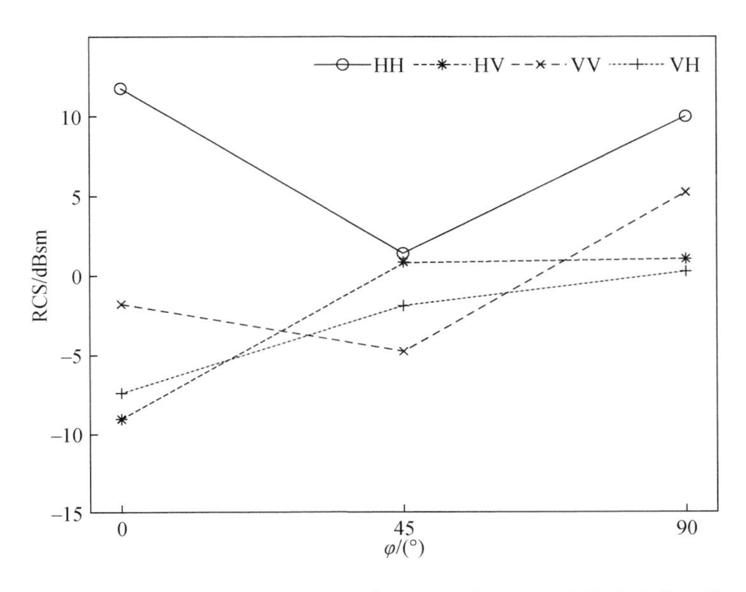

图 4.49　幼苗期水稻 15.0GHz 频率下雷达截面随方位角的变化规律

2. 拔节期水稻雷达截面（RCS）-方位角（φ）

在 1.2GHz 频率观测下，拔节期水稻四极化雷达散射截面（RCS）随方位角的变化规律如图 4.50 所示。可以看出，HH 极化 RCS 在 0°～90°方位角范围内随方位角的增加而不断增加，随后又在 135°方位角减少 7dBsm；HV 极化 RCS 在 0°、90°和 135°方位角均保持在-14dBsm 左右，但在 45°方位角大幅下降到-27dBsm；VH 极化 RCS 在 0°方位角时为-22dBsm，在 45°～135°方位角则保持在-31dBsm 左右；最后，VV 极化 RCS 随方位角的增加呈现先减小后增大的变化曲线，极值为 14dBsm。

在 3.2GHz 频率观测下，拔节期水稻四极化雷达散射截面（RCS）随方位角的变化规律如图 4.51 所示。可以看出，HH 极化和 VV 同极化 RCS 随方位角的变化展现出相似的变化趋势，均在 0°和 45°方位角保持不变，在 90°方位角减少约 5dBsm，随后在 135°方位角增加约 3dBsm；HV 极化 RCS 随方位角的增加呈现出小幅度的增加—减小变化，极值只有 2dBsm；VH 极化 RCS 在 0°和 45°同样保持不变，但数值相比 HH 极化和 VV 同极化减小了近 9dBsm，随后在 90°和 135°方位角表现为先增大后减小。

在 5.3GHz 频率观测下，拔节期水稻四极化雷达散射截面（RCS）随方位角的变化规律如图 4.52 所示。可以看出，HH 极化 RCS 在 0°～90°方位角不断减小，减小幅度约为 9dBsm，在 135°方位角保持不变；VV 极化后向散射截面随方位角的增大呈现波动变化的规律，波动范围约为 10dBsm；HV 极化 RCS 在 0°～90°方位角不断增加，随后又在 135°方位角减小；VH 极化 RCS 随方位角的增加不断增大，但增幅较小，只有 2dBsm。

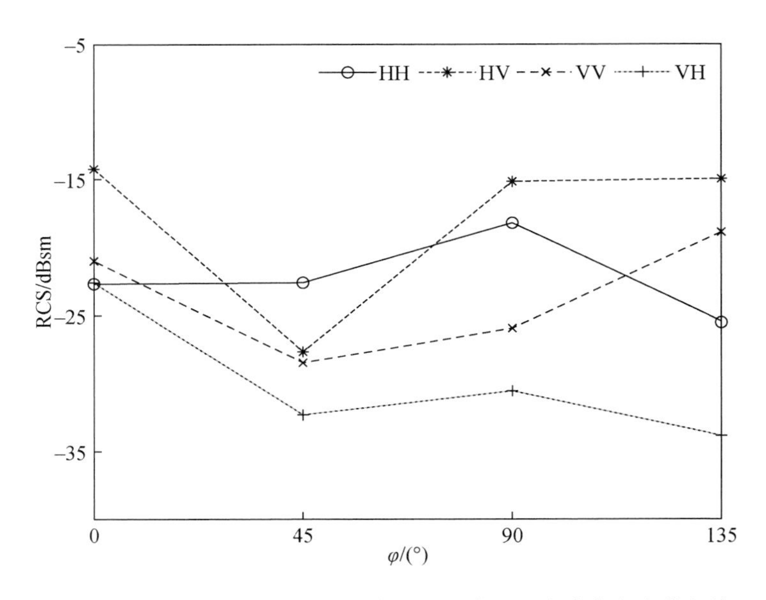

图 4. 50　拔节期水稻 1. 2GHz 频率下雷达截面随方位角的变化规律

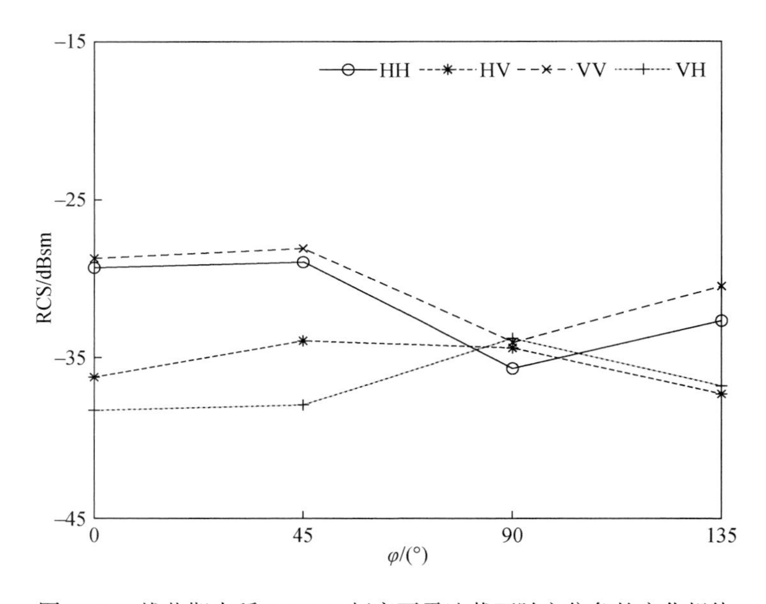

图 4. 51　拔节期水稻 3. 2GHz 频率下雷达截面随方位角的变化规律

在 9. 6GHz 频率观测下，拔节期水稻四极化雷达散射截面（RCS）随方位角的变化规律如图 4. 53 所示。可以看出，随着方位角的增加，HH 极化 RCS 不断增加，极值为 12dBsm；VV 极化 RCS 表现为增大—减小—增大的无规律变化；HV 极化和 VH 交叉极化均为先减小后增大，但 HV 极化的最小值点在 45°方位角，VH 极化的最小值点在 90°方位角。

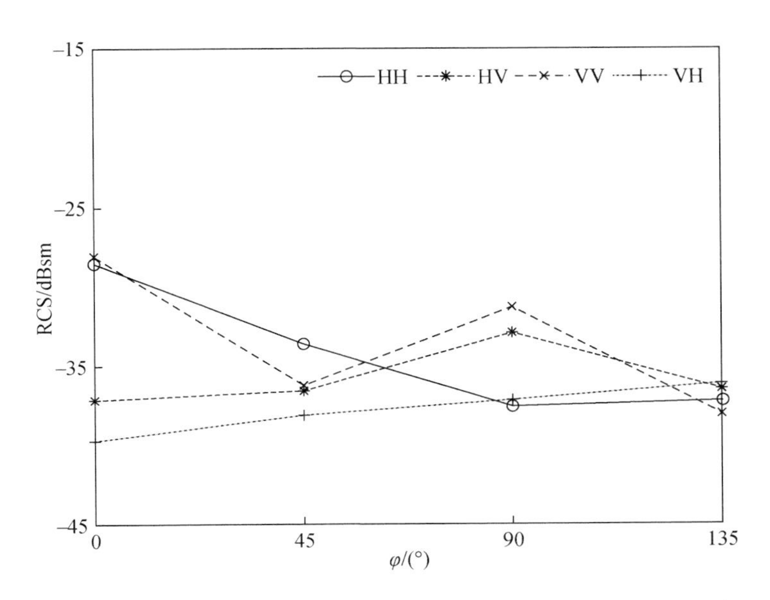

图 4.52　拔节期水稻 5.3GHz 频率下雷达截面随方位角的变化规律

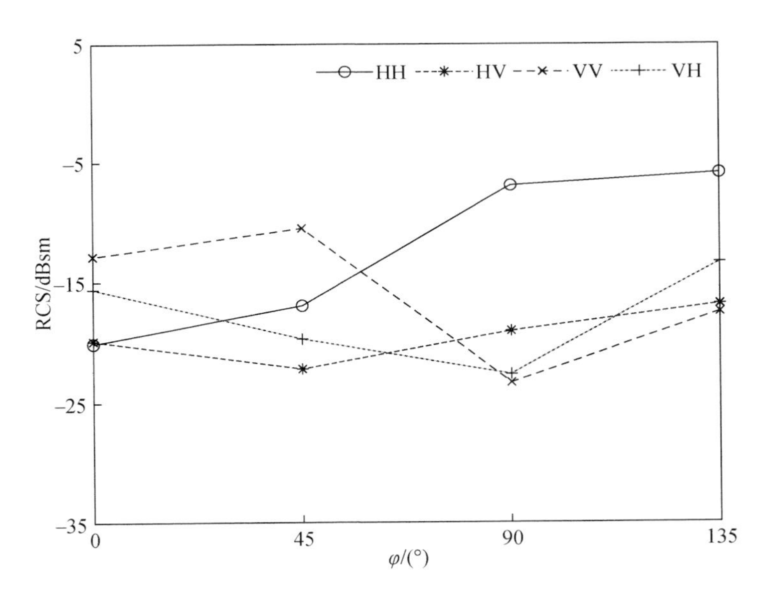

图 4.53　拔节期水稻 9.6GHz 频率下雷达截面随方位角的变化规律

在 15.0GHz 频率观测下，拔节期水稻四极化雷达散射截面（RCS）随方位角的变化规律如图 4.54 所示。可以看出，HH 极化 RCS 在 45°和 135°方位角保持在-5dBsm，在 0°方位角处较小，约为-7.5dBsm，在 90°方位角最小，约为-11dBsm；VV 极化随方位角的增加无明显变化，极值只有 2dBsm 左右；HV 极化 RCS 展现出小幅度的无规律变化；VH 极化 RCS 先大幅度增加，在 45°方位角达到最大值，随后不断减小。

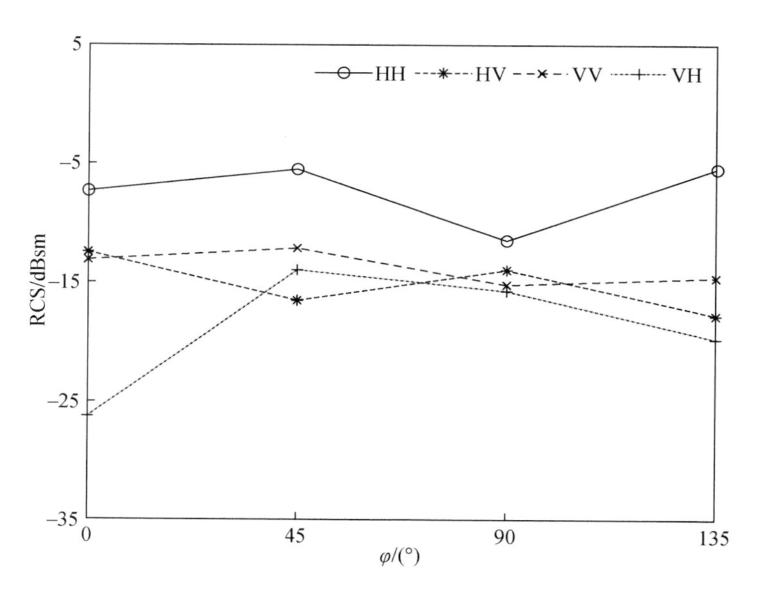

图 4.54　拔节期水稻 15.0GHz 频率下雷达截面随方位角的变化规律

3. 抽穗期水稻雷达截面（RCS）-方位角（φ）

在 1.2GHz 频率观测下，抽穗期水稻四极化雷达散射截面 RCS 随方位角的变化规律如图 4.55 所示。可以看到，随着方位角角度的不断增大，HH 极化、VH 极化和 VV 极化

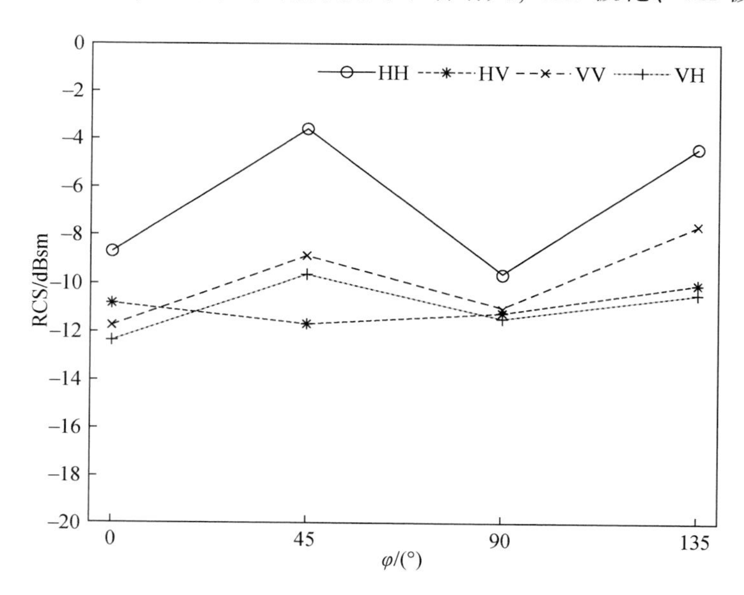

图 4.55　抽穗期水稻 1.2GHz 频率下雷达截面随方位角的变化规律

RCS 均呈现增大—减小—增大的变化规律，且 HH 极化 RCS 变化幅度最大，HV 极化在各方位角的 RCS 无明显差异。

在 3. 2GHz 频率观测下，抽穗期水稻四极化雷达散射截面 RCS 随方位角的变化规律如图 4. 56 所示。可以看到，随着方位角角度的不断增大，HH 极化 RCS 在 45°方位角陡然增大，其余方位角 RCS 呈现逐渐增大的变化规律；VV 极化和 VH 极化 RCS 先减小后增大，HV 极化 RCS 无明显变化。

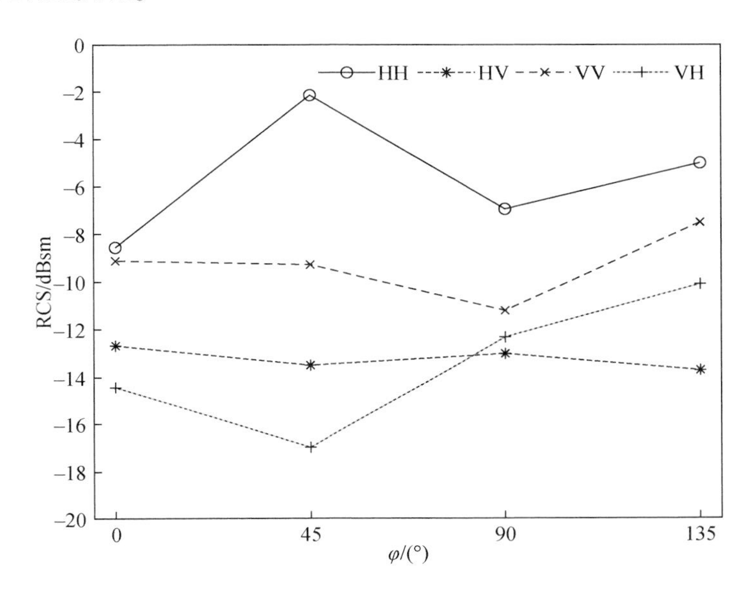

图 4. 56　抽穗期水稻 3. 2GHz 频率下雷达截面随方位角的变化规律

在 5. 3GHz 频率观测下，抽穗期水稻四极化雷达散射截面 RCS 随方位角的变化规律如图 4. 57 所示，可以看到，随着方位角角度的增加，VV 极化和 HV 极化 RCS 呈现减小—增大—减小的变化规律；HH 极化 RCS 先增大，随后无明显变化；VH 极化 RCS 先减小，随后缓慢增大。

在 9. 6GHz 频率观测下，抽穗期水稻四极化雷达散射截面 RCS 随方位角的变化规律如图 4. 58 所示。可以看到，HH 极化 RCS 在 0° ~ 90°方位角逐渐缓慢增大，随后在 135°方位角小幅度减小；VV 极化 RCS 在 0° ~ 90°方位角先增大后减小，形成倒三角折线，最后又在 135°方位角小幅度增大；VH 极化和 HV 交叉极化 RCS 展现了相似的变化规律，即在 0°和 45°方位角稳定在-13dBsm，在 90°方位角陡然增大到-8dBsm，随后又在 135°方位角陡然减小到-15. 5dBsm。

在 15. 0GHz 频率观测下，抽穗期水稻四极化雷达散射截面 RCS 随方位角的变化规律如图 4. 59 所示。可以看到，随着方位角角度的增大，HH 极化、HV 极化和 VH 极化 RCS 均表现为先减小后增大，HH 极化 RCS 的变化转折点（最小值）为 90°方位角，HV 极化和 VH 极化的变化转折点为 45°方位角；VV 极化各方位角的 RCS 在-3 ~ -7dBsm 上下波动。

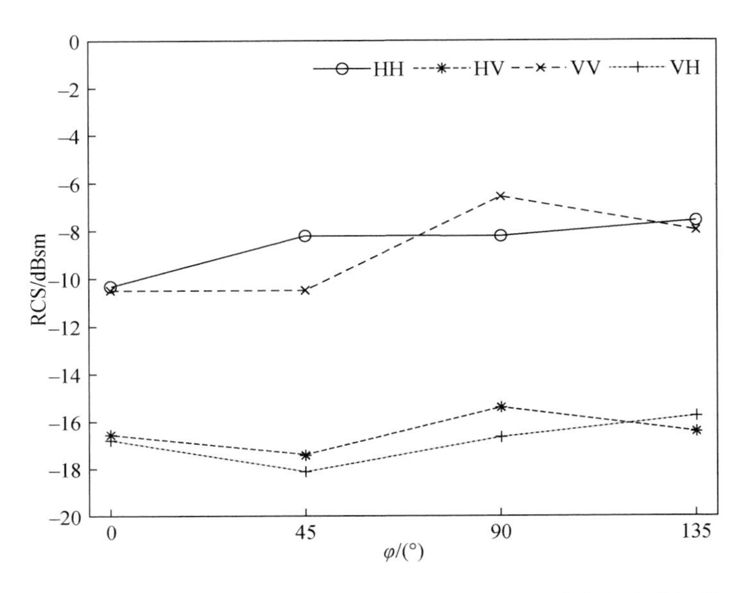

图 4.57　抽穗期水稻 5.3GHz 频率下雷达截面随方位角的变化规律

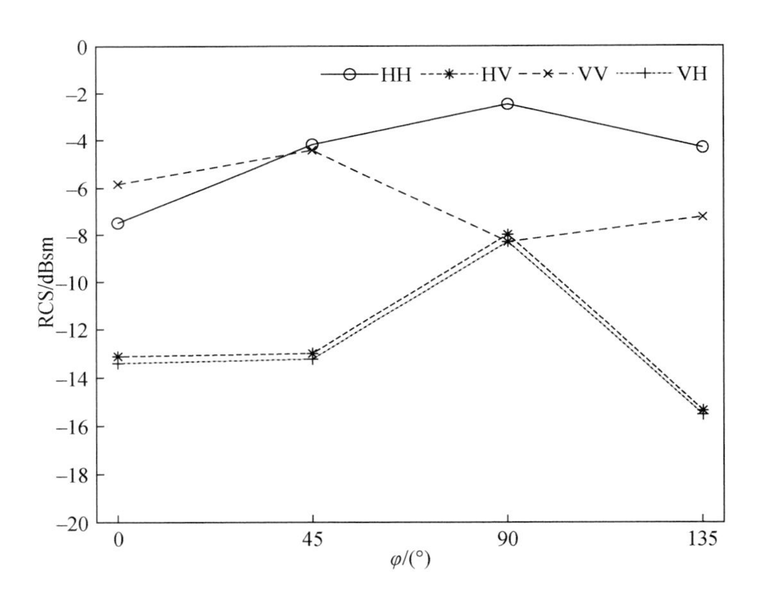

图 4.58　抽穗期水稻 9.6GHz 频率下雷达截面随方位角的变化规律

4. 乳熟期水稻雷达截面（RCS）–方位角（φ）

在 1.2GHz 频率观测下，乳熟期水稻四极化雷达散射截面 RCS 随方位角的变化规律如图 4.60 所示。可以看出，HH 极化 RCS 在 0°和 45°方位角保持不变，在 90°方位角小幅度

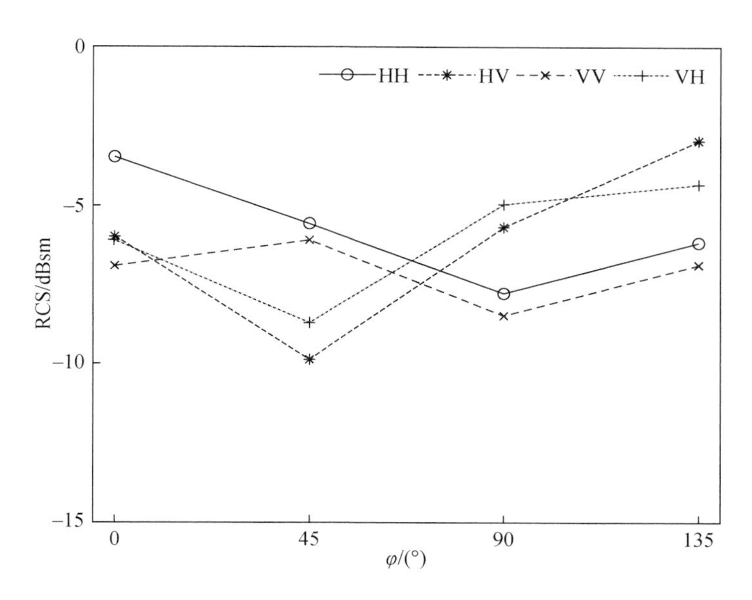

图 4.59　抽穗期水稻 15.0GHz 频率下雷达截面随方位角的变化规律

增加约 2dBsm，随后又在 135°方位角减小约 4dBsm；VV 极化 RCS 在 0° ~ 135°方位角不断增加，在 135°方位角无明显变化，极值约为 8dBsm；HV 极化 RCS 随方位角的增加呈无规律变化；VH 极化 RCS 先增大后减小，极值约为 7dBsm。

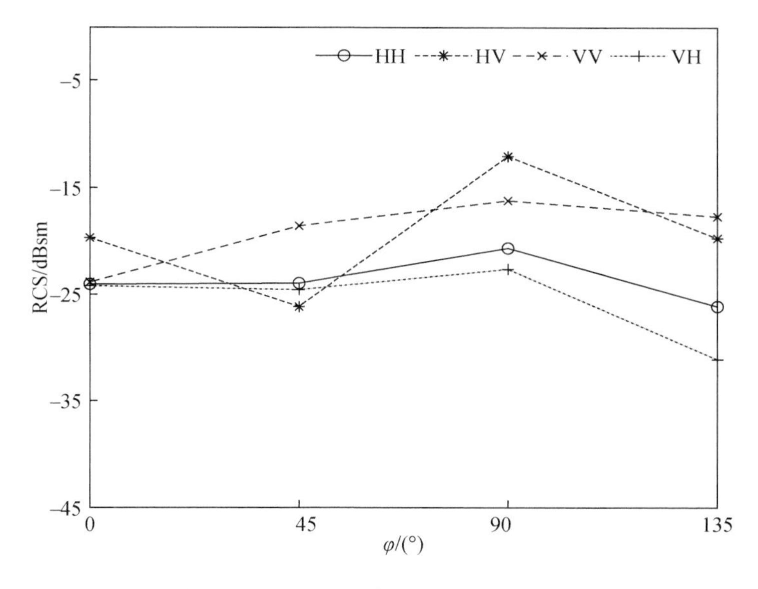

图 4.60　乳熟期水稻 1.2GHz 频率下雷达截面随方位角的变化规律

在 3.2GHz 频率观测下，乳熟期水稻四极化雷达散射截面 RCS 随方位角的变化规律如图 4.61 所示。可以看出，随着方位角的增加，HH 极化、HV 极化和 VH 极化 RCS 均呈现出先减小（45°），后增大（90°），最后减小（135°）的变化；VV 极化 RCS 先增大后减小，但变化幅度较小，极值只有约 3dBsm。

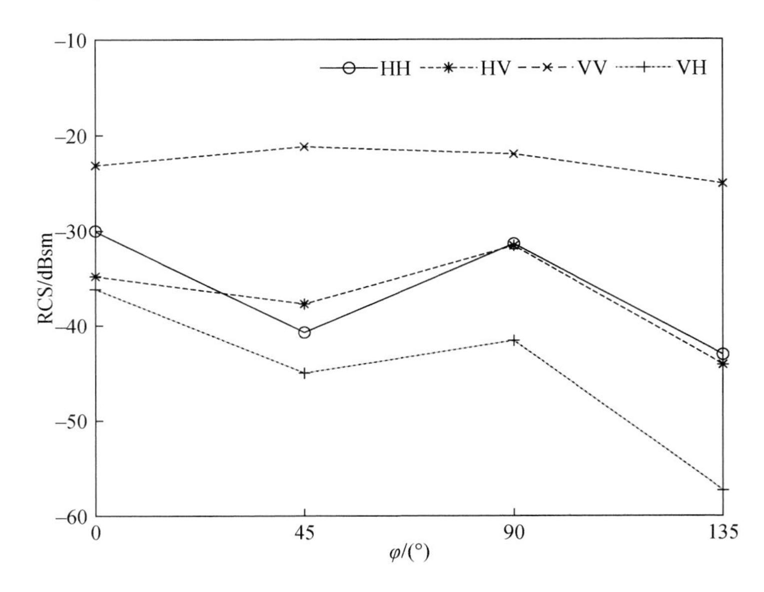

图 4.61　乳熟期水稻 3.2GHz 频率下雷达截面随方位角的变化规律

在 5.3GHz 频率观测下，乳熟期水稻四极化雷达散射截面 RCS 随方位角的变化规律如图 4.62 所示。可以看出，HH 极化、HV 极化和 VH 极化 RCS 在 45°~135°方位角均表现为先增大后减小的变化曲线；VV 极化 RCS 随方位角的增加而不断减小，减小幅度约为 9dBsm。

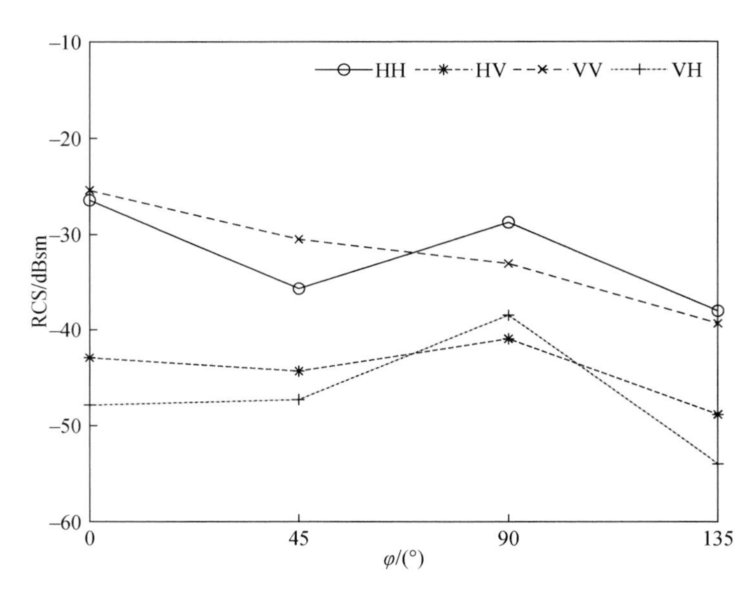

图 4.62　乳熟期水稻 5.3GHz 频率下雷达截面随方位角的变化规律

在 9. 6GHz 频率观测下，乳熟期水稻四极化雷达散射截面 RCS 随方位角的变化规律如图 4. 63 所示。可以看出，随着方位角的增加，HH 极化和 VV 同极化 RCS 均表现为减小—增大—减小的变化，且变化幅度较大；HV 极化 RCS 先减小后增大，在 45°方位角达到最小值，极值约为 11dBsm；VH 极化 RCS 在 0°和 45°方位角保持在–20dBsm 左右，随后不断减小。

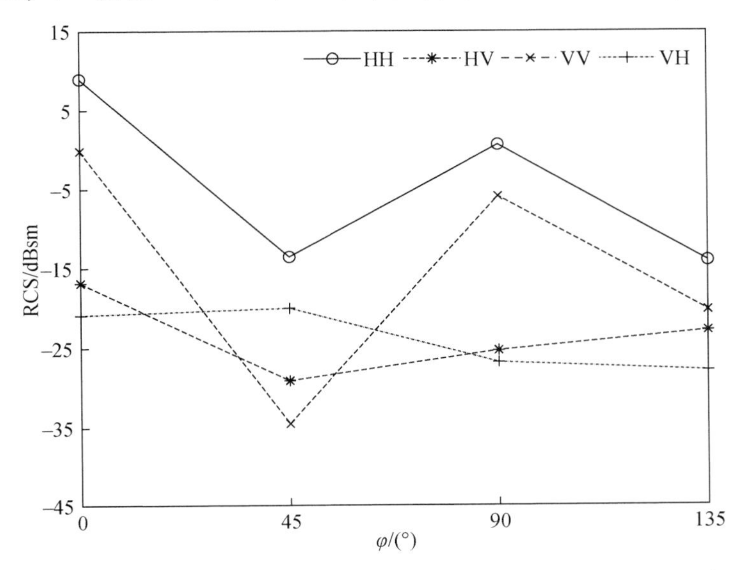

图 4. 63　乳熟期水稻 9. 6GHz 频率下雷达截面随方位角的变化规律

在 15. 0GHz 频率观测下，乳熟期水稻四极化雷达散射截面 RCS 随方位角的变化规律如图 4. 64 所示。可以看出，随着方位角的增加，HH/HV/VH/VV 极化 RCS 均表现为减小—增大—减小的变化曲线，且 HH 极化和 VV 极化 RCS 变化幅度明显大于 HV 极化和 VH 交叉极化。

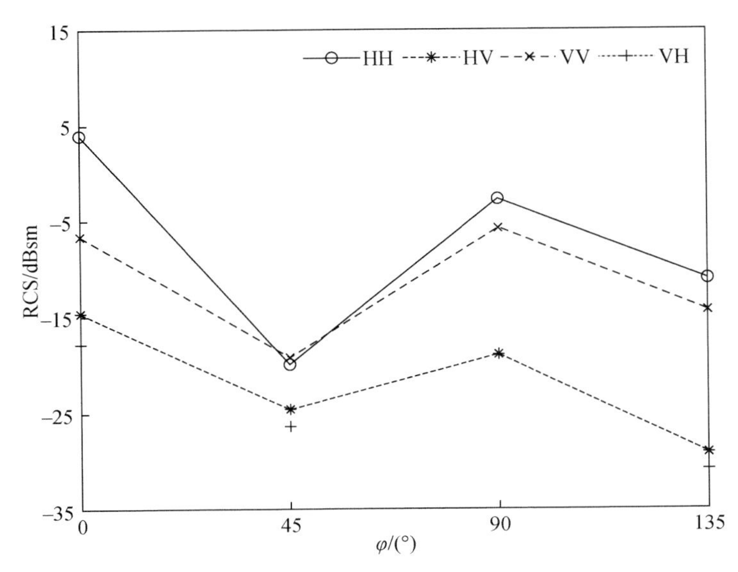

图 4. 64　乳熟期水稻 15. 0GHz 频率下雷达截面随方位角的变化规律

4.3 多层植被介质的ISAR测量结果

4.3.1 不同频率的成像结果

1. 幼苗期水稻Ku/X/C/S波段的成像结果

在40°入射角90°方位角观测条件下，幼苗期水稻在Ku/X/C/S波段的L2D成像结果如图4.65所示。可以看到，幼苗期水稻在不同波段的测量结果均与背景有很强的对比度，并且随着波段频率的增加，图像距离向和方位向分辨率也随之不断升高。HV和VH交叉极化相比HH和VV同极化展现了较弱的水稻散射接收信号，这一点在C波段和X波段尤为明显。另外，在四个波段的HH极化和VV极化图像中，均有明显的三条条状强散射信号高亮区域。

2. 拔节期水稻Ku/X/C/S波段的成像结果

在40°入射角0°方位角观测条件下，拔节期水稻在Ku/X/C/S波段的L2D成像结果如图4.66所示。可以看到，拔节期水稻在不同波段的测量结果均与背景有很强的对比度，随着观测波段波长的增大（Ku ~ S），水稻区域的后向散射总能量越来越强，这一现象在VH极化和HV交叉极化中更为明显。另外，同幼苗期水稻成像结果一致，HV极化和VH交叉极化后向散射能量明显弱于HH极化和VV同极化，在S波段和C波段的成像结果中可以明显地观察到。

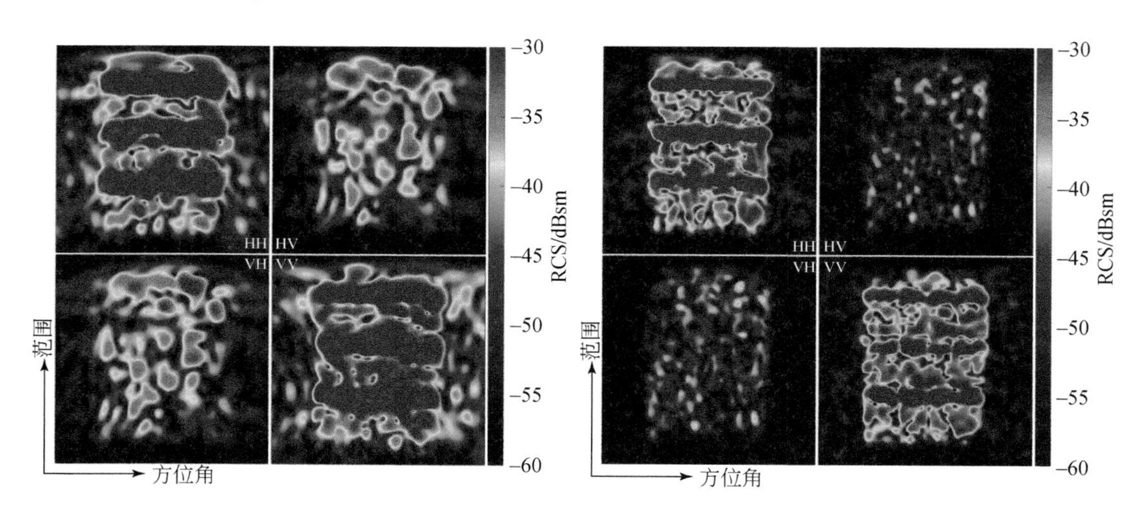

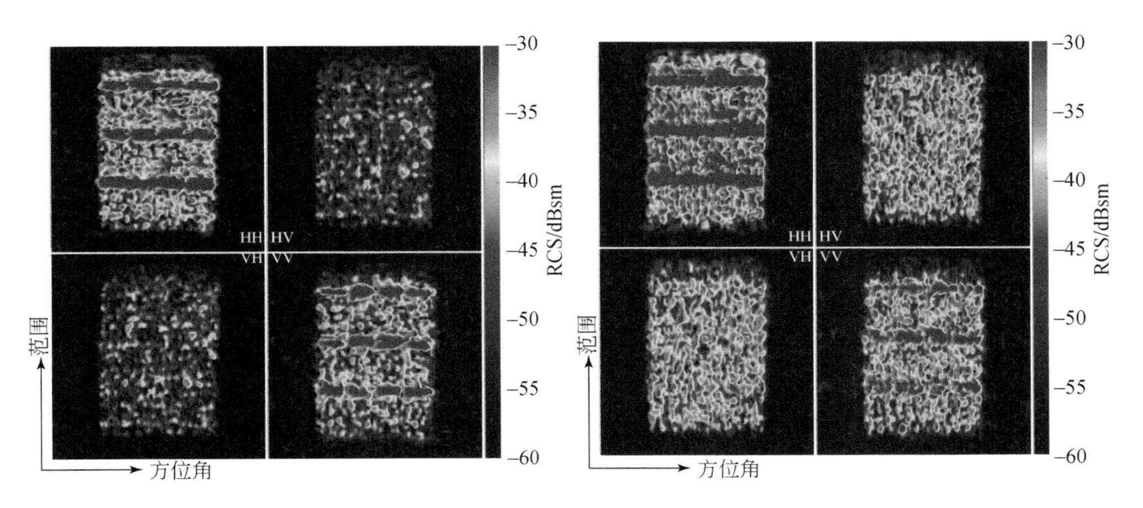

图 4.65　40°入射角 90°方位角幼苗期水稻不同波段成像结果

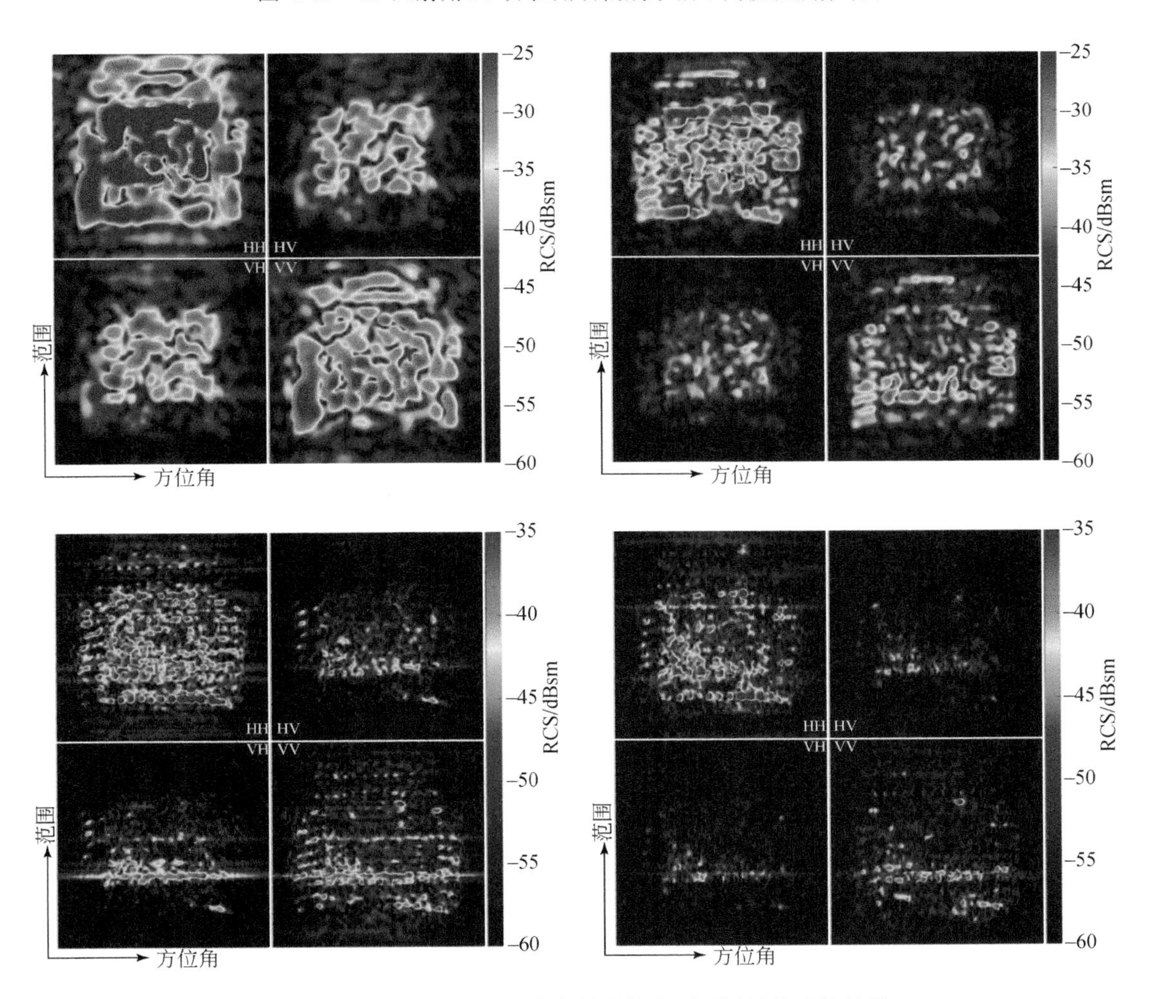

图 4.66　40°入射角 0°方位角拔节期水稻不同波段成像结果

3. 抽穗期水稻 X/L 波段的成像结果

在 30°入射角 0°方位角观测条件下，抽穗期水稻在 X/L 波段的 L2D 成像结果如图 4.67 所示。可以看到，抽穗期水稻在 X 波段的测量结果与背景有很强的对比度，但 L 波段由于地距空间分辨率过低，因此无法有效分辨出水稻散射能量区域。在 X 波段成像结果中，水稻矩形场景中有零散的高 RCS 亮斑，HH/VV 同极化与 HV/VH 交叉极化没有明显的散射能量差异。

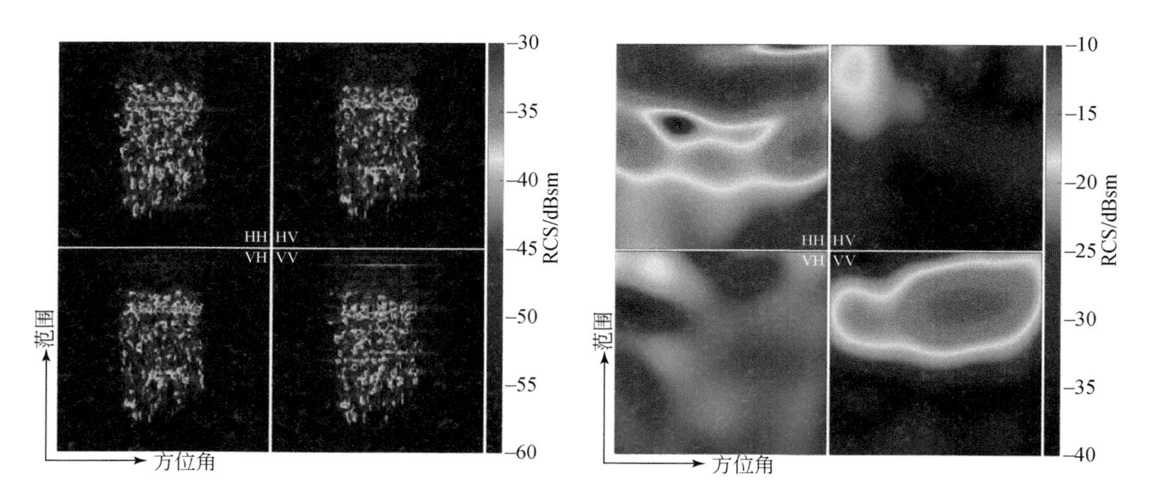

图 4.67　30°入射角 0°方位角抽穗期水稻不同波段成像结果

4. 乳熟期水稻 Ku/X/C/S/L 波段的成像结果

在 40°入射角 0°方位角观测条件下，乳熟期水稻在 Ku/X/C/S/L 波段的 L2D 成像结果如图 4.68 所示。可以看到，四株乳熟期水稻在大部分波段全极化成像结果中均呈现出了四个亮点，并且在远距端都展现出了显眼的亮条信号，这是容器壁的直接散射产生的高后向散射能量结果。

4.3.2　不同入射角的成像结果

1. 幼苗期水稻不同入射角的成像结果

在 20°～50°入射角观测条件下，幼苗期水稻在 X 波段的 L2D 成像结果如图 4.69 所示。可以看到，幼苗期水稻在不同入射角观测下均在图像中间区域呈现出矩形成像结果，并且随着入射角增加，矩形区域在距离向有明显的压缩现象。在所有入射角中，HV 和 VH

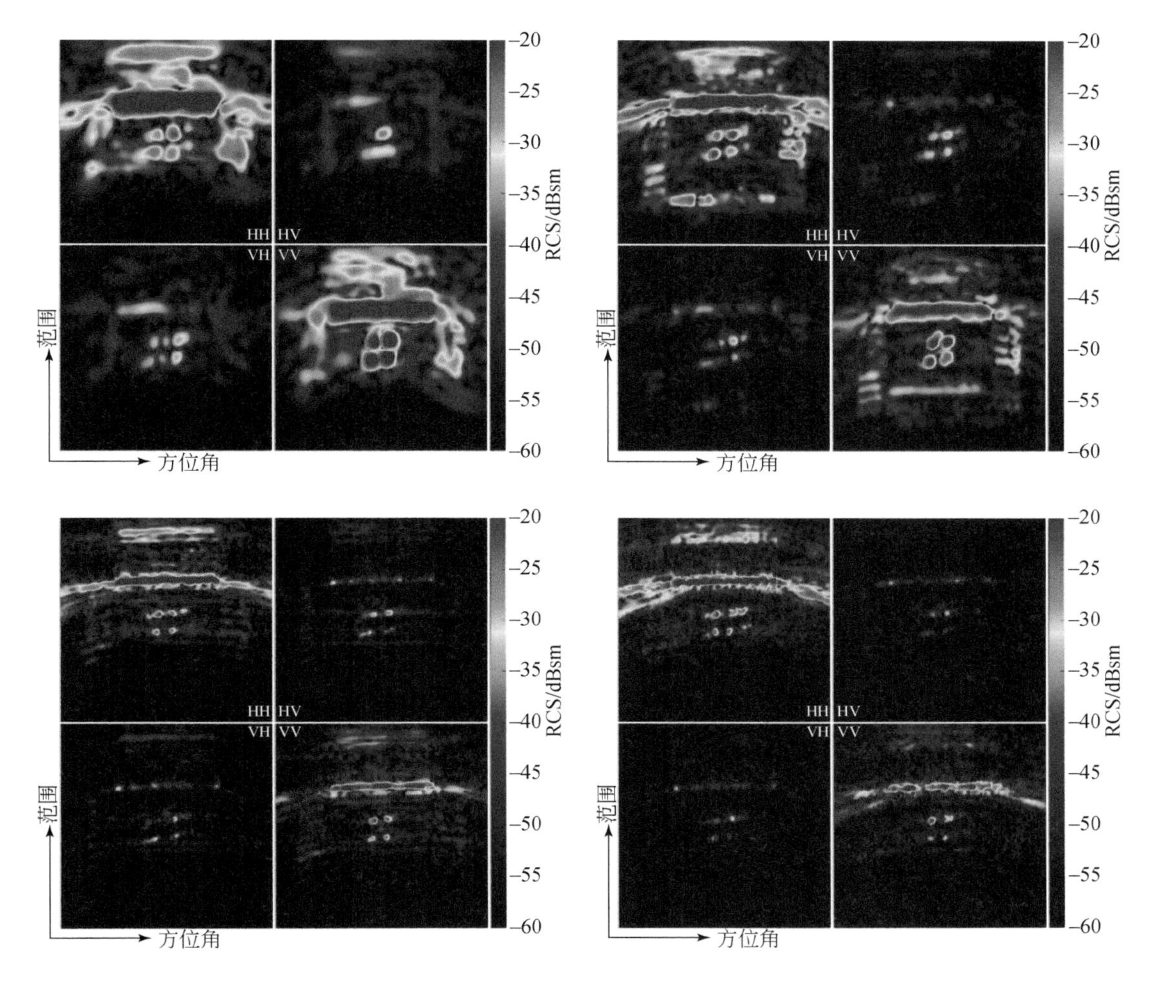

图4.68 40°入射角0°方位角乳熟期水稻不同波段成像结果

交叉极化的幼苗期散射信号明显低于HH和VV同极化。HH极化和VV极化图像中均有明显的条状高散射信号区域，这是场景测量时的箱体边缘导致的。

2. 抽穗期水稻不同入射角的成像结果

在Ku波段0°方位角观测条件下，抽穗期水稻10°~60°入射角L2D成像结果如图4.70所示。可以看到，在所有入射角的成像结果中，抽穗期水稻在图像中间呈现出密集斑点状的矩形显示结果。在10°和20°入射角成像结果中，四极化图像RCS散射信号主要集中于矩形显示结果的近距端，HH极化和VV极化近距端甚至形成条状能量带。另外，随着入射角不断增大，斑点矩形在距离向上逐渐压缩。

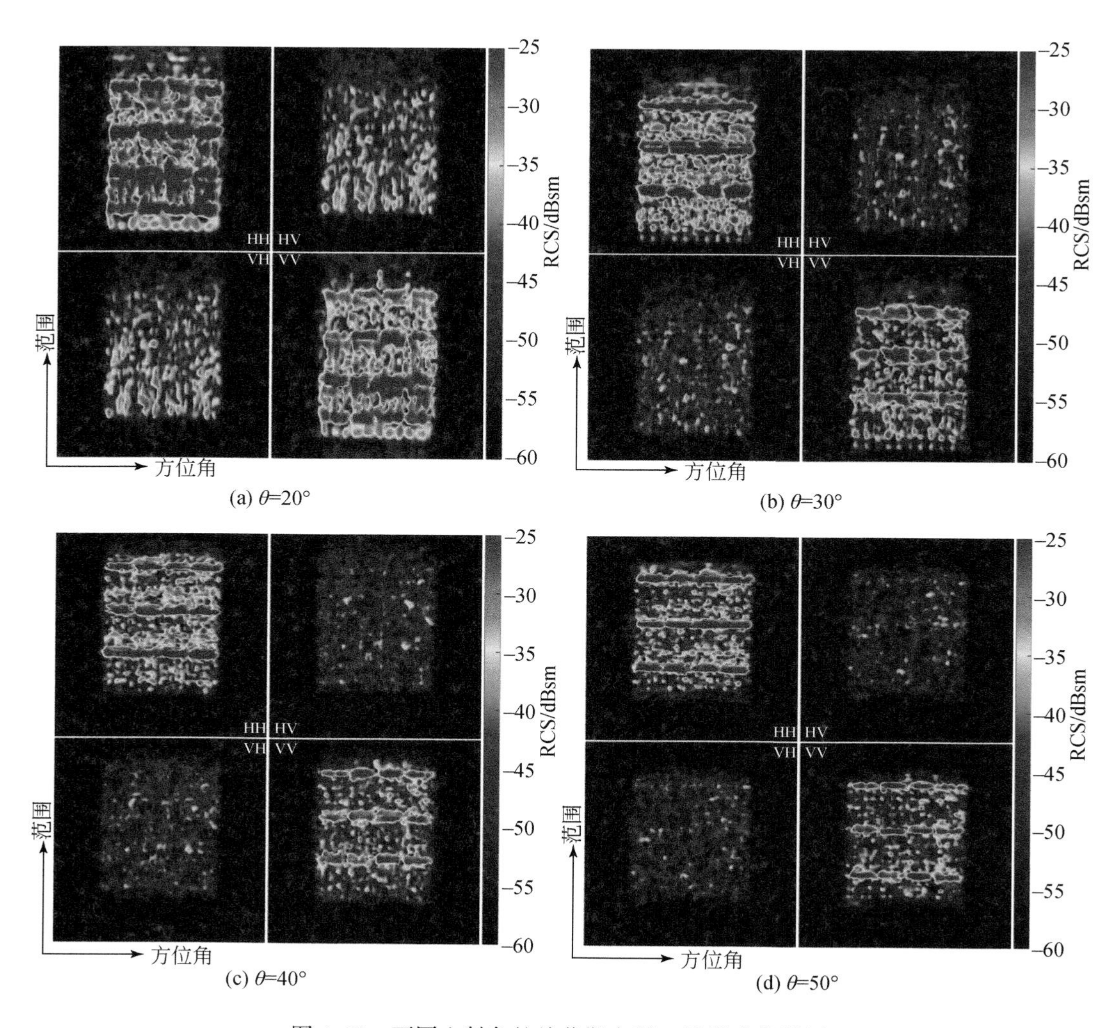

(a) θ=20°　(b) θ=30°

(c) θ=40°　(d) θ=50°

图 4.69　不同入射角的幼苗期水稻 X 波段成像结果

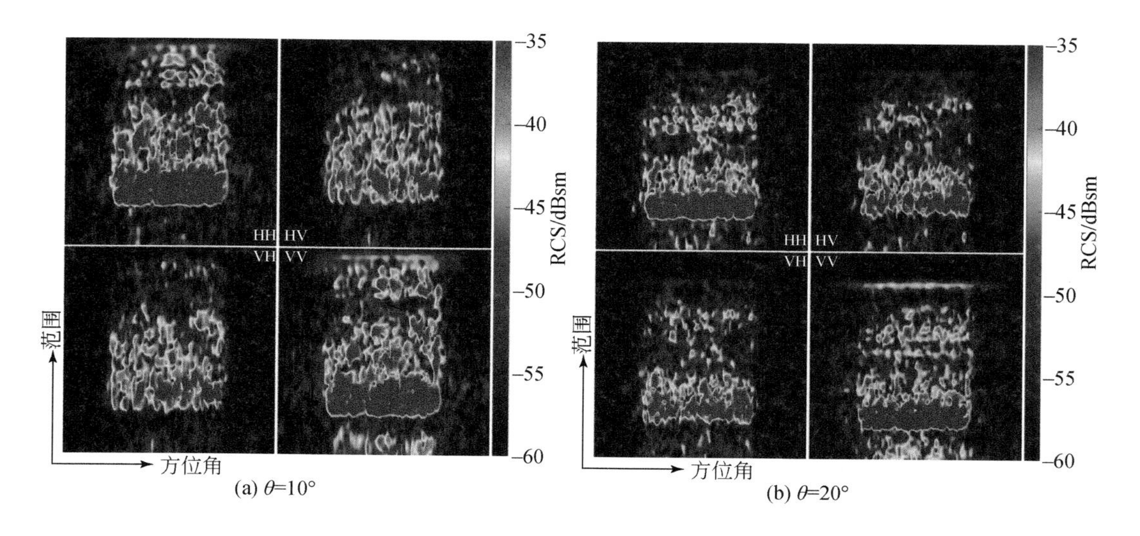

(a) θ=10°　(b) θ=20°

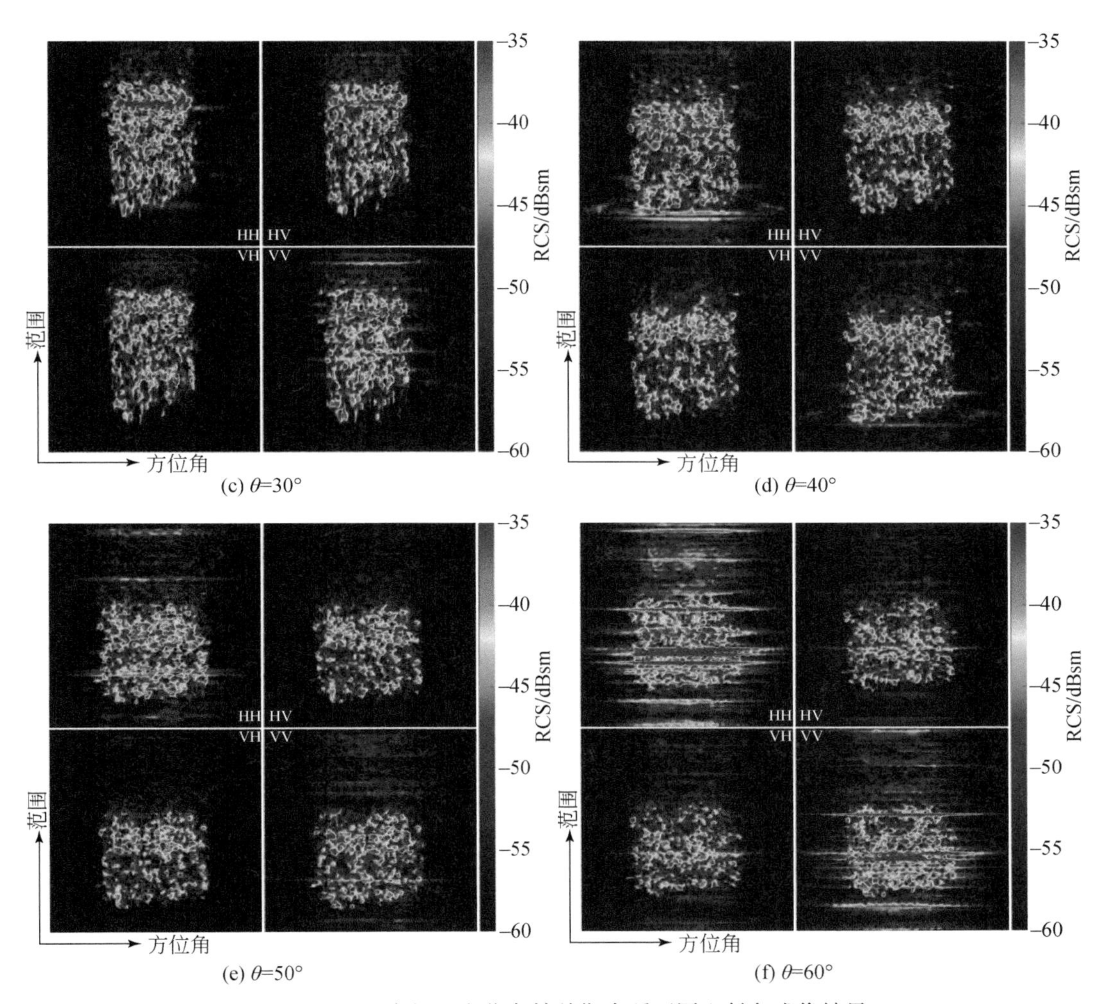

(c) θ=30°　(d) θ=40°　(e) θ=50°　(f) θ=60°

图 4. 70　Ku 波段 0°方位角抽穗期水稻不同入射角成像结果

3. 拔节期水稻不同入射角的成像结果

在 X 波段 0°方位角观测条件下，拔节期水稻 20° ~50°入射角 L2D 成像结果如图 4. 71 所示。可以看到，在各入射角的成像结果中，拔节期水稻在图像中间呈现出密集的信号亮斑。HV 极化和 VH 交叉极化水稻区域散射能量相对弱于 HH 极化和 VV 同极化。另外，在各入射角的 HH 极化成像结果中，近距端出现了明显的散射能量球体条带。

4. 乳熟期水稻不同入射角的成像结果

在 X 波段 0°方位角观测条件下，乳熟期水稻 20° ~50°入射角 L2D 成像结果如图 4. 72 所示。可以看到，四株乳熟期水稻在大部分入射角的 X 波段全极化成像结果中均呈现出了

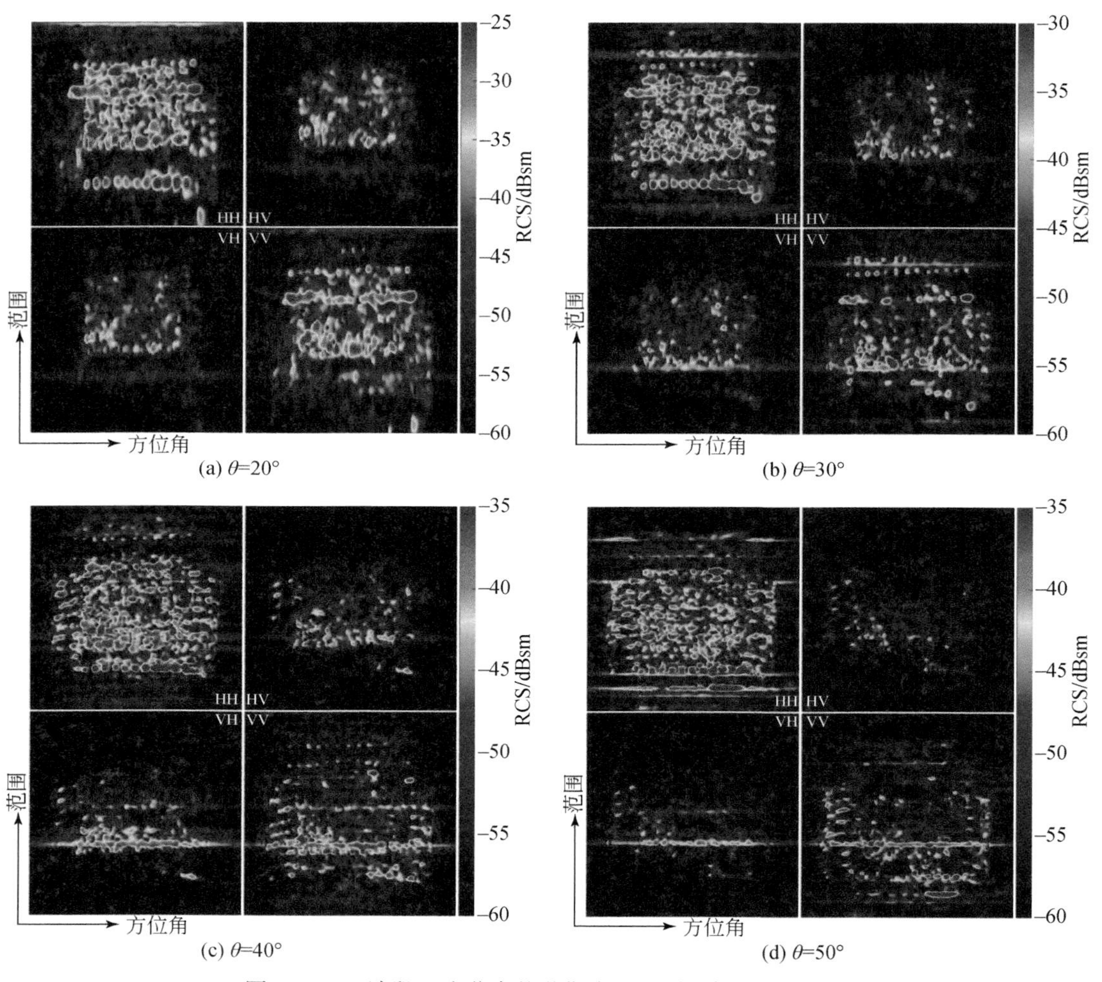

(a) θ=20° (b) θ=30° (c) θ=40° (d) θ=50°

图 4.71 X 波段 0°方位角拔节期水稻不同入射角成像结果

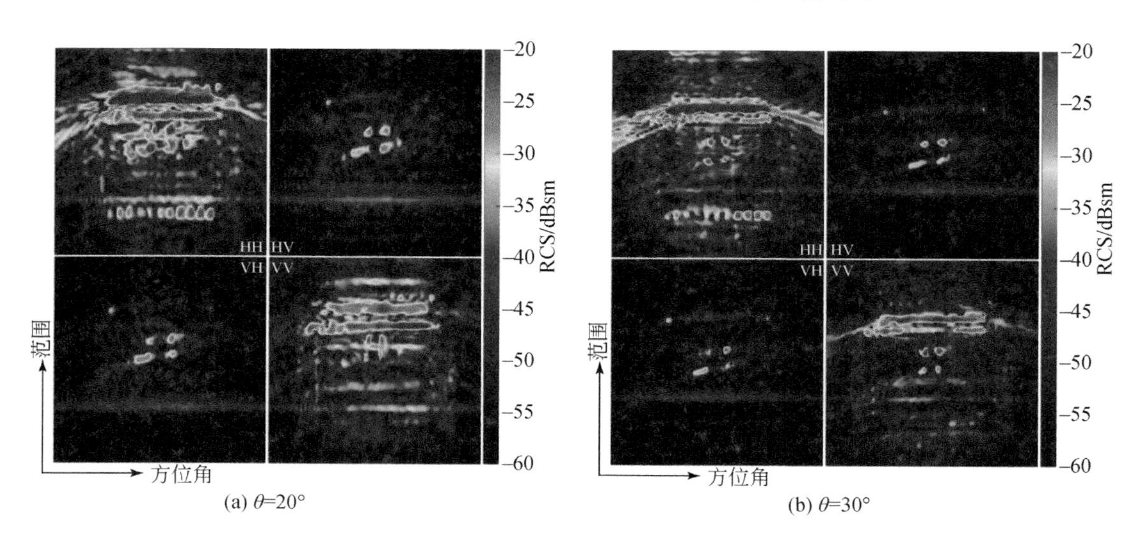

(a) θ=20° (b) θ=30°

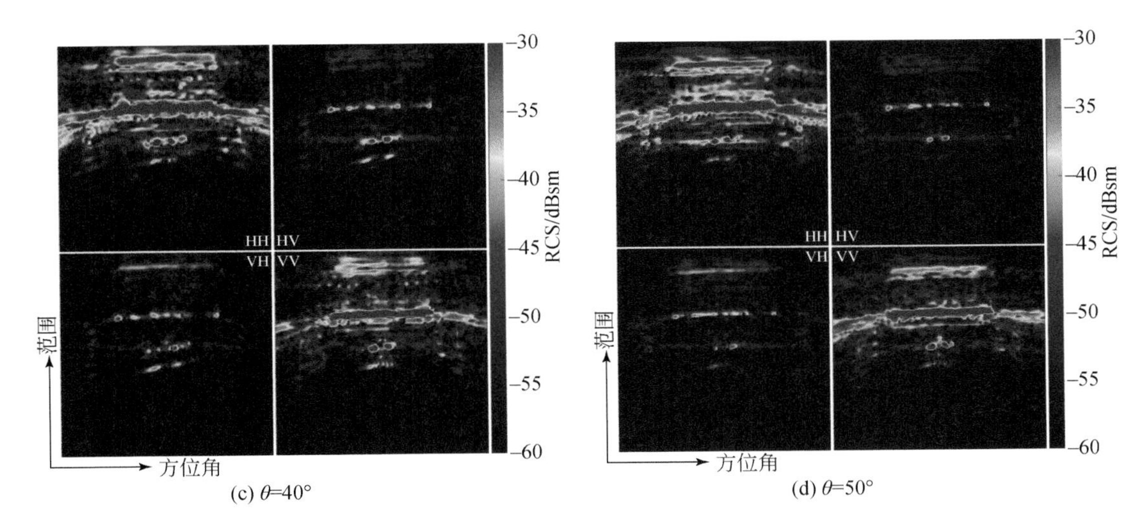

(c) θ=40°　　(d) θ=50°

图 4.72　X 波段 0°方位角乳熟期水稻不同入射角成像结果

四个亮点，HH 极化和 VV 极化在近距端和远距端均出现了明显的条带和球体带杂波信号，HV 极化和 VH 极化的散射能量较弱，但也避免了大部分的杂波信号，能够更清晰地观察水稻信号。

4.3.3　不同方位角的成像结果

1. 抽穗期水稻不同方位角的成像结果

在 Ku 波段和 40°入射角观测条件下，抽穗期水稻 0° ~135°和−180° ~ −45°方位角 L2D 成像结果如图 4.73 所示。可以看到，在所有方位角的成像结果中，抽穗期水稻在图像中间呈现出密集斑点状的显示结果，与低 RCS 背景有高对比度。另外，0°/90°/−90°/−180°方位角的抽穗期水稻呈现出较规则的矩形成像结果，而 45°/−45°/135°/−135°方位角密集斑点成像结果呈现不规则形状。

2. 拔节期水稻不同方位角的成像结果

在 X 波段和 40°入射角观测条件下，拔节期水稻 0° ~135°和−180° ~ −45°方位角 L2D 成像结果如图 4.74 所示。可以看到，在所有方位角的成像结果中，抽穗期水稻在图像中间呈现出密集斑点状的显示结果，与低 RCS 背景有高对比度。另外，0°/90°/−90°/−180°方位角的抽穗期水稻呈现出较规则的矩形成像结果，而 45°/−45°/135°/−135°方位角密集斑点成像结果呈现不规则形状。与抽穗期水稻不同，拔节期各方位角的成像结果中，HV 极化和 VH 交叉极化散射能量要明显弱于 HH 极化和 VV 交叉极化。

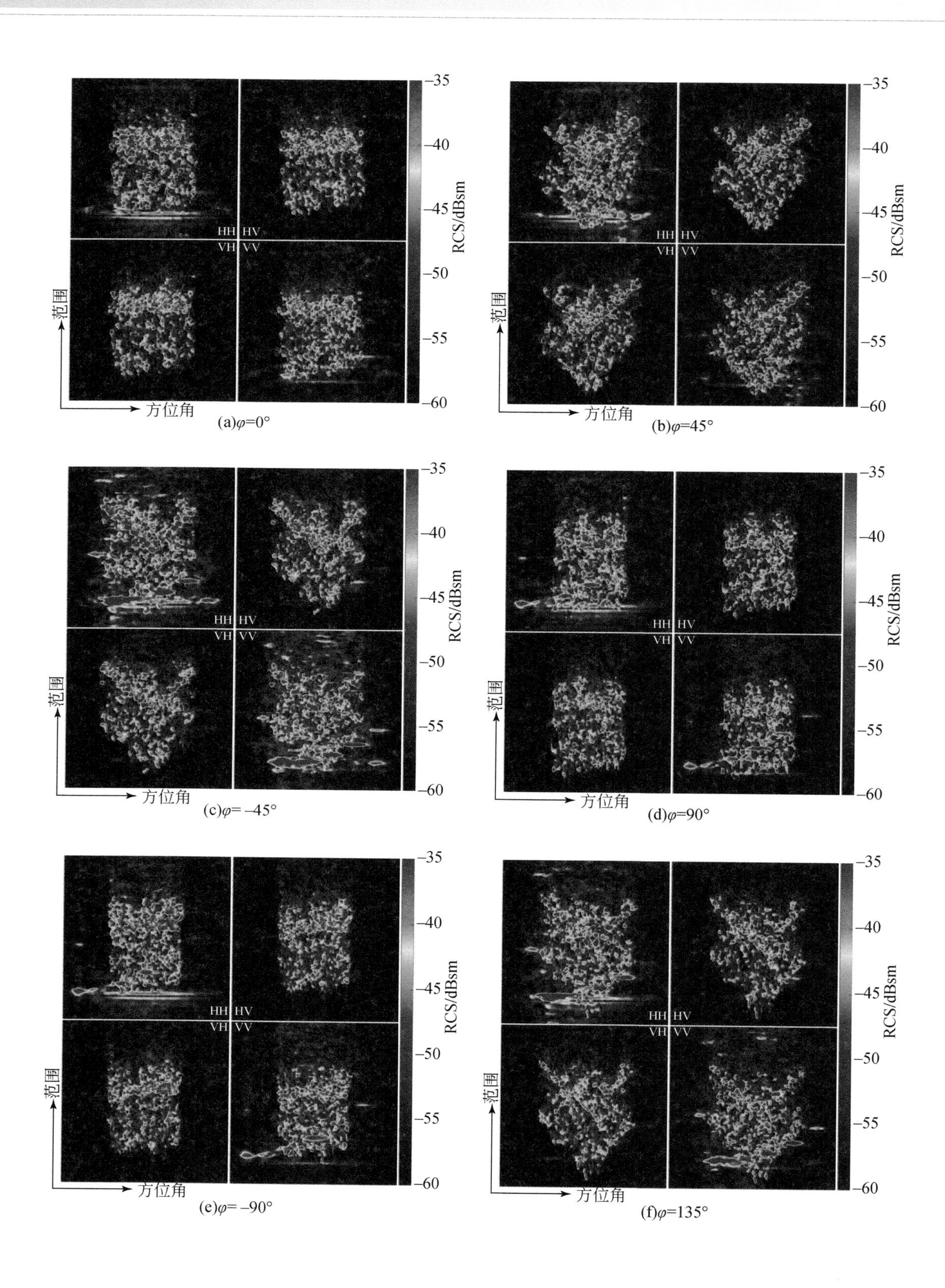

HH HV
VH VV
RCS/dBsm
-35
-40
-45
-50
-55
-60
范围
方位角
(a)φ=0°
(b)φ=45°
(c)φ=-45°
(d)φ=90°
(e)φ=-90°
(f)φ=135°

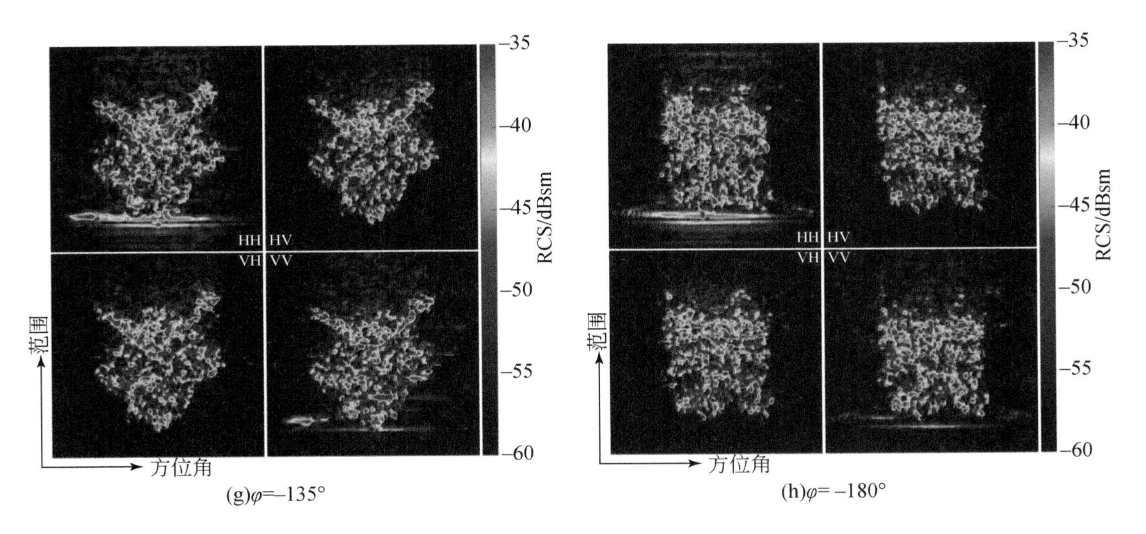

(g)φ=−135°　(h)φ= −180°

图 4.73　Ku 波段 40°入射角抽穗期水稻不同方位角 L2D 成像结果

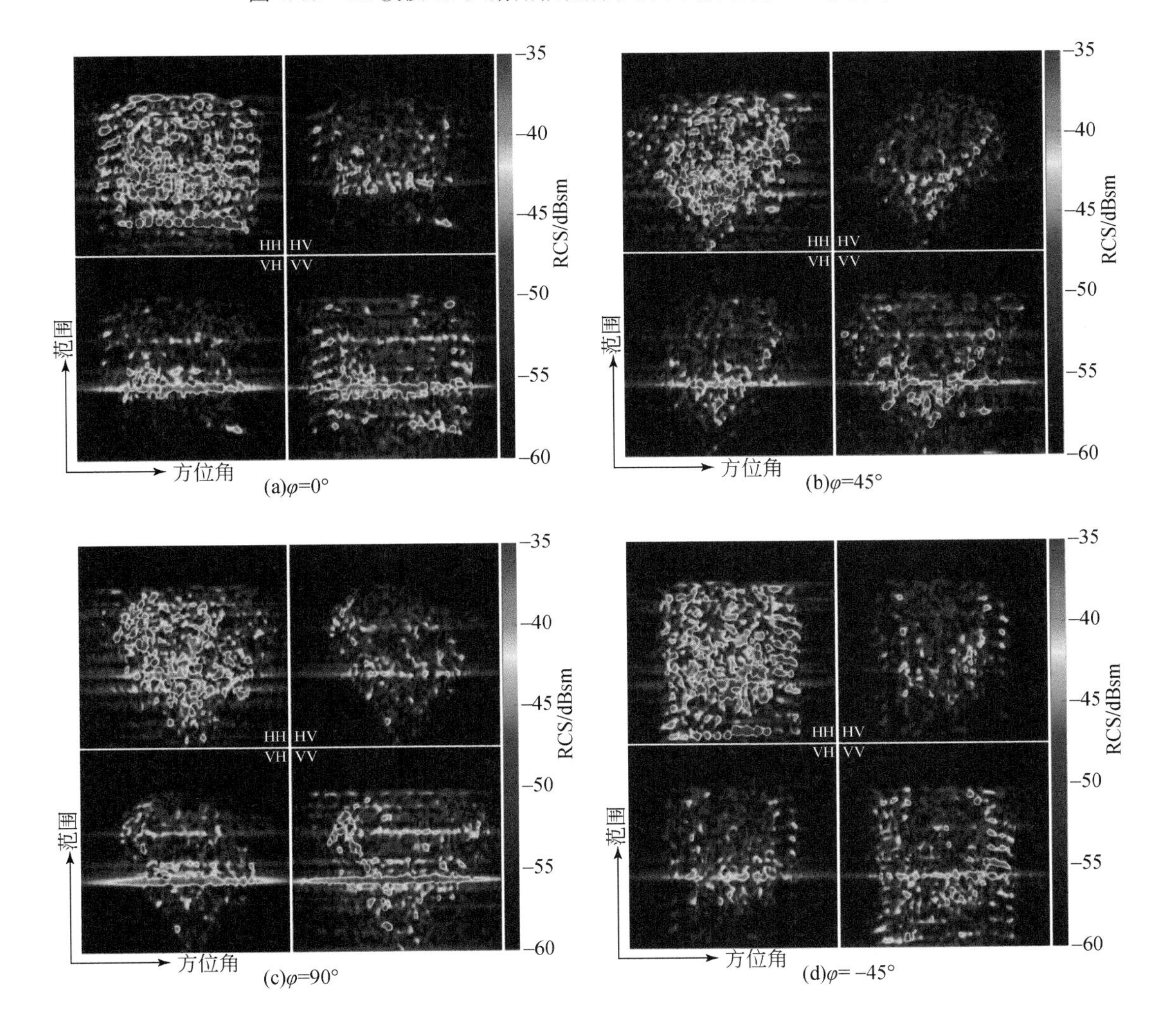

(a)φ=0°　(b)φ=45°

(c)φ=90°　(d)φ= −45°

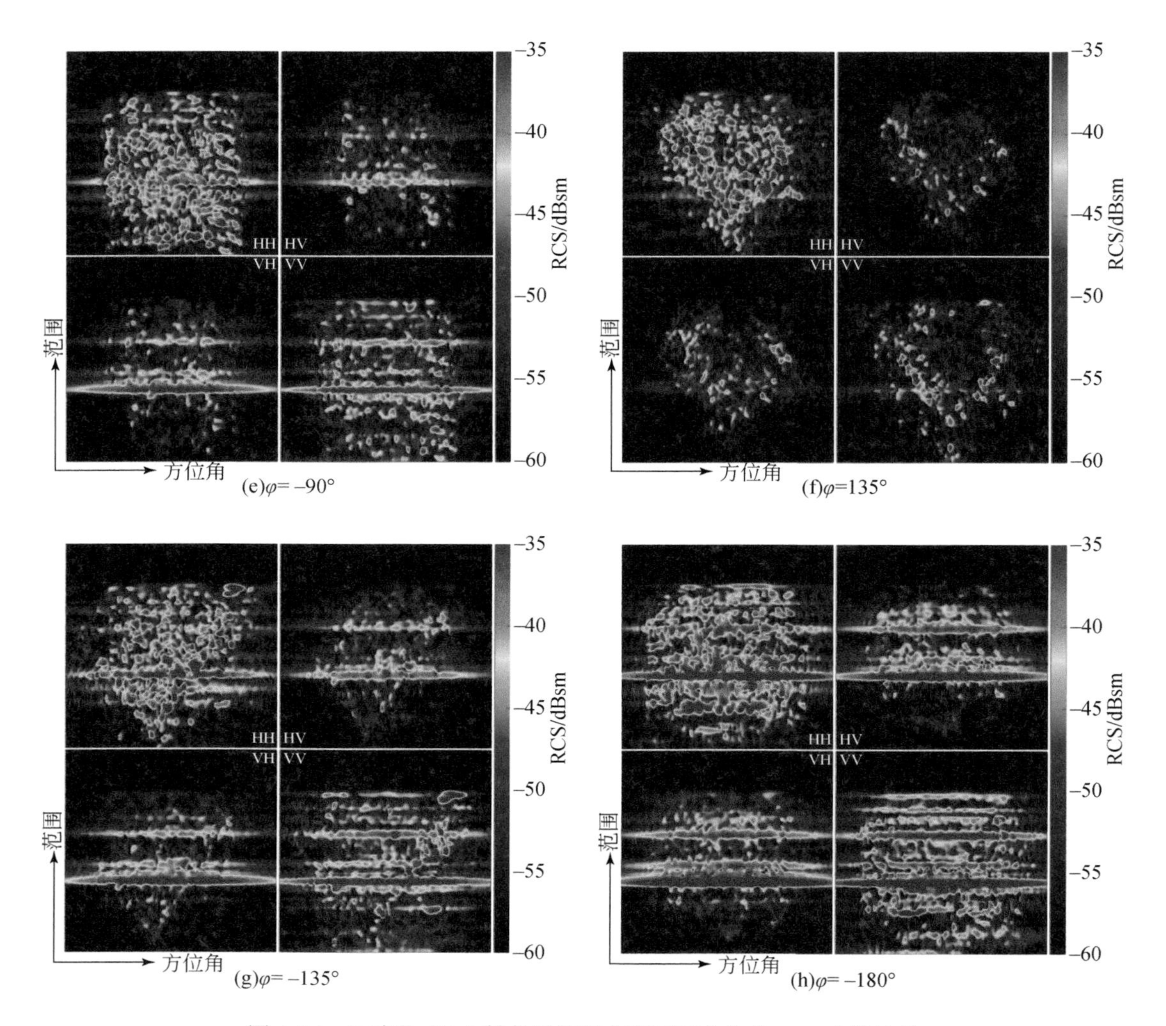

图 4. 74　X 波段 40°入射角拔节期水稻不同方位角 L2D 成像结果

3. 乳熟期水稻不同方位角的成像结果

在 X 波段和 40°入射角观测条件下，乳熟期水稻 0° ~ 135°和-180° ~ -45°方位角 L2D 成像结果如图 4. 75 所示。可以看到，所有方位角图像中心区域信号与背景形成了鲜明的对比，HV 极化和 VH 极化散射信号弱于 HH 极化和 VV 同极化。四株乳熟期水稻样本在 0°方位角和 180°方位角的图像结果中最为清晰，其余入射角的图像都存在杂波过多或 HV/VH 交叉极化无水稻信号的情况。

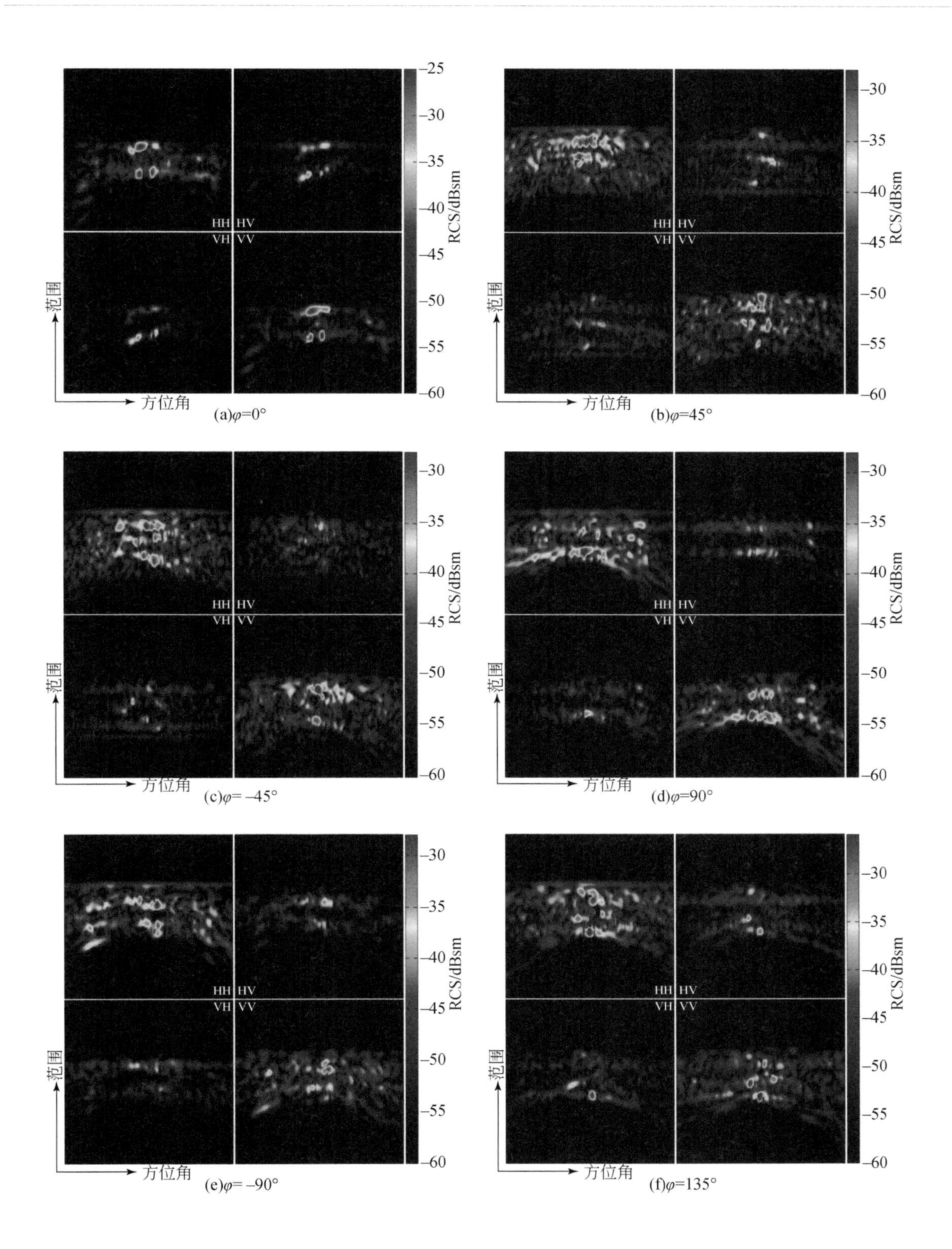

(a)φ=0°　(b)φ=45°　(c)φ= –45°　(d)φ=90°　(e)φ= –90°　(f)φ=135°

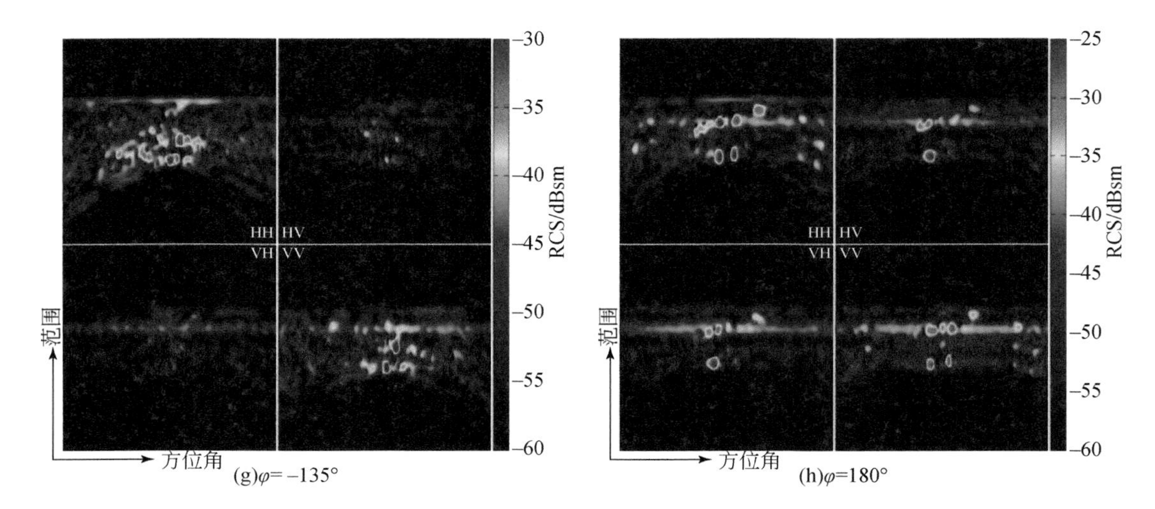

图 4.75　X 波段 40°入射角乳熟期水稻不同方位角 L2D 成像结果

第 5 章　湿地植被微波散射特性测量与分析

5.1　实验设计

实验设计包括目标采集、场景制备、实验参数设置、实验平台定标测量、测量数据后处理等，具体测量流程如图 5.1 所示。

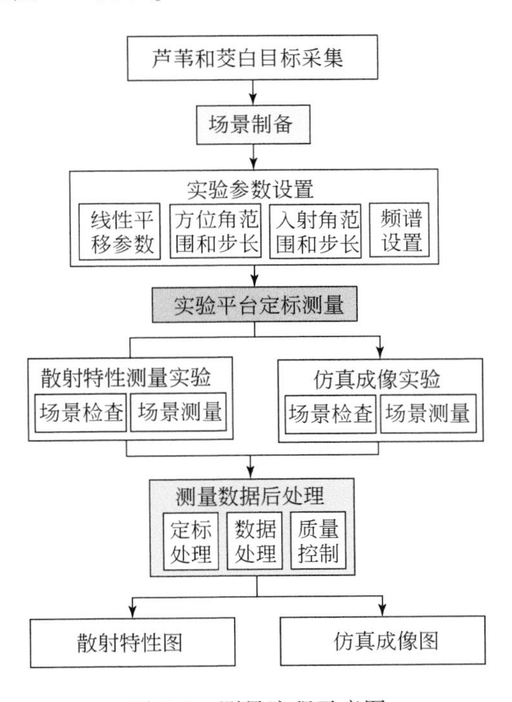

图 5.1　测量流程示意图

首先是采集样本，进行场景布设。浙江省湖州市德清县野生芦苇较多，多生长在江河湖泽、池塘沟渠沿岸和低湿地地带。德清县也种植了大量茭白，是当地主要的经济作物。本次实验共采集了 500 余株芦苇和 20 余株茭白。为了尽可能地让样本接近自然场景并且长时间存活，将芦苇和茭白分株分装在长 60cm、宽 40cm、高 38cm 的塑料筐里。芦苇生长较为密集，每个塑料筐里添加土壤和水，形成 1.8m×1.6m 的场景。茭白植株粗大，按照种植时植株间隔每个塑料筐里放置一株（图 5.2）。

(a)芦苇场景图 (b)茭白场景图

(c)芦苇场景结构示意图 (d)茭白场景结构示意图

图 5.2 芦苇和茭白场景图和结构示意图

其次是进行参数设计。测量频率范围为 0.8～18.0GHz，仿真成像实验入射角测量范围为 15°～55°，步长设置为 10°，方位角测量范围为-180°～135°，测量步长为 45°；散射特性测量实验入射角测量范围为 10°～60°，步长设置为 5°，方位角固定为 0°。频率上，分成低频（2～7GHz）和高频（7～17GHz），其中低频 C 波段中心频率为 5.3GHz，高频 X 波段和 Ku 波段中心频率分别为 9.6GHz 和 15.0GHz，测量步长均为 25MHz，具体测量参数如表 5.1 所示。

表 5.1 芦苇、茭白场景测量参数

散射特性测量			仿真成像实验测量		
频率	范围/GHz	0.8～18	频率	范围/GHz	3～18
	步进/GHz	0.025		波段	C/X/Ku
	个数/个	730		个数/个	642

续表

散射特性测量			仿真成像实验测量		
方位角	范围/(°)	0	方位角	范围/(°)	0~135
	步进/(°)	0		步进/(°)	45
	个数/个	1		个数/个	4
入射角	范围/(°)	10~60	入射角	范围/(°)	15~55
	步进/(°)	5		步进/(°)	10
	个数/个	11		个数/个	5
极化	极化方式	HH/VV/HV/VH	极化	极化方式	HH/VV/HV/VH
	个数/个	4		个数/个	4
数据集/条	32120		数据集/条	51360	

5.2 全要素连续波谱芦苇散射特性实验结果

5.2.1 芦苇雷达后向散射特性测量结果

1. 雷达截面 (RCS)–入射波频率 (f)

测量后的数据经过定标和相关处理后即可生成散射曲线。散射曲线代表芦苇不同频段、不同入射角的散射特性。图5.3~图5.7分别展示了不同入射角2~17GHz芦苇的散射曲线特征。

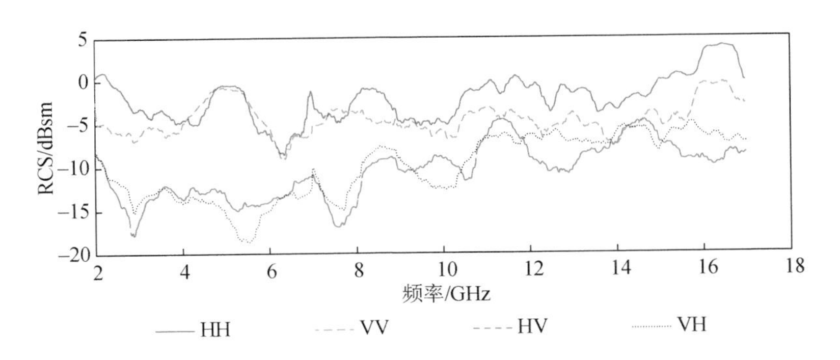

图5.3 15°入射角0°方位角芦苇雷达截面随频率变化散射曲线

在15°入射角条件下，芦苇HH/HV/VH/VV四极化散射特征各不相同。HH极化RCS基本都大于其他极化方式，特别是在高频部分比较明显，在低频（2~6.2GHz）RCS呈减

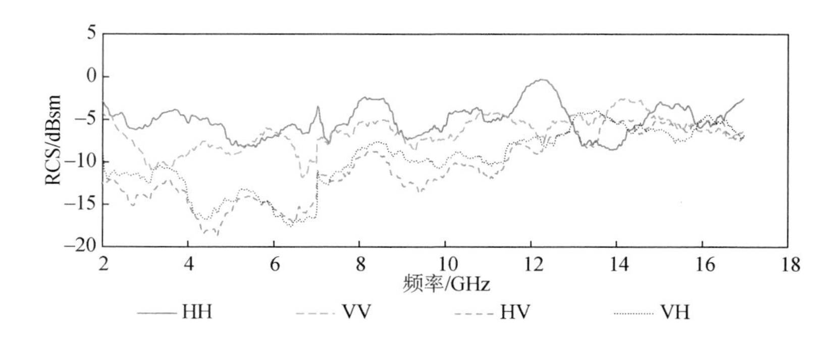

图 5.4　25°入射角 0°方位角芦苇雷达截面随频率变化散射曲线

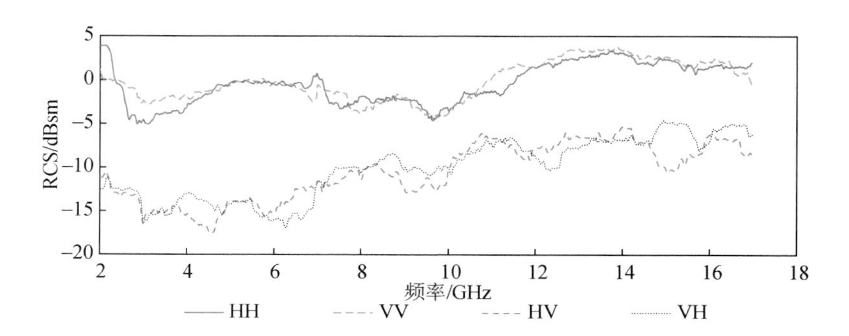

图 5.5　35°入射角 0°方位角芦苇雷达截面随频率变化散射曲线

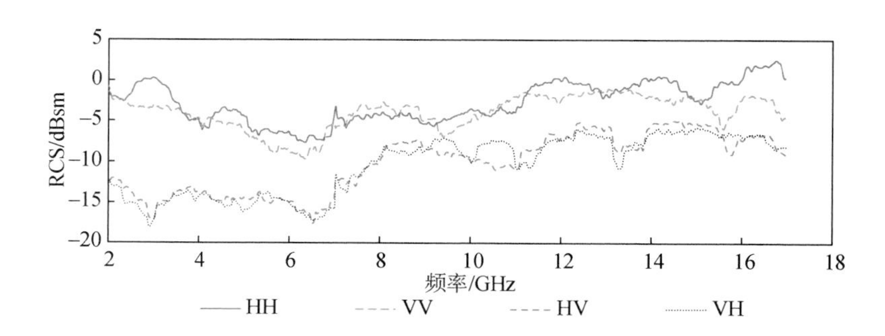

图 5.6　45°入射角 0°方位角芦苇雷达截面随频率变化散射曲线

少趋势，在 6.2GHz 处 RCS 最小，后向散射最弱，在 6.2～17GHz 处 RCS 后向散射缓慢增大。整体上 HV 极化和 VH 极化散射曲线随频率增加 RCS 呈增大趋势，在 2.8GHz 和 7.4GHz 处 RCS 较小。2～10GHz 低频部分同极化与交叉极化差值明显，10～17GHz 高频部分 HV/VH/VV 极化 RCS 比较接近。

在 25°入射角条件下，不同频率对应的各种极化 RCS 有所差异（图 5.4），低频时基本是 HH>VV>HV（VH），超过 13GHz 时四种极化的 RCS 比较接近。HH 极化 RCS 保持在

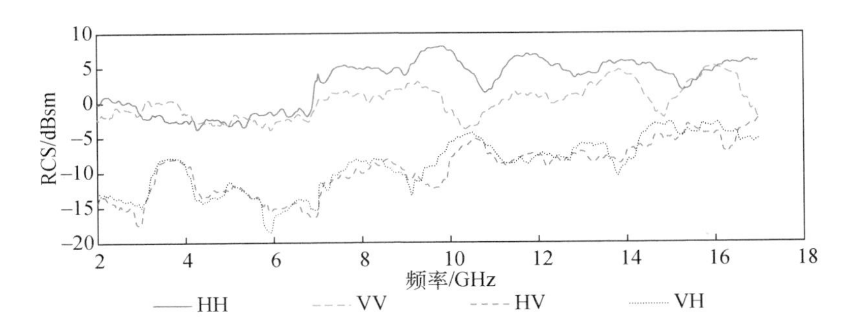

图5.7　55°入射角0°方位角芦苇雷达截面随频率变化散射曲线

-5dBsm左右，HV/VH极化的RCS随频率增加呈现先减小后增加的趋势。在35°入射角情况下，测量频率范围内的HH极化和VV极化RCS特别接近，两者变化趋势也比较一致，RCS在低频波段保持在0～-5dBsm，部分高频波段RCS大于0dBsm，并且HH极化和VV极化的RCS始终明显大于HV/VH极化。在45°入射角情况下，不同极化的RCS随频率增加先减小后缓慢增加，在约6.4GHz时RCS最小。低频部分同极化和交叉极化相差比高频部分明显。在55°入射角情况下，HH极化和VV极化值在低频时比较接近，在高频时HH极化略大于VV极化，HV极化和VH极化在3～6GHz时散射曲线变化幅度明显。

相比而言，当入射角为35°和45°时，HH极化和VV极化的RCS比较接近，而入射角为55°时，HH极化和VV极化的RCS差异在高频部分比较明显。同极化RCS基本都比交叉极化大，并且在低频（4～7GHz）部分比高频（7～18GHz）部分大出的差值更明显。HV/VH极化RCS在低频部分（3～7GHz）较小，高频部分随入射角增加RCS有所增加。通过几种不同入射角散射曲线对比可以看出，如果利用同极化和交叉极化之间的差异进行芦苇监测，低频部分比高频部分更适合，并且当入射角为35°时效果最佳。

2. 雷达截面（RCS）-入射角（θ）

在3.2GHz频率观测条件下，芦苇HH/HV/VH/VV四极化雷达截面（RCS）随入射角的变化规律如图5.8所示。可以看出，随着入射角的增大，HH极化和VV极化后向散射截面（RCS）随入射角的增加呈现先减小后缓慢增加的趋势，HV极化和VH极化后向散射截面随入射角增加呈现缓慢减小的趋势。VH极化和HV极化变化趋势非常一致，并且除了入射角为25°时VV极化和VH极化RCS比较接近，其他入射角时同极化RCS与交叉极化RCS差值明显，相差为1～20dBsm。

在5.3GHz频率观测条件下，芦苇HH/HV/VH/VV四极化雷达截面（RCS）随入射角的变化规律如图5.9所示。可以看出，随着入射角的增大，HH极化和VV极化的变化趋势非常一致，相差不超过2dBsm。HH极化和VV极化后向散射截面在入射角为15°和35°时有明显的增大，HV极化和VH极化变化趋势比较一致，VH极化后向散射截面在入射角为15°时有明显的减小。同极化和交叉极化之间的RCS差异明显，相差为4～17dBsm。

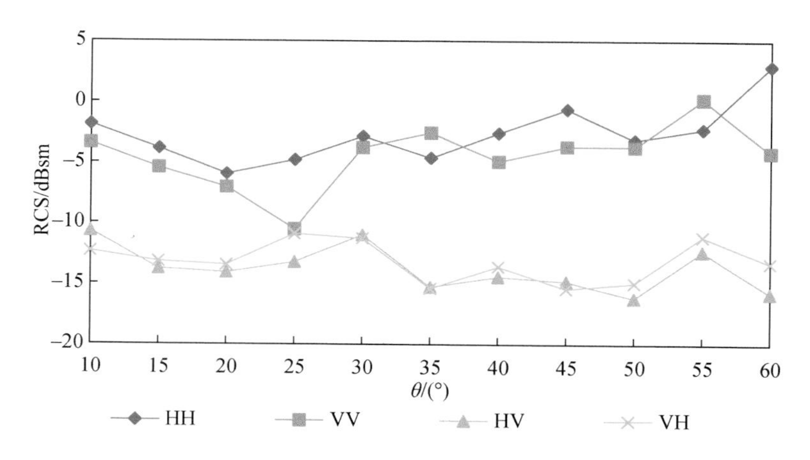

图 5.8 芦苇 3.2GHz 频率下雷达截面随入射角的变化规律

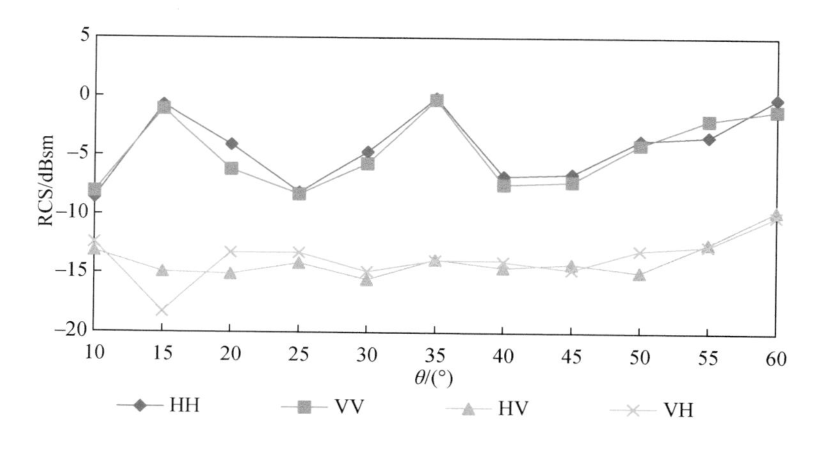

图 5.9 芦苇 5.3GHz 频率下雷达截面随入射角的变化规律

在 9.6GHz 频率观测条件下，芦苇 HH/HV/VH/VV 四极化雷达截面（RCS）随入射角的变化规律如图 5.10 所示。可以看出，随着入射角的增大，HH 极化和 VV 极化后向散射截面（RCS）呈现先减小后缓慢增加的趋势，当入射角为 55°时，HH 极化和 VV 极化 RCS 增加明显。HV 极化和 VH 极化后向散射截面随入射角增加没有明显增大或减小的趋势。同极化和交叉极化之间的 RCS 差异没有 3.2GHz 和 5.3GHz 明显。

在 15.0GHz 频率观测条件下，芦苇 HH/HV/VH/VV 四极化雷达截面（RCS）随入射角的变化规律如图 5.11 所示。可以看出，随着入射角的增大，HH 极化和 VV 极化后向散射截面（RCS）呈现先减小后缓慢增加的趋势。当入射角为 35°时，HH 极化和 VV 极化后向散射截面（RCS）增加明显，HV 极化和 VH 极化后向散射截面随入射角增加没有明显增大或减小的趋势。当入射角为 30°时，HH/HV/VH/VV 四极化雷达截面（RCS）比较接近。同极化和交叉极化之间的 RCS 差异没有 3.2GHz、5.3GHz、9.6GHz 明显。

从不同极化方式上比较而言，无论哪个频段，RCS 基本都呈现出 HH>VV>HV/VH 的

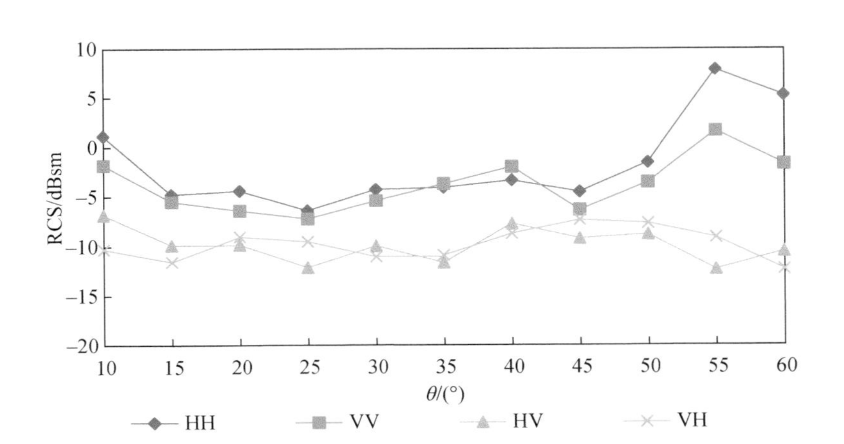

图 5.10　芦苇 9.6GHz 频率下雷达截面随入射角的变化规律

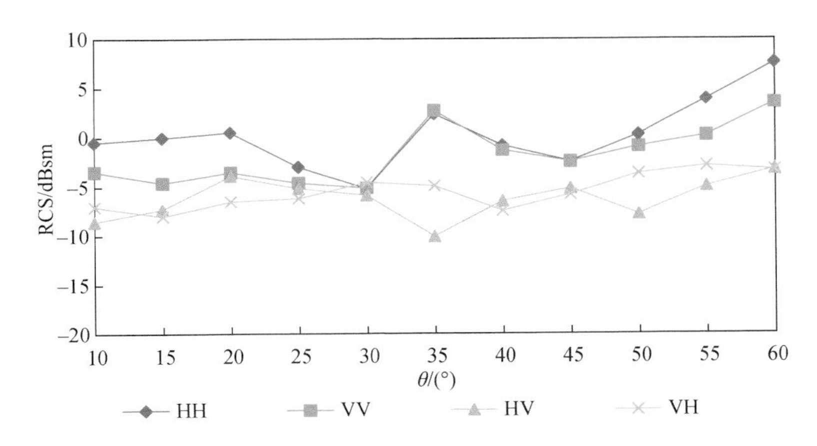

图 5.11　芦苇 15.0GHz 频率下雷达截面随入射角的变化规律

趋势，HH 极化 RCS 大于 VV 极化 1 ~ 5dBsm，这是因为芦苇细高，垂直结构较好，具有较强的水平极化后向散射，VV 极化大于 HV/VH 极化 5 ~ 10dBsm；并且 3.2GHz 和 5.3GHz 频段上同极化与交叉极化 RCS 差异要明显大于 9.6GHz 和 15.0GHz 频段。Zhang 等（2016）从 Envisat ASAR 卫星观测到的辽河三角洲芦苇沼泽散射系数也是 HH 极化大于 HV 极化。

5.2.2　芦苇多极化 SAR 成像特性测量结果

1. 不同频率的成像结果

从图 5.12 中可以看出，在 45°入射角情况下，芦苇在 C 波段的成像信息较丰富，X 波段和 Ku 波段散射较弱。这是因为 C 波段穿透性比 X 波段和 Ku 波段强，C 波段与冠层充分相互作用，体散射较强，而且下垫面水与芦苇茎秆之间的二次散射也较强。X 波段和 Ku 波段穿透性弱，X 波段和 Ku 波段的后向散射主要来自芦苇冠层顶端，所以散射回波信息入射弱。不论哪个波段，同极化散射比交叉极化要强。此外，图 5. 12 中的亮线可能是下垫面中装芦苇的塑料筐导致。

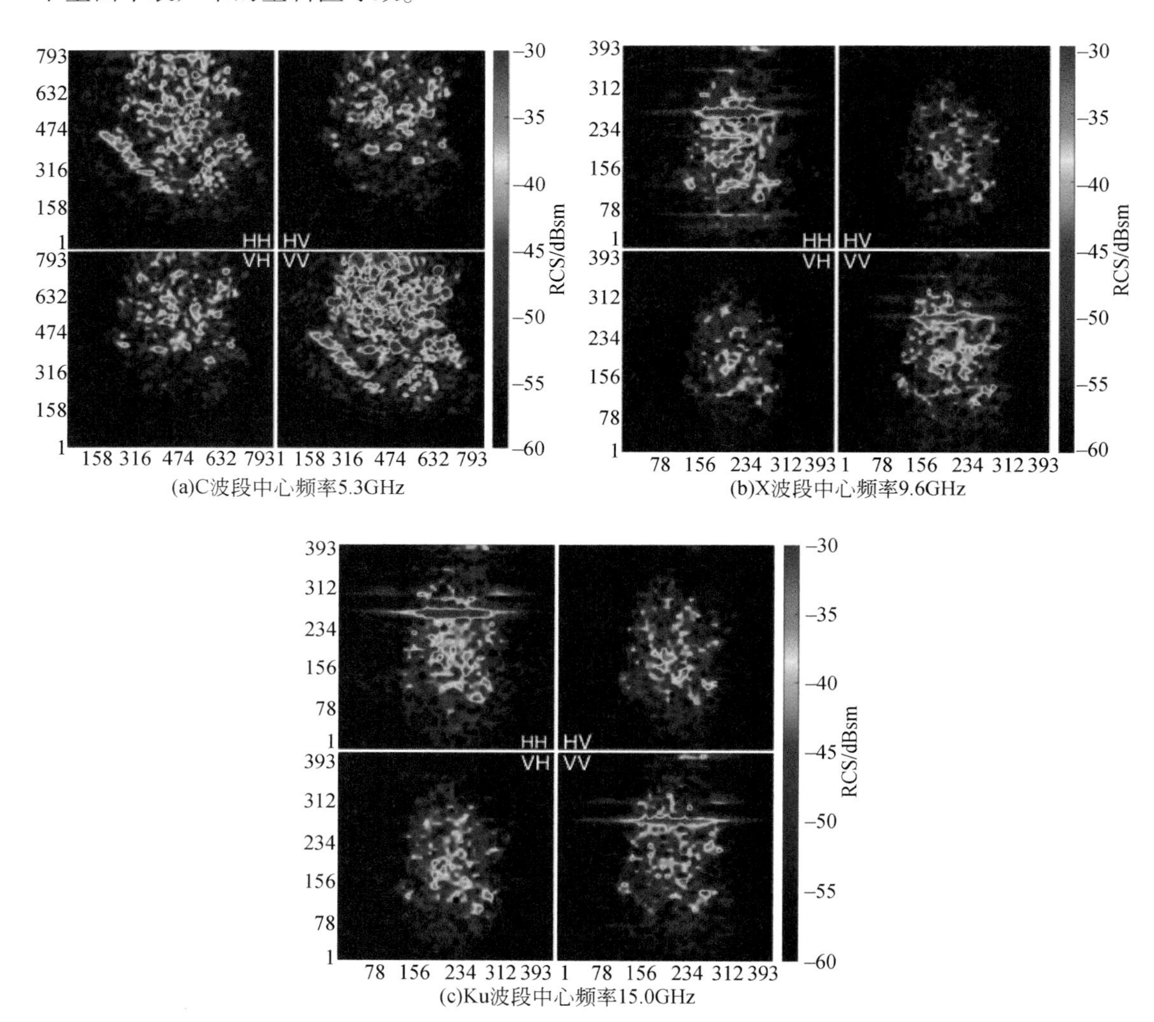

图 5. 12　45°入射角芦苇成像图（方位角为-135°）

2. 不同入射角的成像结果

从图 5. 13 可以看出，C 波段不同入射角情况下，15°和 25°入射角散射主要来自冠层顶部，散射强度大，图像上呈现出明显的冠层区。另外，由于芦苇细高，植株呈倾斜状，顶部的花絮在图像上方也有散射信号。随着入射角增大，除了冠层散射，还有茎秆及下垫面的散射。电磁波穿过茎秆，茎秆与下垫面相互作用，能量有所衰减，所以35°入射角芦苇散射强度稍微弱一些。芦苇在45°入射角时成像信息较明显，VV极化散射信息比HH极化丰富，并且散射强度比较均一，交叉极化散射信号明显弱于同极化。在55°入射角下，同极化冠层与下垫面之间的二次散射明显，入射角越大，电磁波穿越冠层的路径越长，更容易形成二面角散射。

与C波段一致，X波段在15°入射角下，主要是冠层散射，散射强度大。随着入射角增加，散射波穿过植被，除了冠层散射，还有茎秆及下垫面的散射，散射强度有所减弱，当入射角为55°时，受场景中塑料筐影响，成像图上出现了部分强度大的亮线（图5.14）。

与C波段和X波段一致，入射角为15°时，Ku波段的后向散射强度主要来自芦苇冠层的面散射。随着入射角增大，成像图上还反应了下垫面以及芦苇茎秆的散射，散射强度有所减弱。总体上，Ku波段的散射强度比C波段和X波段要弱（图5.15）。

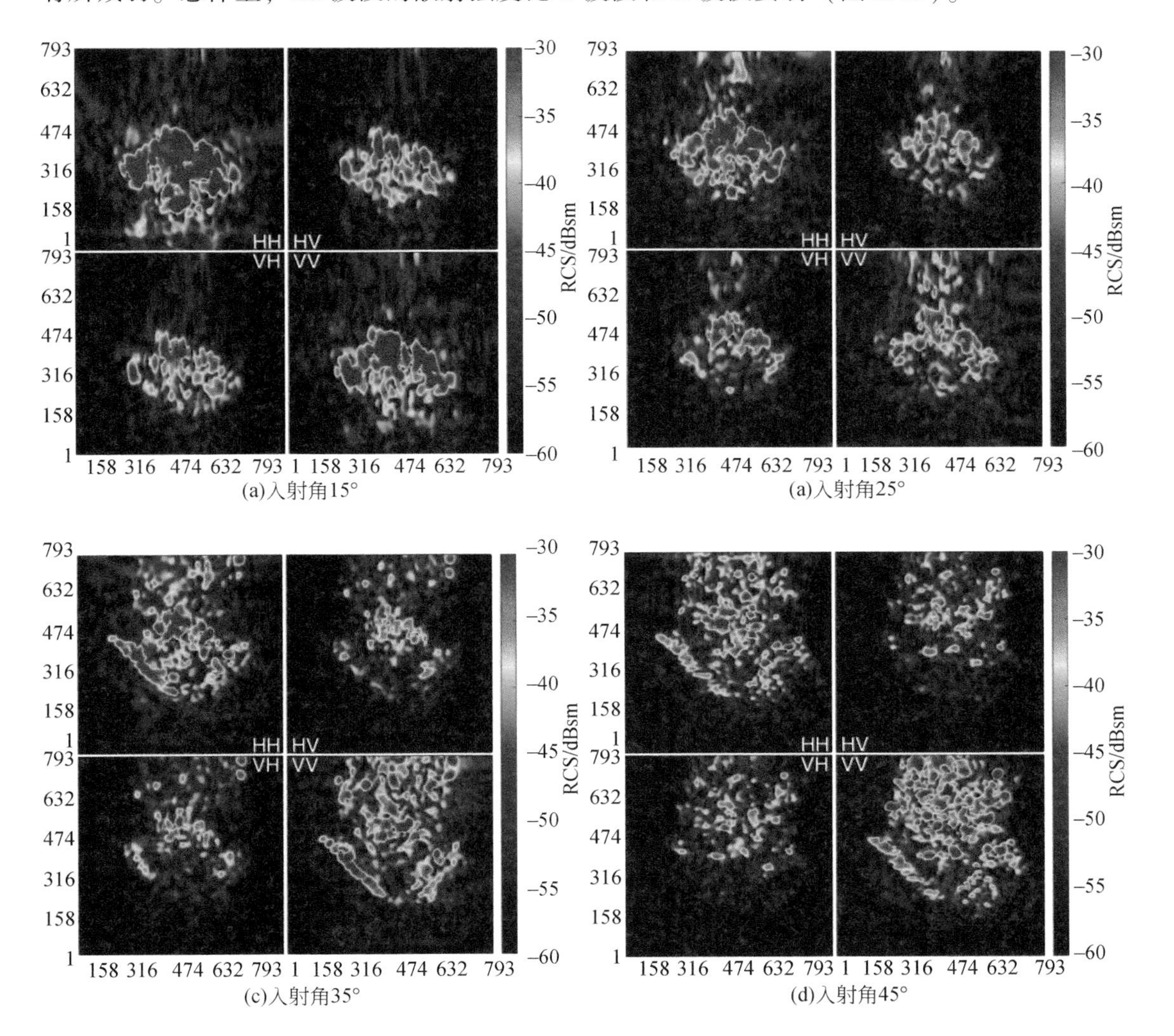

(a)入射角15°

(a)入射角25°

(c)入射角35°

(d)入射角45°

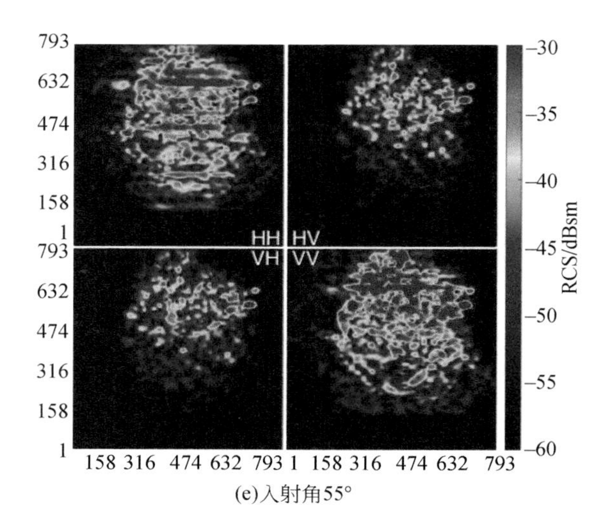

(e)入射角55°

图 5.13　C 波段不同入射角（方位角-135°）芦苇场景成像图

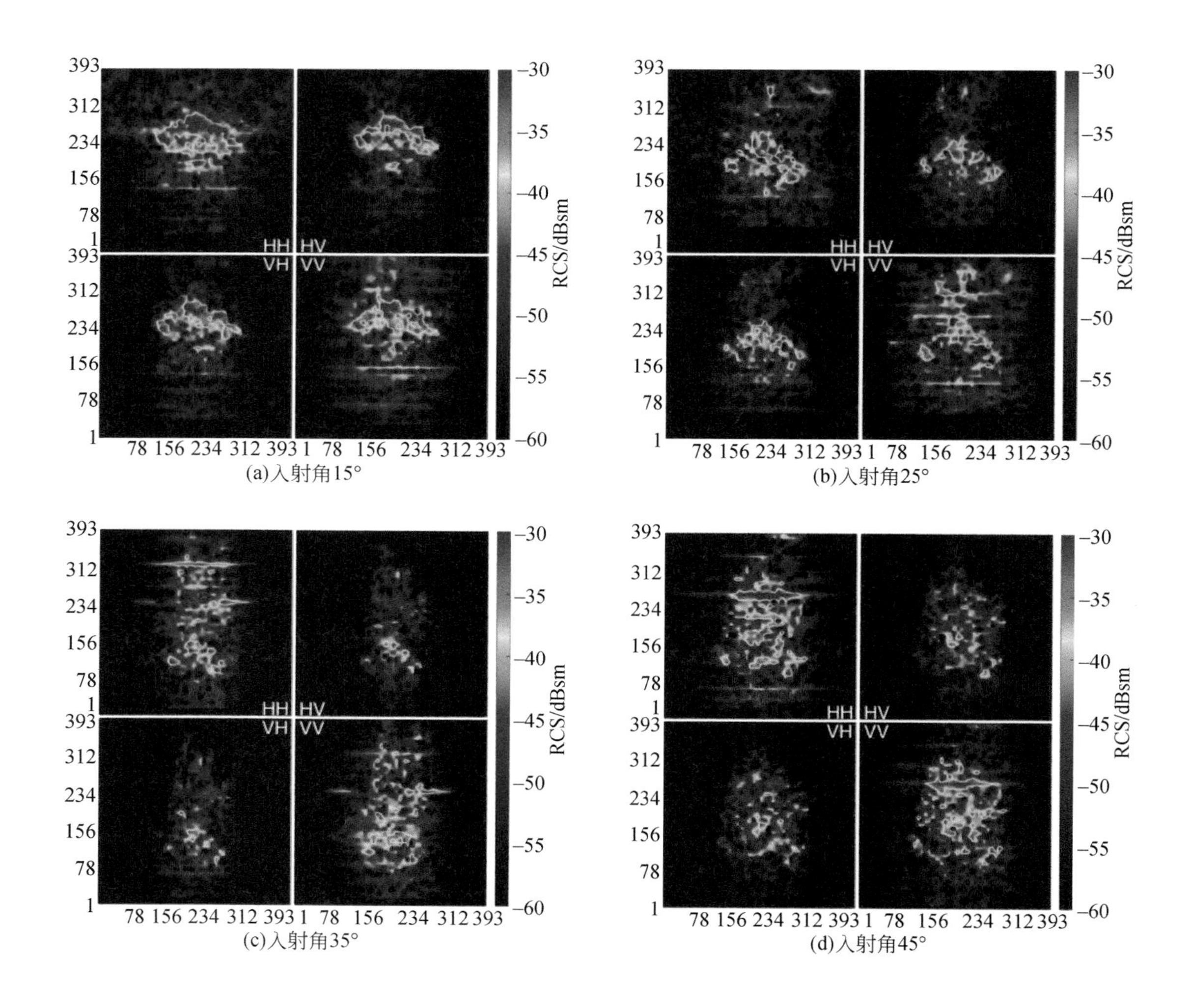

(a)入射角15°

(b)入射角25°

(c)入射角35°

(d)入射角45°

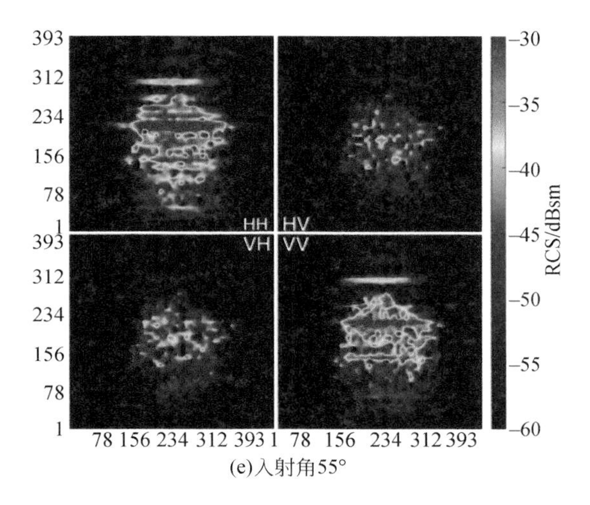

(e)入射角55°

图 5.14　X 波段不同入射角（方位角-135°）芦苇场景成像图

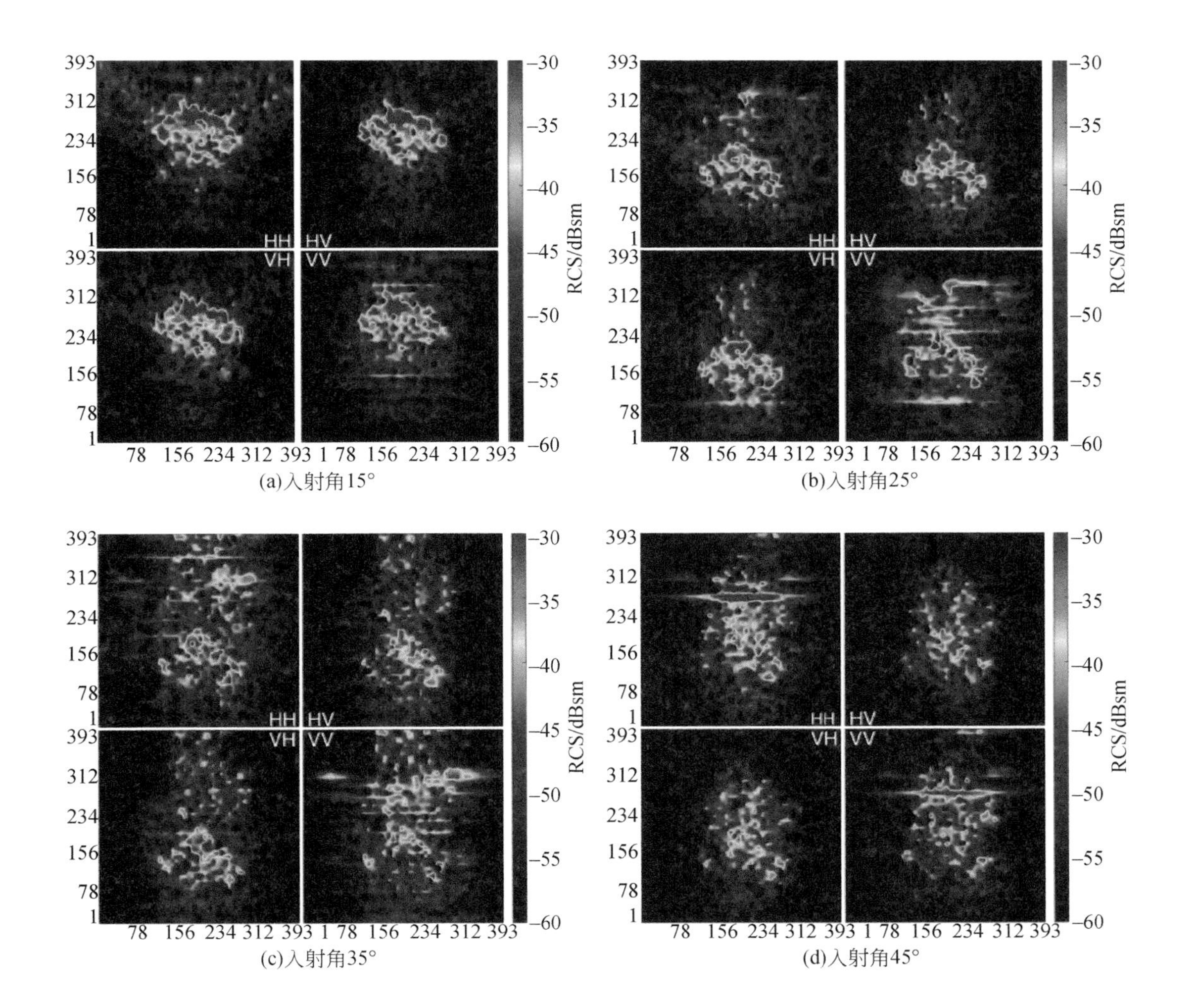

(a)入射角15°

(b)入射角25°

(c)入射角35°

(d)入射角45°

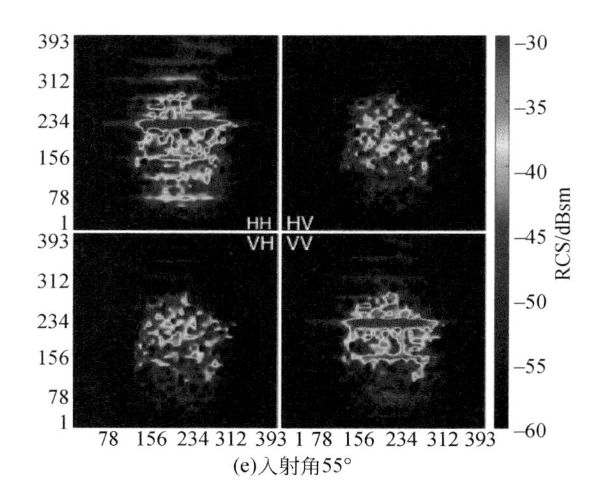

(e)入射角55°

图 5.15 Ku 波段不同入射角（方位角-135°）芦苇场景成像图

3. 不同方位角的成像结果

C 波段 45°入射角不同方位角芦苇成像结果如图 5.16 所示。可以看出，在不同方位角的成像结果中，芦苇在图像中呈现出不同的特征，0°、45°、-45°、90°方位角平台四周边线处成像结果比较明显，-90°、135°、-135°、-180°方位角芦苇在图像中间呈现出密集斑点状的显示结果。

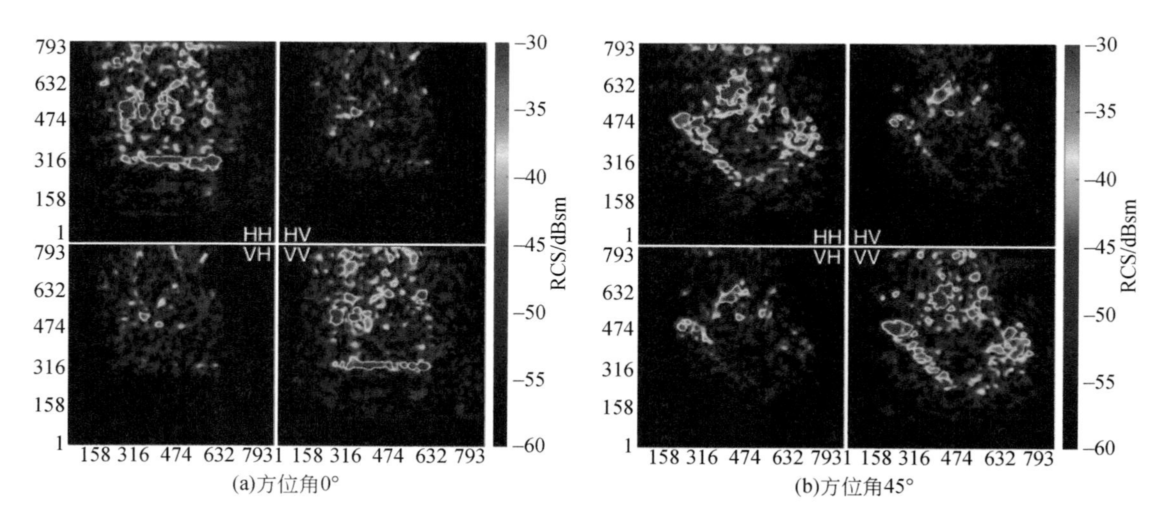

(a)方位角0°

(b)方位角45°

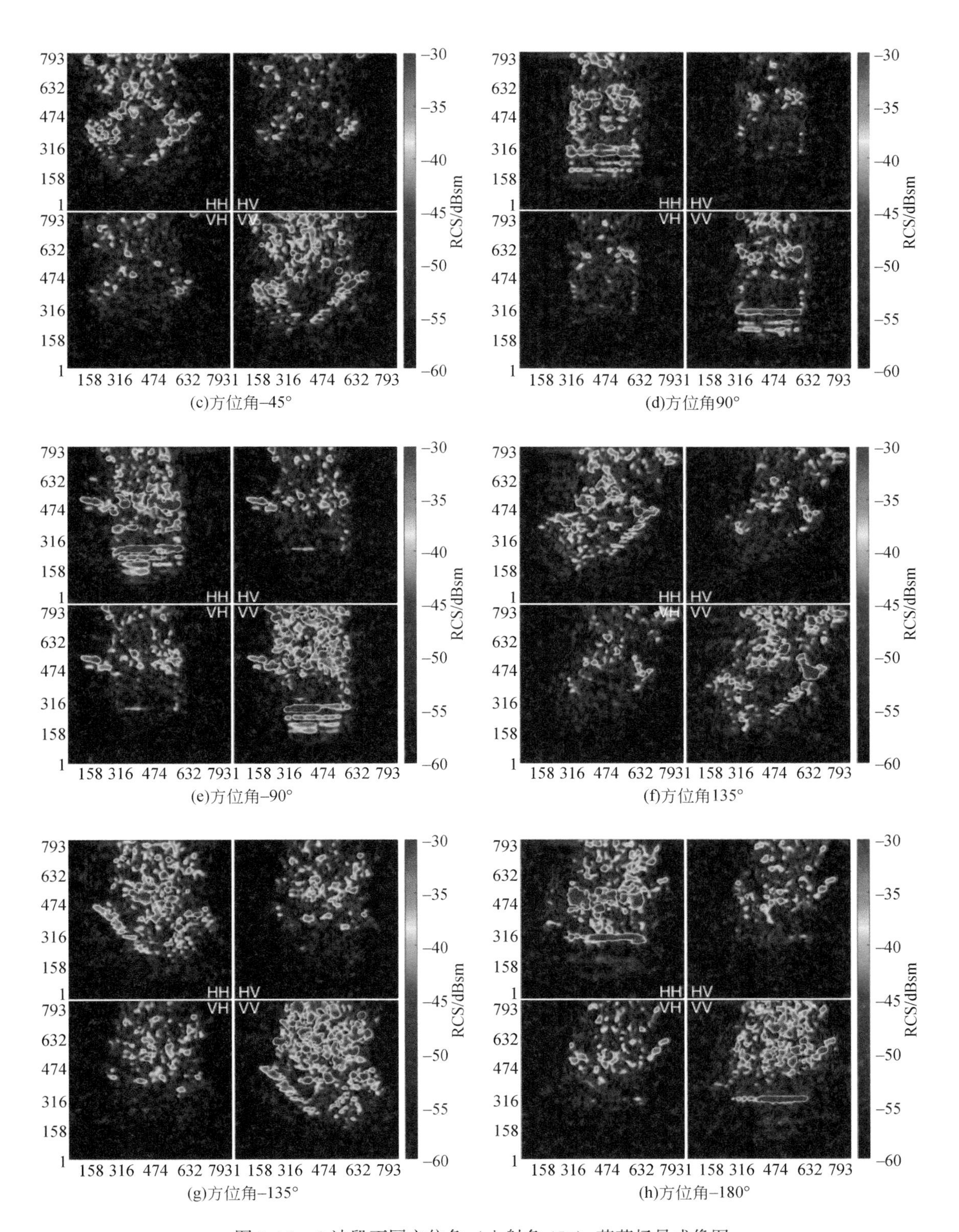

(c)方位角-45°

(d)方位角90°

(e)方位角-90°

(f)方位角135°

(g)方位角-135°

(h)方位角-180°

图 5.16　C 波段不同方位角（入射角 45°）芦苇场景成像图

5.3 全要素连续波谱茭白散射特性实验结果

5.3.1 茭白雷达后向散射特性测量结果

1. 雷达截面（RCS）-入射波频率（f）

不同入射角茭白散射曲线经光滑处理后如图 5.17～图 5.21 所示。在 15°入射角条件下，茭白四种极化散射特征各不相同。HH 极化 RCS 基本都大于其他极化方式，在低频（2～6.8GHz）处 RCS 呈减少趋势，在 6.8GHz 处 RCS 最小，后向散射最弱，在 6.8～17GHz 处 RCS 后向散射缓慢增大。整体上 HV 极化和 VH 极化散射曲线随频率增加 RCS 呈增大趋势，并且在 6～17GHz 增加得比较明显。2～7GHz 低频部分比 7～17GHz 高频部分同极化与交叉极化差值更明显。

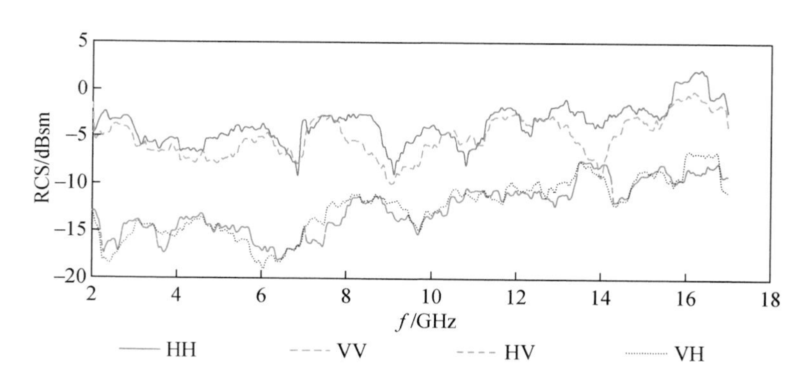

图 5.17　15°入射角 0°方位角茭白雷达截面随频率变化散射曲线

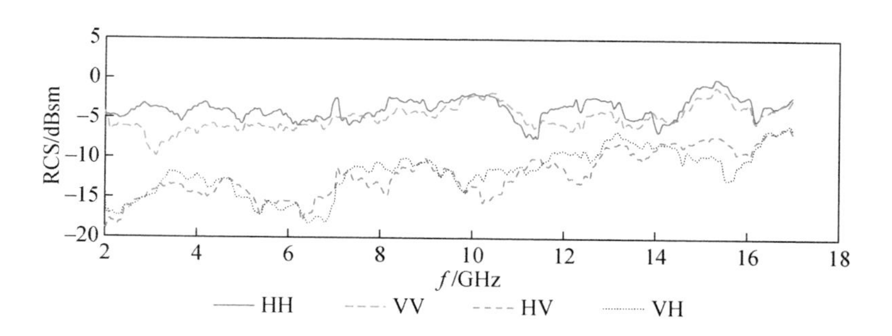

图 5.18　25°入射角 0°方位角茭白雷达截面随频率变化散射曲线

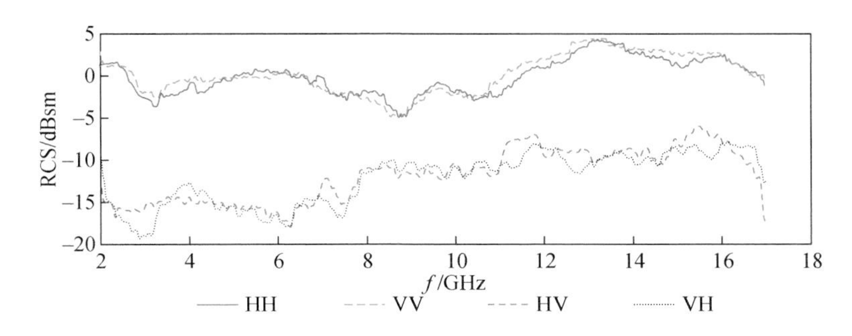

图5.19 35°入射角0°方位角茭白雷达截面随频率变化散射曲线

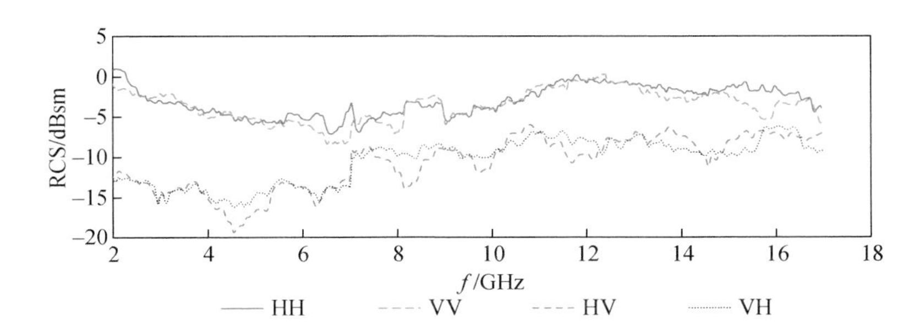

图5.20 45°入射角0°方位角茭白雷达截面随频率变化散射曲线

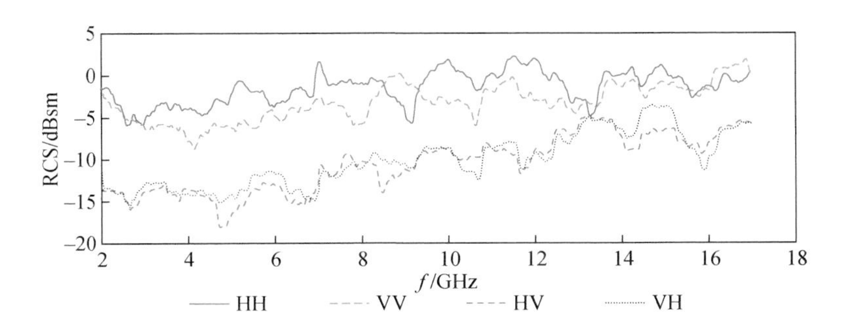

图5.21 55°入射角0°方位角茭白雷达截面随频率变化散射曲线

当入射角为25°时，2～10GHz频段4个极化RCS随频率增加缓慢增加，并且交叉极化增加的幅度比同极化要大，6.5GHz处同极化与交叉极化差值最大。当入射角为35°时，同极化与交叉极化RCS相差比较明显，高频部分RCS略大于低频部分。当入射角为45°时，同极化和交叉极化RCS先缓慢减小再慢慢增加，在7GHz时两者差异最小，低频部分同极化和交叉极化RCS差值比高频部分要明显。当入射角为55°时，8.4～9.2GHz处HH极化RCS小于VV极化，其他频段HH极化RCS明显大于VV极化，四种极化RCS随频率增加缓慢增大。

无论哪种入射角，不同频率茭白散射值基本保持在−20～5dBsm，同极化 RCS 大于交叉极化，并且当入射角为35°和45°时，茭白在低频（4～7GHz）部分比高频（7～18GHz）部分的差值更明显。当入射角为35°和45°时，HH 极化和 VV 极化 RCS 比较接近；当入射角为55°时，HH 极化与 VV 极化差异明显。通过几种不同入射角散射曲线对比可以看出，如果利用同极化和交叉极化之间的差异进行茭白监测，低频部分比高频部分更适合并且当入射角为35°时效果最佳，如果利用 HH 极化和 VV 极化之间的差异监测茭白，55°入射角更适合。

2. 雷达截面（RCS）−入射角（θ）

在3.2GHz 频率观测条件下，茭白 HH/HV/VH/VV 四极化雷达截面（RCS）随入射角的变化规律如图5.22所示。可以看出，随着入射角的增大，HH 极化后向散射截面（RCS）随入射角的增加呈现缓慢增加的趋势，VV 极化 RCS 呈现波动变化，且在入射角为25°时 RCS 最小。HV 极化和 VH 极化后向散射截面随入射角增加没有明显的增大或减小趋势，两者变化趋势较一致。不同入射角同极化 RCS 与交叉极化 RCS 差值明显，相差为5～16dBsm。

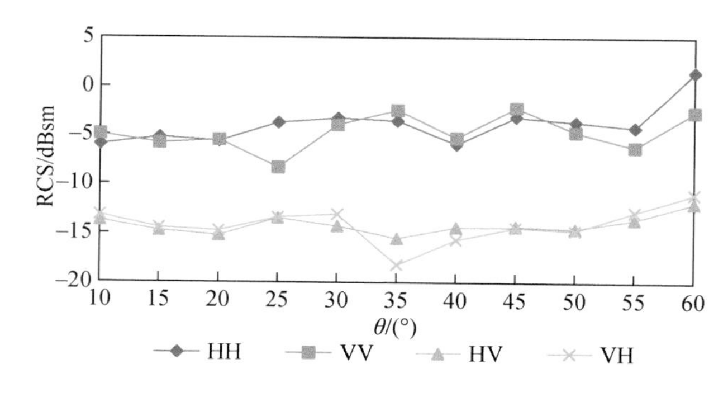

图5.22　茭白3.2GHz 频率下雷达截面随入射角的变化规律

在5.3GHz 频率观测条件下，茭白 HH/HV/VH/VV 四极化雷达截面（RCS）随入射角的变化规律如图5.23所示。可以看出，随着入射角的增大，HH 极化后向散射截面（RCS）随入射角的增加呈现缓慢增加的趋势，且当入射角为35°时后向散射截面积明显增加，增幅为5dBsm，VV 极化 RCS 只在入射角为35°和60°时增幅较大，其他入射角时 RCS 基本变化不大。HV 极化和 VH 极化后向散射截面随入射角增加呈现波动减小变化趋势，并且变化趋势较一致。不同入射角同极化 RCS 与交叉极化 RCS 差值明显，相差为4～16dBsm。

在9.6GHz 频率观测条件下，茭白 HH/HV/VH/VV 四极化雷达截面（RCS）随入射角的变化规律如图5.24所示。可以看出，随着入射角的增大，HH 极化和 VV 极化变化趋势较一致，两者后向散射截面（RCS）随入射角的增加呈现缓慢增加的趋势，且当入射角为20°时后向散射截面积明显增加，增幅为7dBsm。HV 极化和 VH 极化后向散射截面随入射角增加呈现缓慢增加趋势，当入射角为 30°时增幅最明显。不同入射角同极化 RCS 与交叉极化 RCS 差值明显，相差为 3～16dBsm。

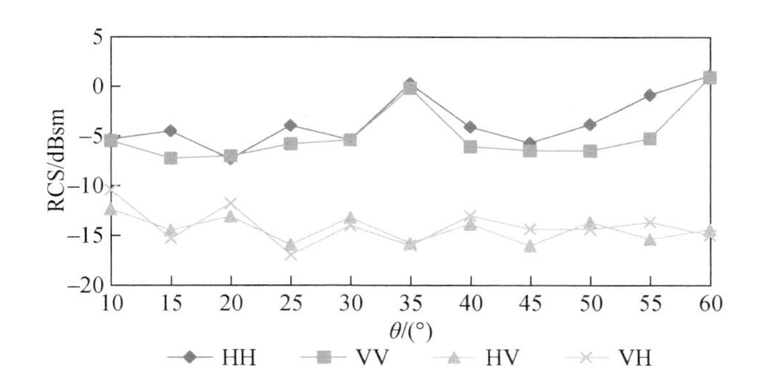

图 5.23　茭白 5.3GHz 频率下雷达截面随入射角的变化规律

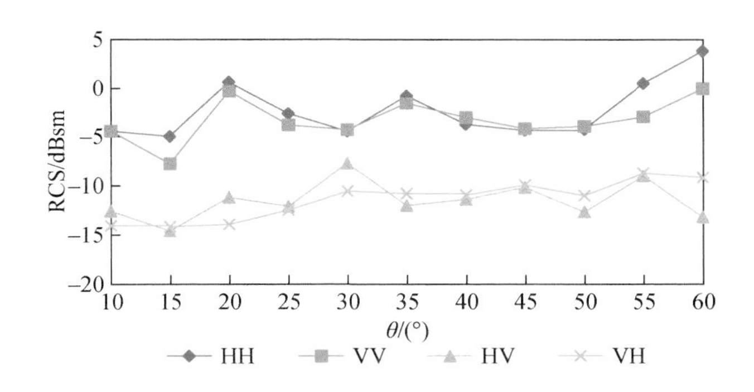

图 5.24　茭白 9.6GHz 频率下雷达截面随入射角的变化规律

在 15.0GHz 频率观测条件下，茭白 HH/HV/VH/VV 四极化雷达截面（RCS）随入射角的变化规律如图 5.25 所示。可以看出，随着入射角的增大，HH 极化和 VV 极化变化趋势较一致，两者后向散射截面（RCS）随入射角的增加呈现缓慢增加的趋势，且当入射角为 35°时后向散射截面积明显增加，增幅为 5dBsm。HV 极化和 VH 极化后向散射截面随入射角增加呈现缓慢增加趋势，当入射角为 20°时增幅最明显。当入射角为 20°和 40°时，同极化和交叉极化 RCS 比较接近，其他入射角时同极化 RCS 与交叉极化 RCS 有所差异，最大差值不超过 10dBsm。

与芦苇一致，无论哪种频率，茭白 HH 极化和 VV 极化的 RCS 均大于 HV/VH 极化，并且 HH 极化、VV 极化与 HV/VH 极化差值在 S 波段最大，其次是 C 波段和 X 波段，Ku 波段相差最小。与芦苇不同的是，茭白 HH 极化和 VV 极化差值特别小，这是因为茭白浓密叶片宽而长并且倾角大，形状呈现类抛物线弧形，HH 极化和 VV 极化的衰减相当，而芦苇细高叶片窄而短，垂直结构较好，HH 极化衰减比 VV 极化衰减小。这种极化差异可以用来分类并识别不同形态湿地地物。

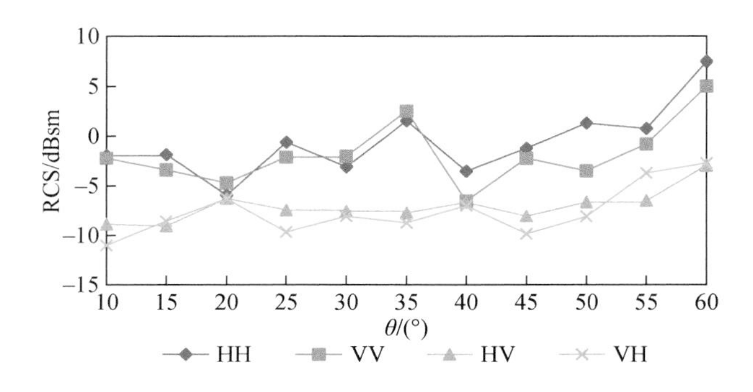

图 5.25 茭白 15.0GHz 频率下雷达截面随入射角的变化规律

5.3.2 茭白多极化 SAR 成像特性测量结果

1. 不同频率的成像结果

不同波段（C 波段、X 波段、Ku 波段）45°入射角茭白成像如图 5.26 所示，可以看出，与芦苇成像结果类似，C 波段成像结果较丰富，在影像上表现出密集的斑点，同极化比交叉极化散射信号强。X 波段和 Ku 波段散射较弱，HH 极化和 VV 极化成像图上有少量亮线，HV 极化和 VH 极化成像图后向散射较弱。由于 C 波段穿透性比 X 波段和 Ku 波段强，C 波段与冠层充分相互作用，体散射较强，而且下垫面水与茭白叶片之间的二次散射也较强。X 波段和 Ku 波段穿透性弱，X 波段和 Ku 波段的后向散射主要来自茭白表层，所以散射回波信息入射弱。

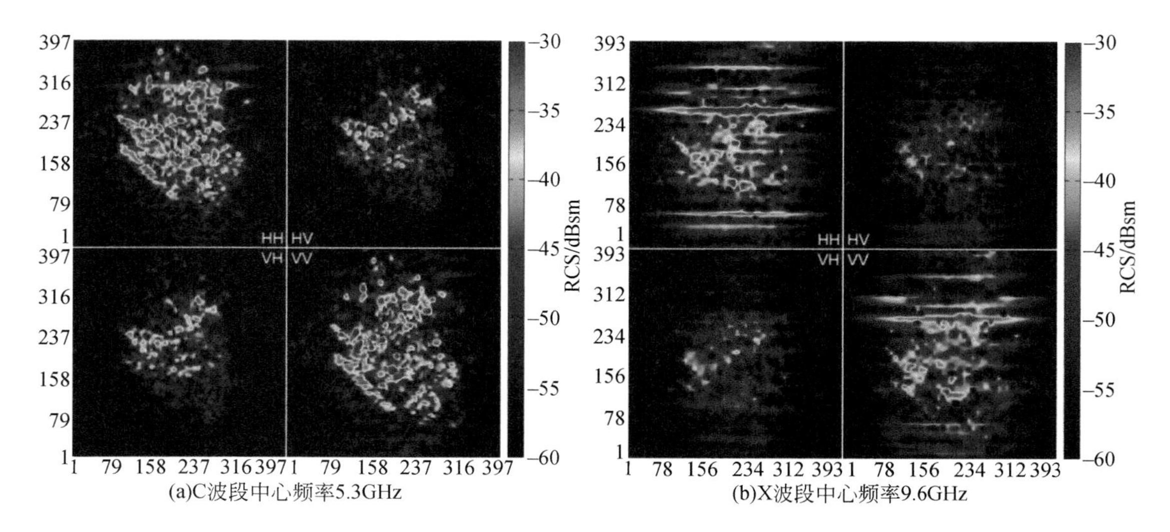

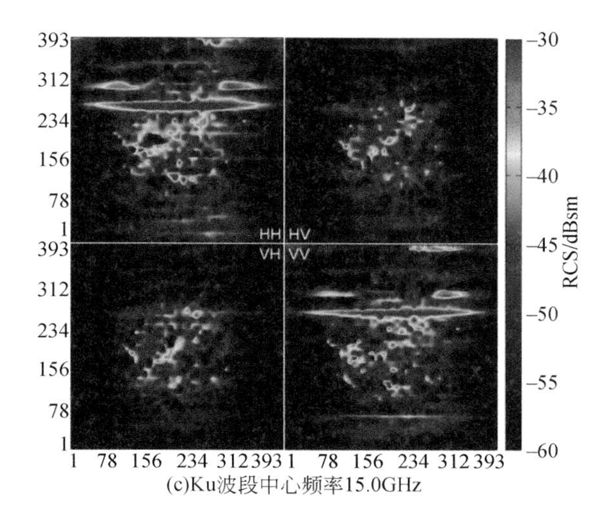

图 5.26　45°入射角茭白成像图（方位角–135°）

2. 不同入射角的成像结果

在 C 波段不同入射角条件下，茭白均在图像中间区域呈现出矩形成像结果，并且随着入射角增加，矩形区域在距离向有明显的压缩现象。25°入射角散射主要来自茭白冠层顶部，散射强度大，图像上呈现出明显的冠层区。另外由于茭白植株粗大，叶片密集较长，在矩形边缘外也有散射信号。随着入射角增大，除了冠层散射，还有茎秆及下垫面的散射。电磁波穿过茎秆，茎秆与下垫面相互作用，能量有所衰减，所以 35°入射角茭白散射强度稍微弱一些。茭白在 45°入射角时成像信息较明显，HH 极化和 VV 极化散射强度比较均一，交叉极化散射信号明显弱于同极化。在 55°入射角下，矩形中部茭白的散射强度减弱，这是因为同极化冠层与下垫面之间的二次散射明显，入射角越大，电磁波穿越冠层的路径越长，更容易形成二面角散射（图 5.27）。

3. 不同方位角的成像结果

C 波段 45°入射角不同方位角茭白成像结果如图 5.28 所示，可以看到，在所有方位角的成像结果中，茭白 HH 极化和 VV 极化在图像中间呈现出密集斑点状的显示结果，与低 RCS 背景有高对比度。HV 极化和 VH 极化散射强度要弱一些，斑点状的显示结果更稀疏一些。另外，0°、90°、–90°、–180°方位角的茭白呈现出较规则的矩形成像结果，而 45°、–45°、135°、–135°方位角密集斑点成像结果呈现不规则形状。

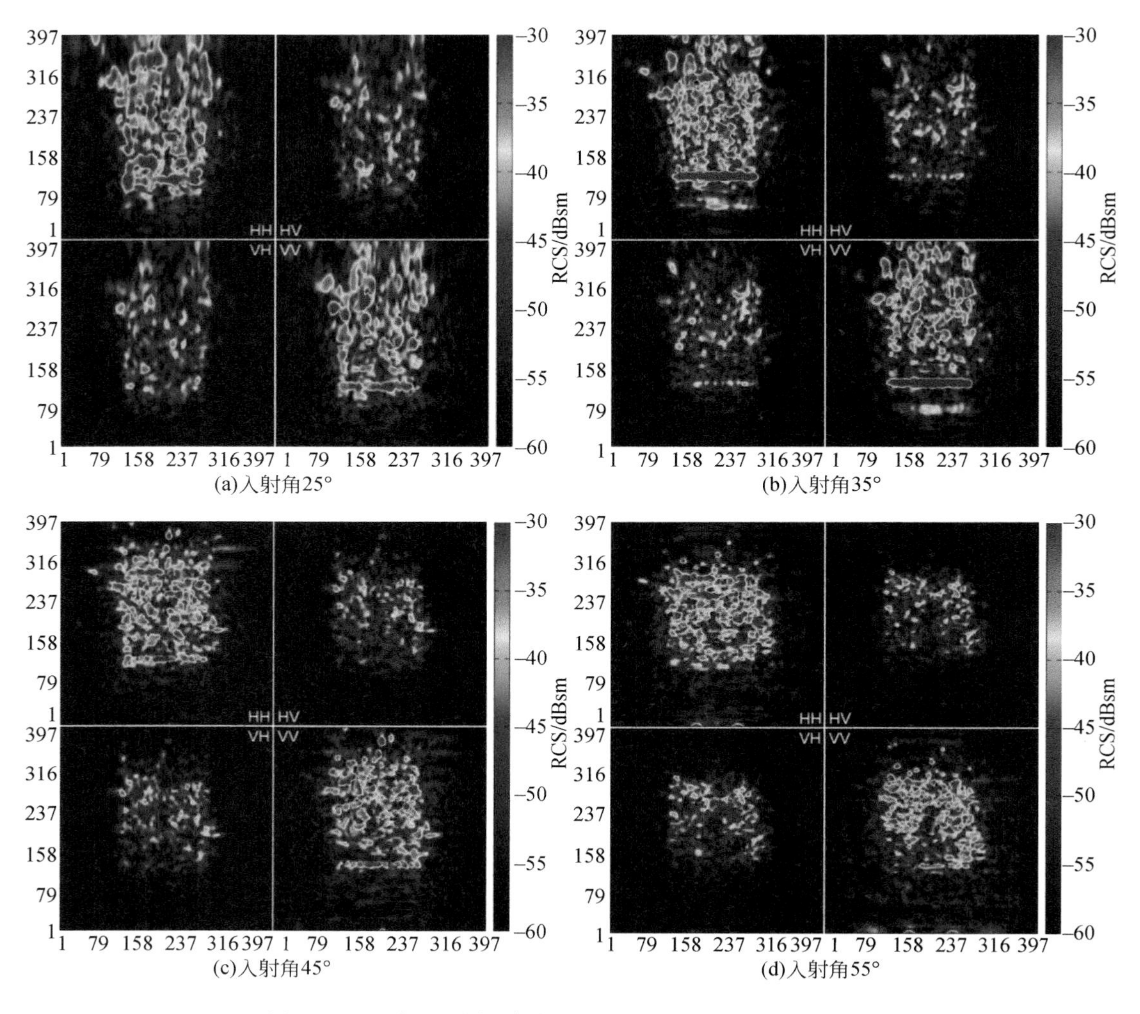

(a)入射角25°　(b)入射角35°

(c)入射角45°　(d)入射角55°

图 5.27　C 波段不同入射角（方位角 0°）茭白场景成像图

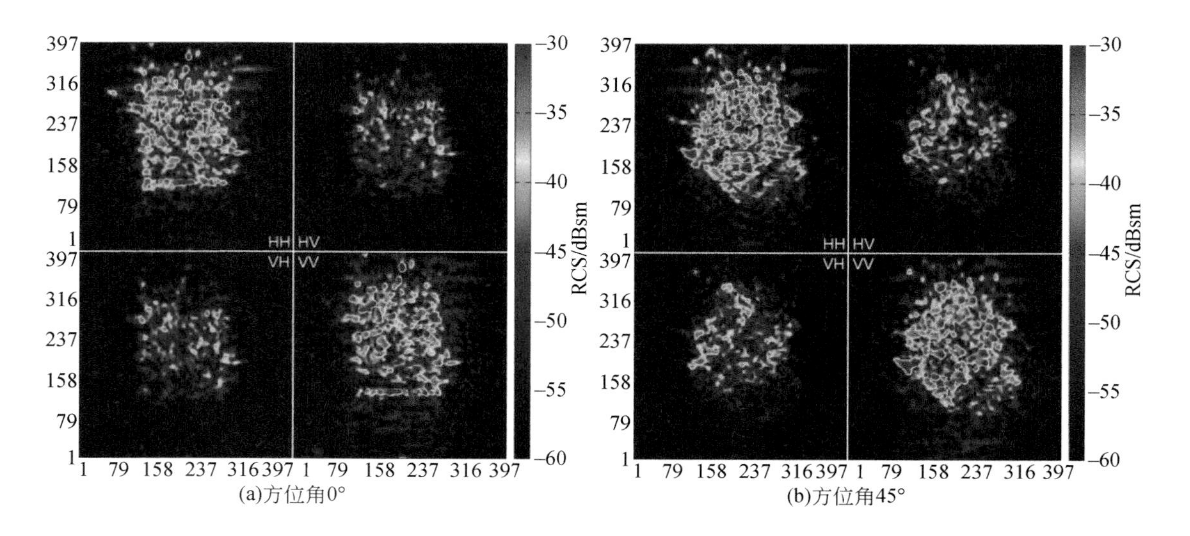

(a)方位角0°　(b)方位角45°

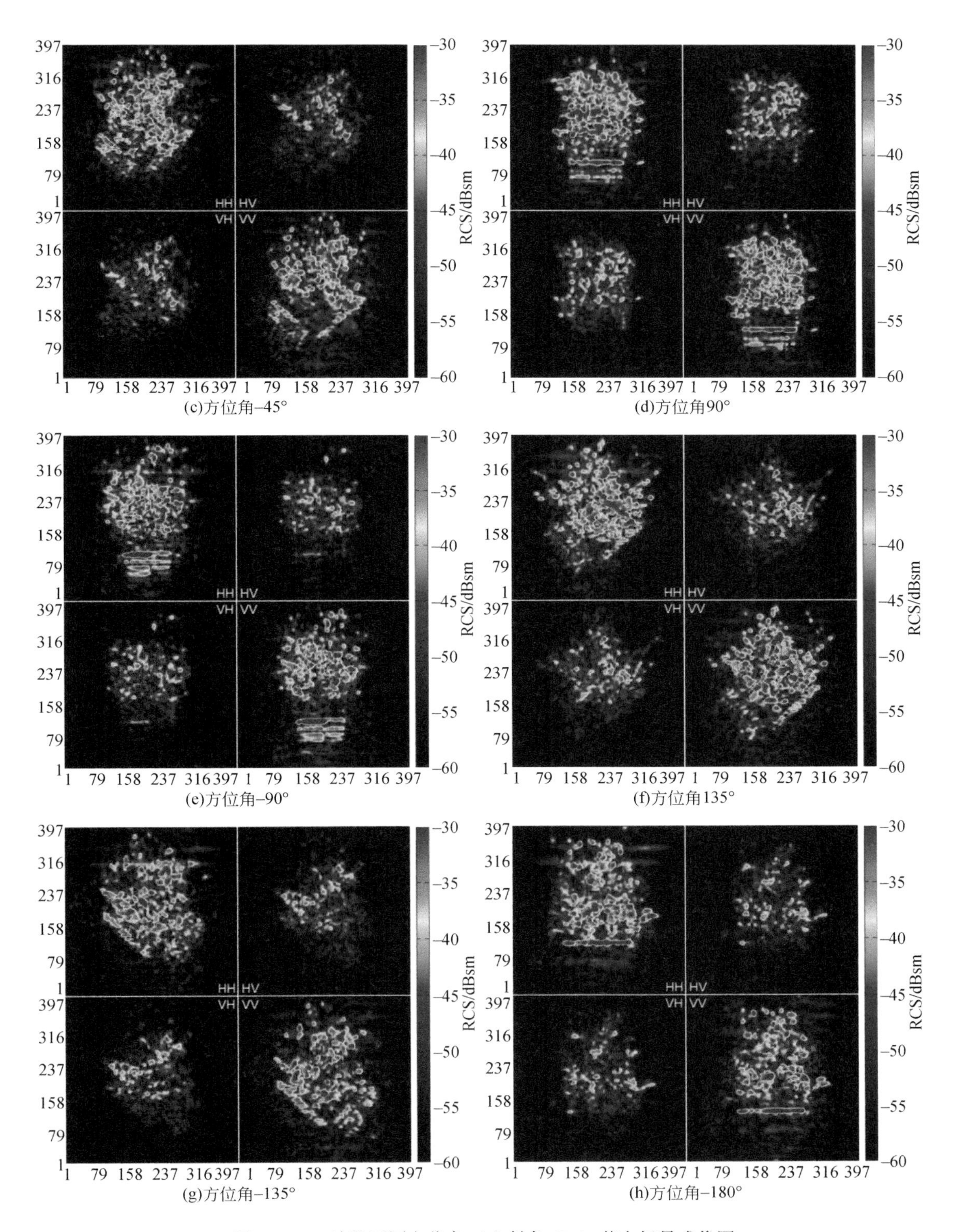

图 5. 28　C 波段不同方位角（入射角 45°）茭白场景成像图

5.4 芦苇和茭白散射特性对比与最优探测模式分析

通过前面分析芦苇、茭白散射曲线特性，我们发现在入射角为35°时芦苇和茭白低频部分同极化与交叉极化差异都比较明显。为了更好地分析芦苇和茭白散射特性，我们进一步对比分析了35°入射角不同频点HH极化、VV极化和HV极化两者的RCS，如表5.2所示。低频部分，HH极化和VV极化茭白RCS比芦苇要大，但基本没超过3dBsm，HV极化上部分频点芦苇RCS大于茭白，两者差值也比较小。这是由于茭白叶片密集，含水量大，当入射角为35°时大量波束被散射回去，而芦苇细高，波束穿透冠层后衰减得多，散射能量要弱一些。

表5.2 芦苇和茭白35°入射角0°方位角部分低频频点RCS对比表

入射角/(°)	频率/GHz	HH极化RCS/dBsm			VV极化RCS/dBsm			HV极化RCS/dBsm		
		芦苇	茭白	芦苇与茭白RCS差值	芦苇	茭白	芦苇与茭白RCS差值	芦苇	茭白	芦苇与茭白RCS差值
35	2	3.80	1.24	2.56	1.18	2.94	-1.76	-11.39	-12.83	1.44
	2.5	-0.82	1.00	-1.82	-0.23	1.20	-1.43	-13.31	-15.80	2.49
	3	-4.54	-2.58	-1.96	-2.36	-1.86	-0.50	-16.49	-15.62	-0.87
	3.5	-3.69	-2.32	-1.37	-2.03	-1.10	-0.93	-15.15	-14.38	-0.76
	4	-3.02	-1.17	-1.85	-1.91	-0.52	-1.39	-15.40	-14.38	-1.03
	4.5	-1.56	-1.32	-0.25	-1.29	-0.53	-0.76	-17.13	-14.82	-2.31
	5	-0.26	-0.13	-0.13	-0.66	-0.22	-0.45	-13.86	-15.21	1.35
	5.5	-0.39	0.80	-1.18	-0.01	-0.10	0.09	-13.73	-15.43	1.69
	6	-0.47	0.52	-0.99	-0.35	0.29	-0.65	-15.22	-16.29	1.07
	6.5	-0.36	-0.20	-0.16	-0.83	0.43	-1.26	-12.41	-15.41	3.01
	7	0.49	0.81	-0.32	-0.56	-1.85	1.29	-11.61	-12.15	0.54

为了能进一步区分芦苇和茭白，我们对比分析了不同入射角不同频段芦苇和茭白的HH极化、VV极化、极化比值RCS曲线图和散点图。结果发现，当入射角为20°时，在9~17GHz频率内芦苇VH极化明显大于茭白［图5.29（a）］，利用VH极化可以直接区分芦苇和茭白。同时在VH极化和HH/VV极化散点图上也能区分出两者。茭白的VH极化值小，HH/VV极化比芦苇略大，所以在散点图上位于芦苇的左侧。

当入射角为25°时，芦苇和茭白VV极化和VH极化RCS散点图［图5.30（a）］在7.8~17.0GHz频率范围内分布较好，芦苇的VV极化和VH极化散点分布在茭白的左上方，基本能区分两者。图5.30（b）为芦苇和茭白VH极化与VV/VH极化散点图，茭白的VH极化值小于芦苇，VV极化与VH极化比值也小于芦苇，在散点图上茭白位于芦苇的左下方，基本能区分两者。

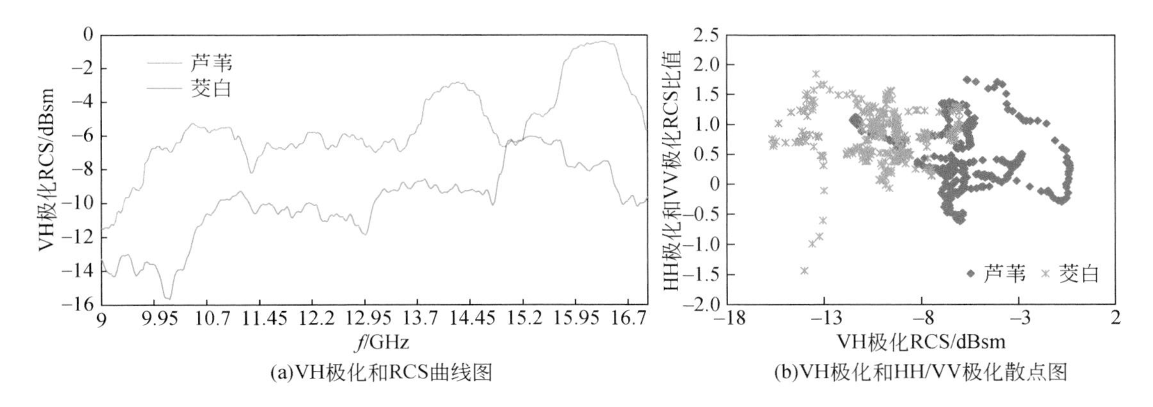

(a)VH极化和RCS曲线图 (b)VH极化和HH/VV极化散点图

图5.29 20°入射角0°方位角9～17GHz芦苇和茭白RCS图

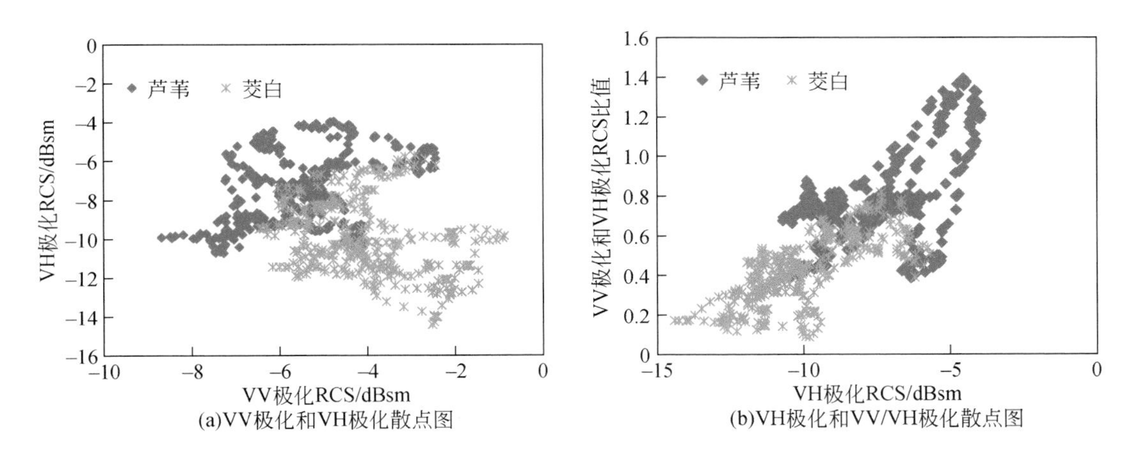

(a)VV极化和VH极化散点图 (b)VH极化和VV/VH极化散点图

图5.30 25°入射角0°方位角7.8～17.0GHz芦苇和茭白RCS散点图

当入射角为55°时，高频部分（7～17GHz）通过HH极化和VV极化RCS散点图可以明显区分芦苇和茭白。从图5.31（a）中可以看出，茭白的HH极化和VV极化RCS小于芦苇，在散点图上位于芦苇的左下侧。同时，还发现同样入射角同样频率下，如图5.31（b）所示，芦苇和茭白的HH极化RCS和HH/HV极化散点图分布较好，茭白的HH极化RCS小于芦苇，但茭白的HH/HV极化值大于芦苇，所以在散点图上位于芦苇的左上侧，两者能明显区分开。

根据上述分析，可以看出，当入射角为20°时，利用9～17GHz频率内芦苇和茭白VH极化差异基本可以直接区分两者；当入射角为25°时，利用7.8～17.0GHz频率内VV极化和VH极化RCS散射特征值基本可以区分两者；当入射角为55°时，利用7～17GHz频率内HH极化和VV极化RCS散射特征值可以很好地区分两者。

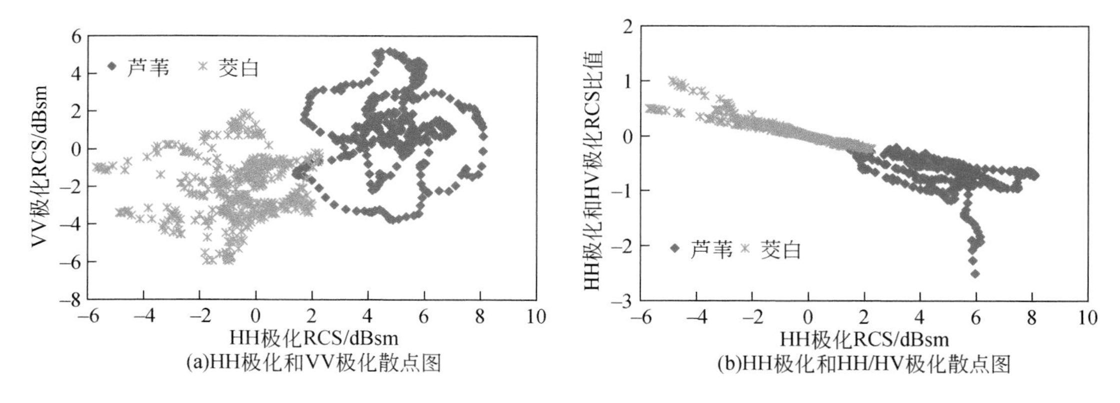

图 5.31 55°入射角 0°方位角 7 ~ 17GHz 芦苇和茭白 RCS 二维散点图

参考文献

Zhang M, Li Z, Tian B, et al., 2016. The backscattering characteristics of wetland vegetation and water-level changes detection using multi-mode SAR: a case study. International Journal of Applied Earth Observation and Geoinformation, 45: 1-13.

第 6 章　陆表场景微波散射特性测量与分析

6.1　实验设计方案

实验设计包括目标采集、场景制备、实验参数设置、实验平台定标测量、测量数据后处理等。选择土壤、水体和植被三类混合地物场景作为典型陆表场景进行微波散射特性测量实验，将采集的草块、土壤、水体按照图 6.1 铺设，测量包含两个场景，分别为 LB01 及 LB02。

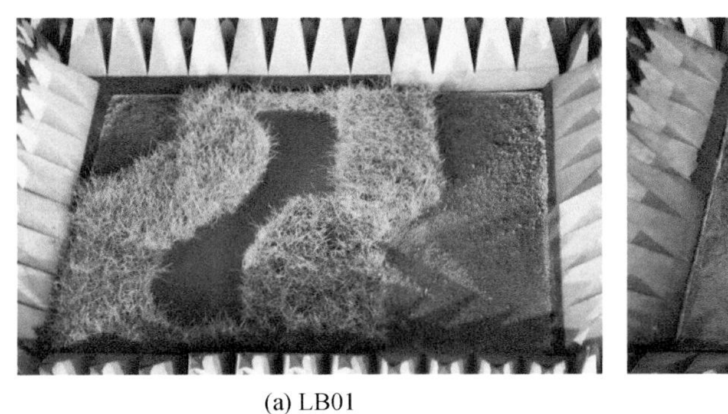

(a) LB01

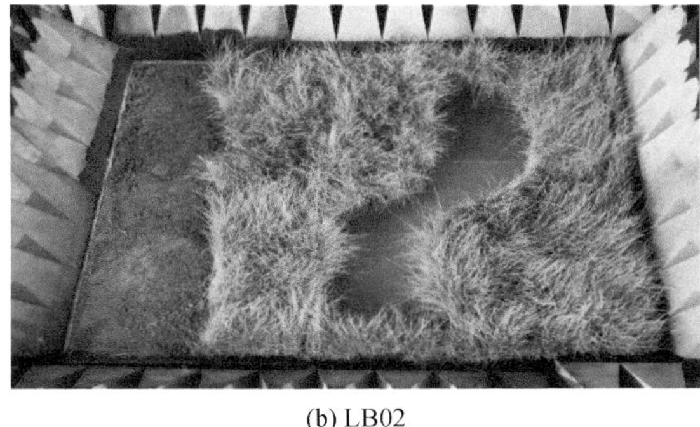

(b) LB02

图 6.1　陆表场景制备图

两个场景容器采用的尺寸为 160cm×120cm×30cm，土壤与容器上边缘齐平，土壤为南方典型黄土，土壤、草地设计参数如表 6.1 所示。场景面积按照容器的长和宽计算，土壤湿度的计算按照实验测量间隙中多次测量再求平均所得；草地高度的测量是随机抽取两个场景的草地，在室内随机抽取八株草测量其株高再求平均所得；土壤粗糙度利用激光扫描仪测量其裸土表面的 DEM（数字高程模型），再求解其均方根高度即为粗糙度。

表 6.1　场景设计参数表

	裸土/草地/水体比例	场景面积/m^2	土壤湿度/%	草地高度/cm	土壤粗糙度
LB01	1：1：1	1. 92	18. 38	11. 89	0. 9451
LB02	0. 75：1. 25：1	1. 92	28. 12	23. 77	0. 9451

实验测量包含散射特性测量和 ISAR 成像测量。在参数设计方面，主要测量了 0. 8 ~ 20. 0GHz 范围内不同入射角、不同方位角下陆表场景的散射特性。其中仿真成像实验及散射特性测量实验入射角测量范围为 10° ~60°，步长设置为 10°，方位角测量范围为-135° ~ 180°，测量步长为 45°。频率上，分成低频（0. 8 ~ 7. 0GHz）和高频（6 ~ 20GHz），具体测量参数如表 6. 2 所示。

表 6. 2　陆表场景测量参数表

散射特性测量			成像实验测量		
频率	范围/GHz	0. 8 ~ 20. 0	频率	范围/GHz	0. 8 ~ 20. 0
	步进/GHz	0. 005		波段	L/S/C/X/Ku
	个数/个	3841		个数/个	5
方位角	范围/(°)	-180 ~ 180	方位角	范围/(°)	-180 ~ 180
	步进/(°)	45		步进/(°)	45
	个数/个	8		个数/个	8
入射角	范围/(°)	10 ~ 60	入射角	范围/(°)	10 ~ 60
	步进/(°)	10		步进/(°)	10
	个数/个	6		个数/个	6
极化	极化方式	HH/VV/HV/VH	极化	极化方式	HH/VV/HV/VH
	个数/个	4		个数/个	4
数据集/条	737472		数据集/条	960	

6. 2　实验过程

两个场景在 0° ~ 90°方位角的测量视角如图 6. 2 所示，方位角的正向变化是平台逆时针旋转方向。测量过程中保持室内测量温度为 20 ~ 28℃、湿度为 70% 以下，在每一次测量结束后，测量人员会及时测量土壤湿度并进行记录。

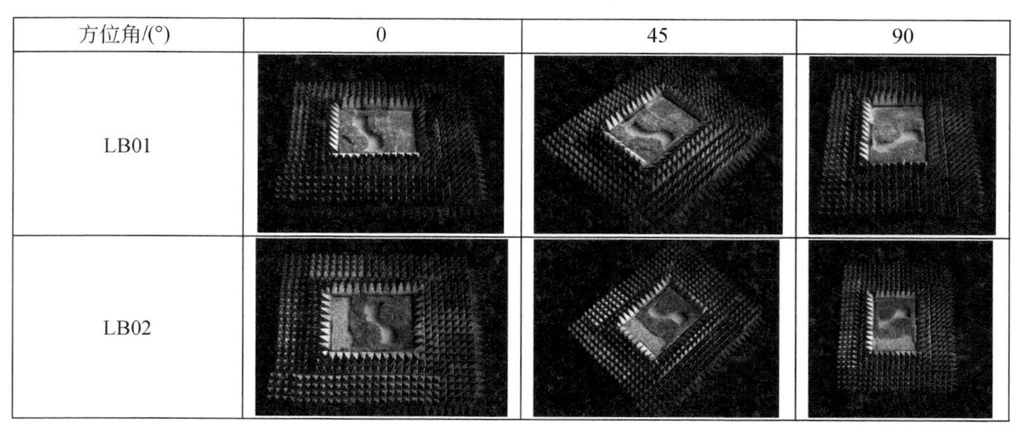

图 6. 2　陆表场景测量过程中不同方位向图示

6.3　全要素连续波谱陆表场景散射特性实验结果

1. 雷达截面（RCS）-不同方位入射波频率（f）

测量后的数据经过定标和相关处理后即可生成散射曲线。散射曲线代表陆表不同频段、不同入射角的散射特性。图6.3～图6.5分别展示了不同方位角0.8～20.0GHz陆表场景的散射曲线特征。

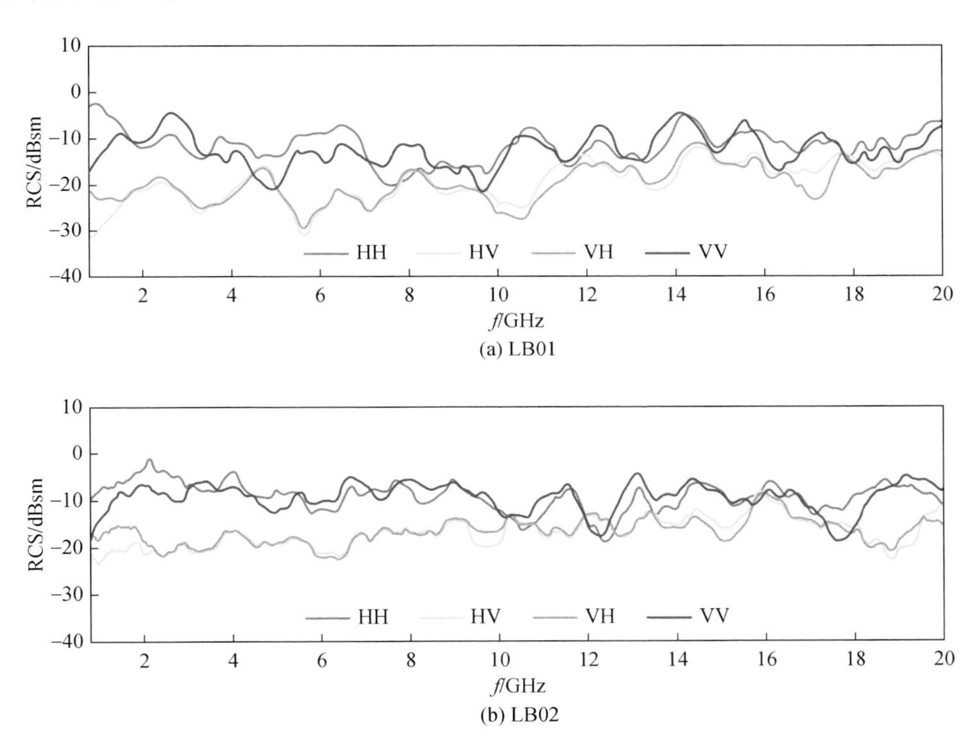

图6.3　20°入射角0°方位角陆表场景全极化散射

在20°入射角0°方位角条件下，两个陆表场景的HH/HV/VH/VV四极化散射特征各不相同。HH/VV极化RCS基本都大于HV/VH极化方式，特别是在低频部分比较明显，在高频10～20GHz范围内，同极化与交叉极化的RCS差值呈减少趋势。整体上LB02的四极化对应的RCS比LB01略高，两个场景的RCS随频率变化趋势基本一致。

在同一个入射角下，接收天线在不同方位角获取的回波信号也不太相同，在45°方位角下，LB02的同极化与交叉极化的差值较于其他方位角偏小。

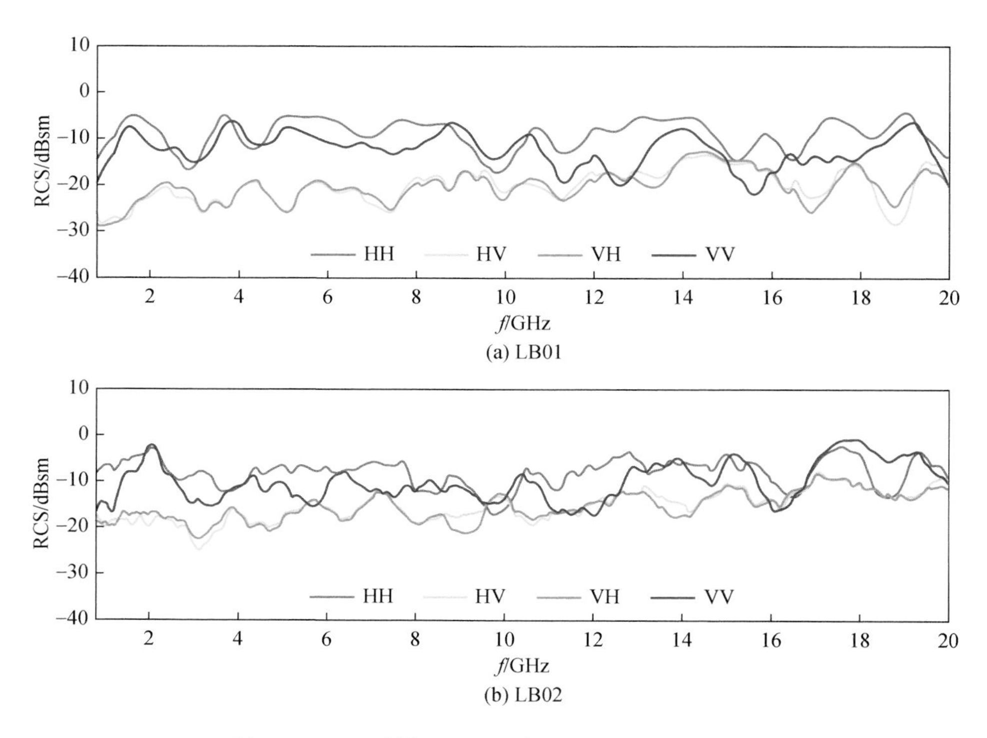

图 6. 4　20°入射角 45°方位角陆表场景全极化散射

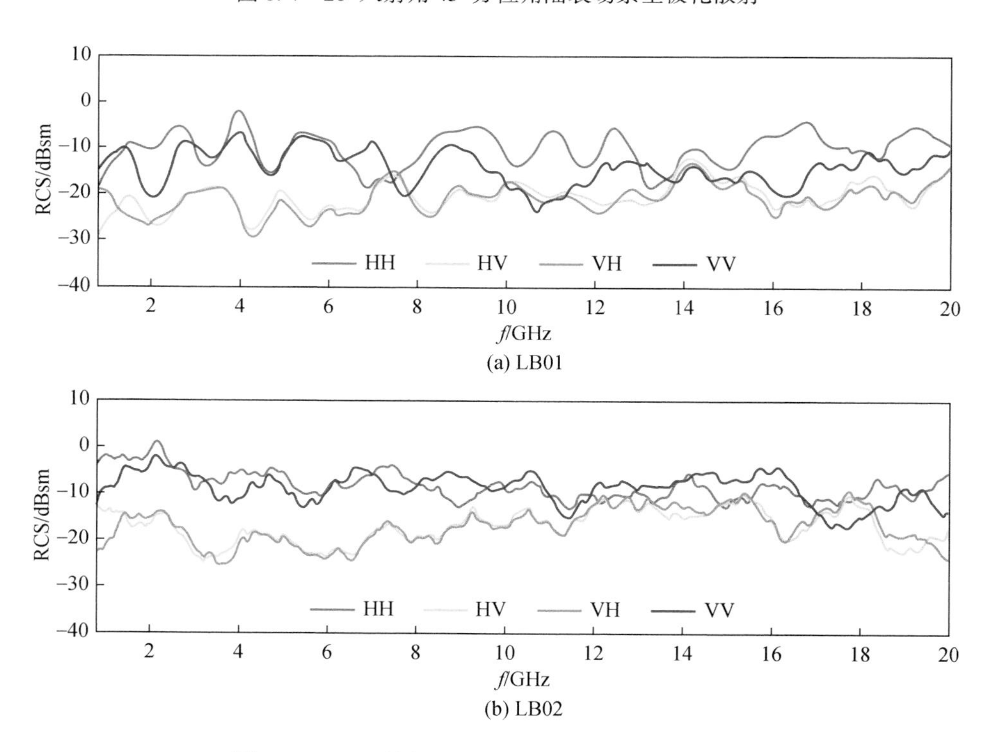

图 6. 5　20°入射角 90°方位角陆表场景全极化散射

2. 雷达截面（RCS）-入射角（θ）

在ISAR成像结果图像上，通过人工分别圈选两个陆表场景的植被、水体、草地三类地物目标的感兴趣区（region of interest，ROI），并求得ROI范围内的RCS均值。分别统计不同方位、不同波段范围内的RCS。

随着入射角增大，三类地物目标的RCS整体呈现减小的趋势，整体上HH/VV极化对应的RCS略高于HV/VH极化对应的RCS。在C波段0°方位角中，LB01场景HH/VV极化的裸土目标和草地目标对应的RCS基本一致，不易区分，而在交叉极化中草地和裸土的区分较明显，尤其在入射角大于20°以后，草地比裸土RCS大10dBsm左右；在C波段0°方位角中LB02场景中，由于土壤湿度增加至23%，草地长度增加至23cm，土壤和草地HH/HV/VH/VV极化对应的RCS基本一致，不易区分，而随着频率的增加，在X波段、Ku波段中，土壤和草地的HH/VV极化信息区分明显，尤其在入射角为10°~40°时（图6.6~图6.8）。

在C波段中随着方位角的增大，LB01场景的草地、裸土HH/VV极化信息区分明显，尤其在45°方位角40°入射角下和90°方位角30°入射角下草地的RCS比土壤高10dBsm左右；在LB02场景中，随着方位角的增大，土壤HH/VV极化信息随入射角增加而减小的幅度增大，而草地和水体的变化趋势更小一些（图6.9、图6.10）。

以20°入射角0°方位角的统计数据为例，如表6.3所示，三类目标在C波段LB01的土壤目标HH/VV极化比LB02的小6dBsm，而HV/VH极化则相差了10dBsm左右；LB01与LB02的水体、草地的HH/VV极化的RCS基本一致。

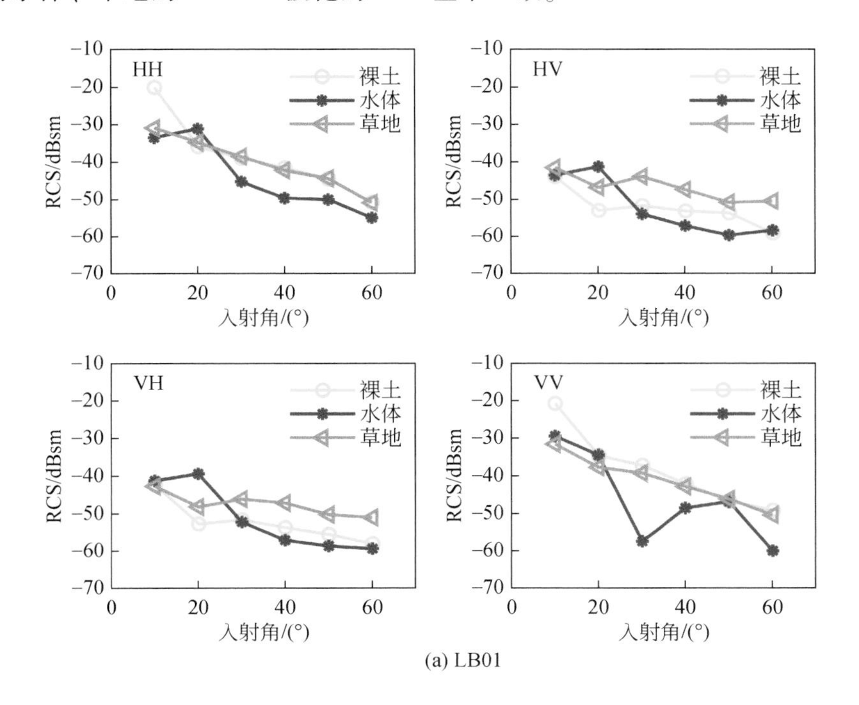

(a) LB01

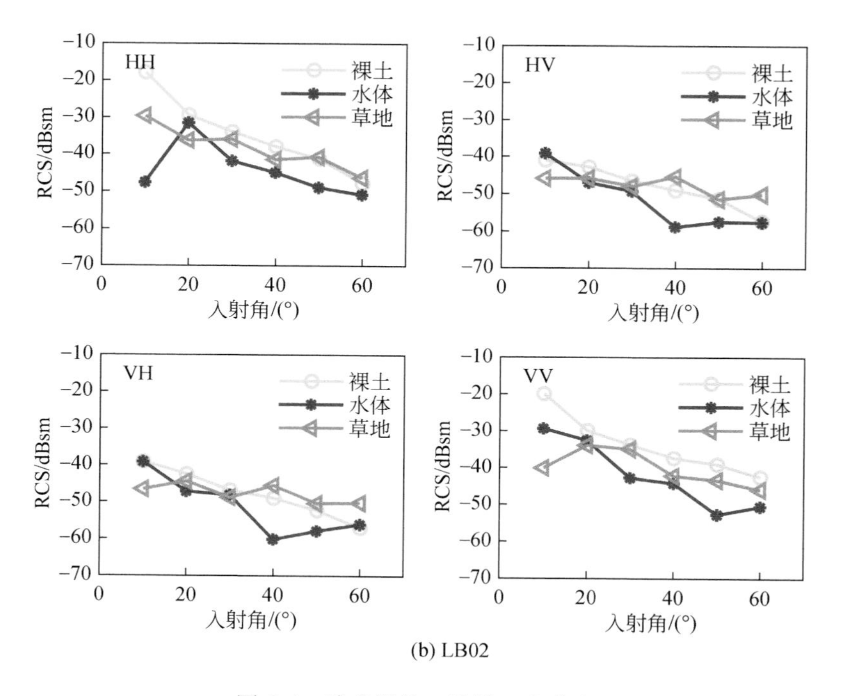

(b) LB02

图 6.6 陆表场景 C 波段 0°方位角

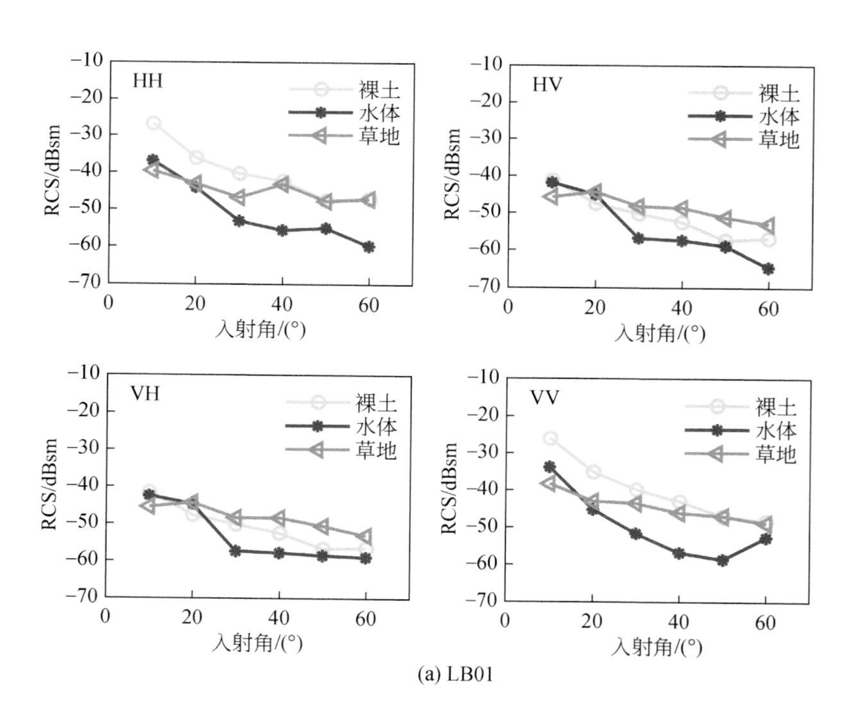

(a) LB01

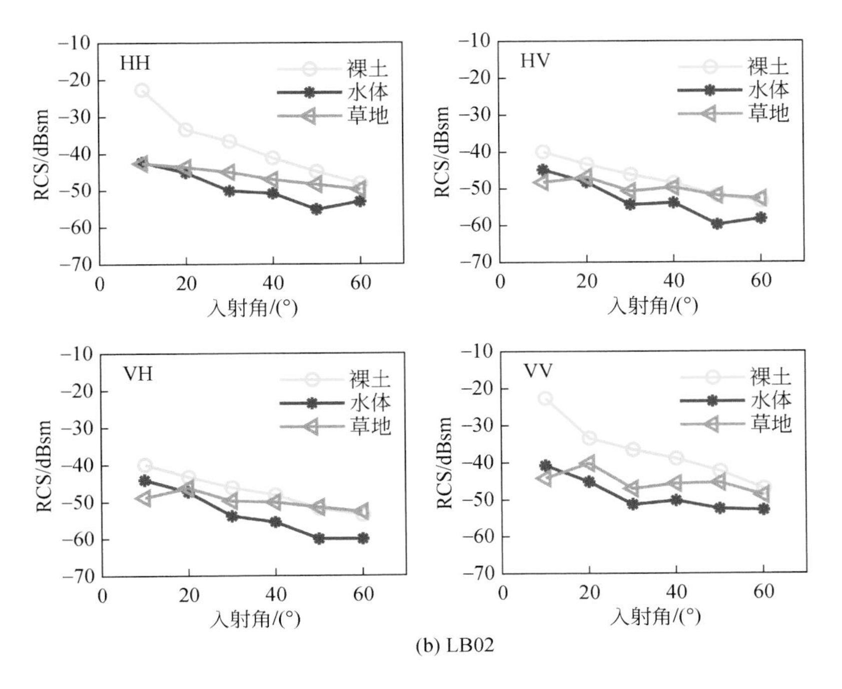

(b) LB02

图6.7 陆表场景X波段0°方位角

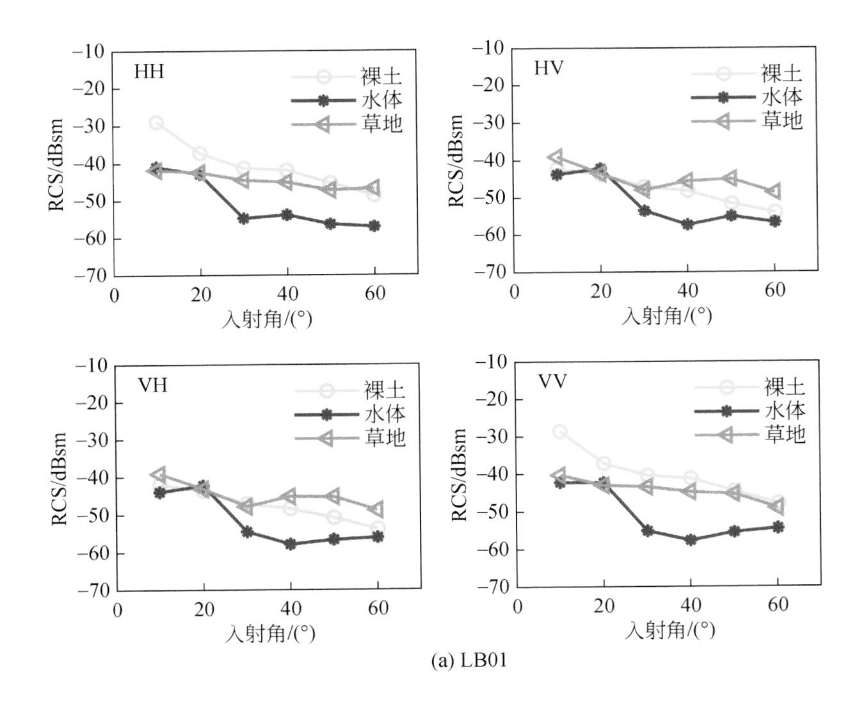

(a) LB01

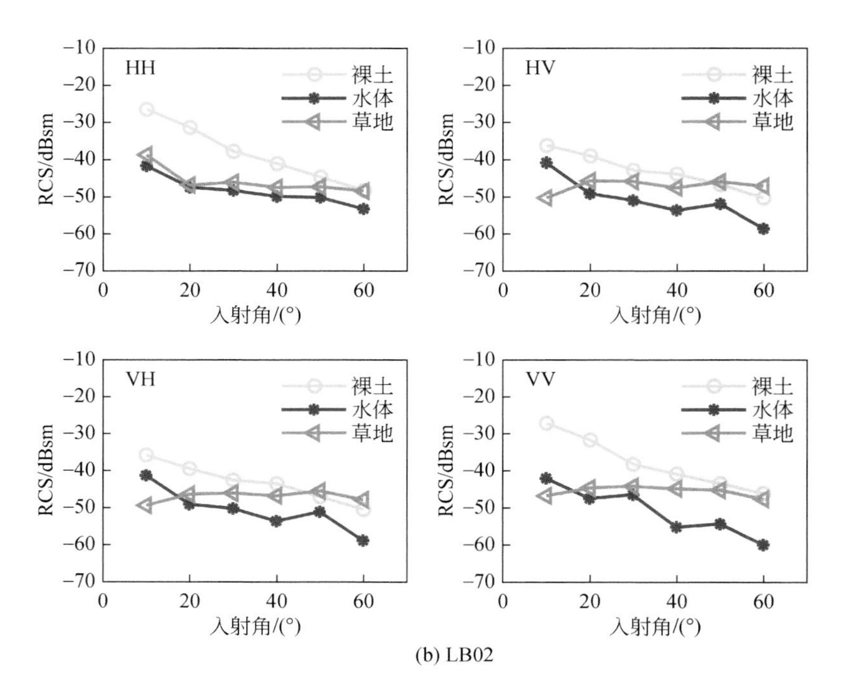

(b) LB02

图 6.8　陆表场景 Ku 波段 0°方位角

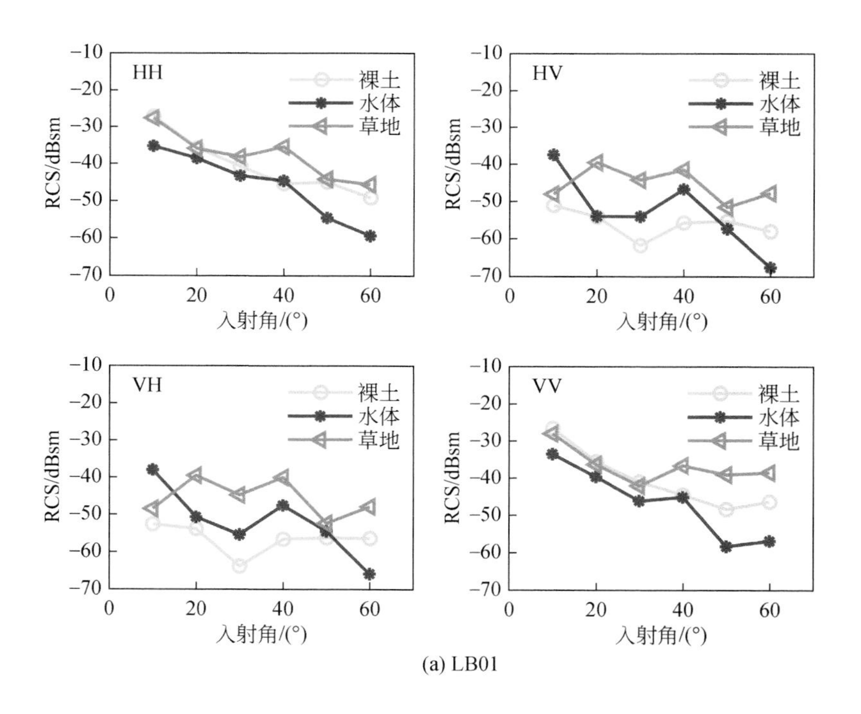

(a) LB01

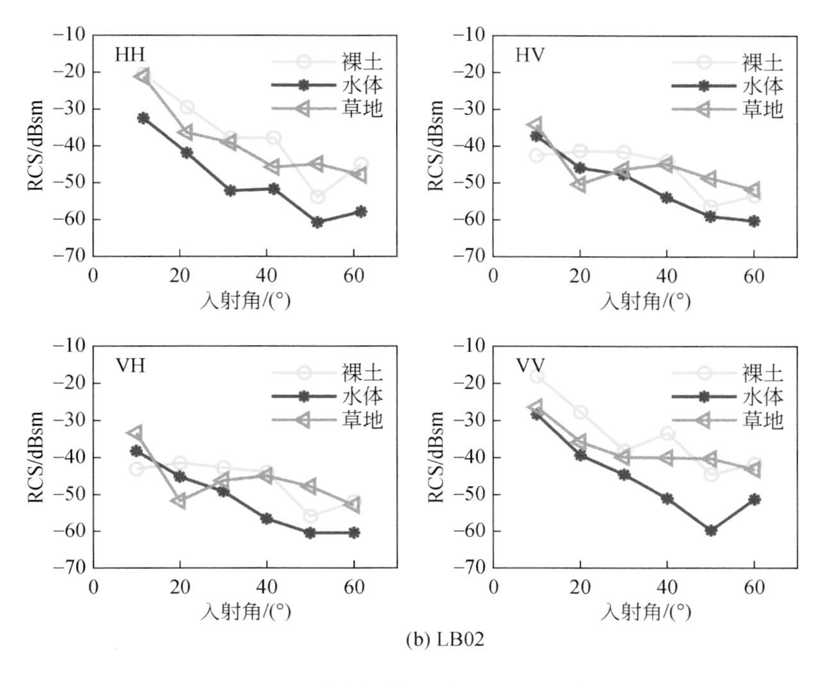

(b) LB02

图 6.9　陆表场景 C 波段 45°方位角

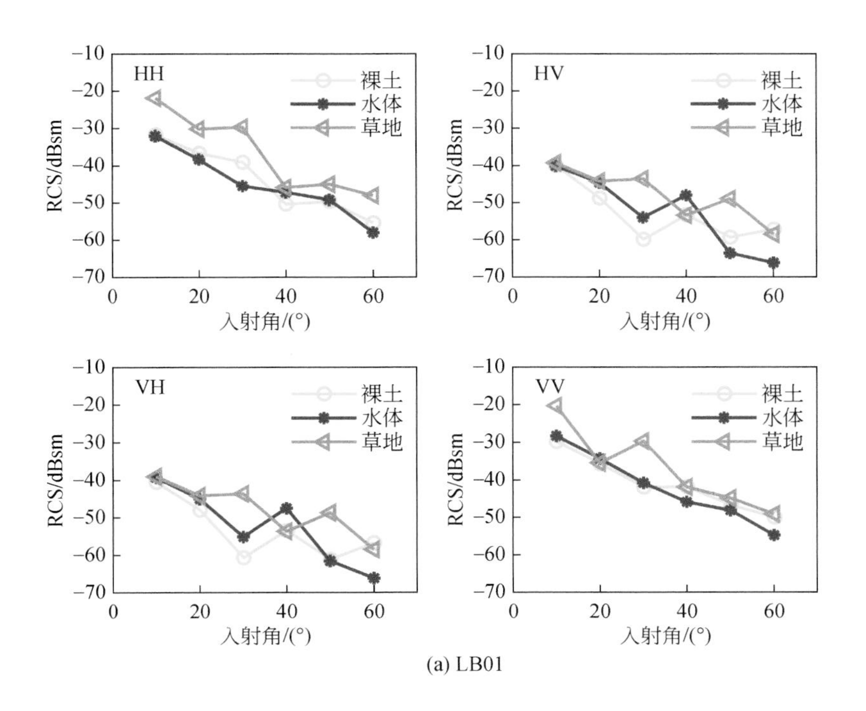

(a) LB01

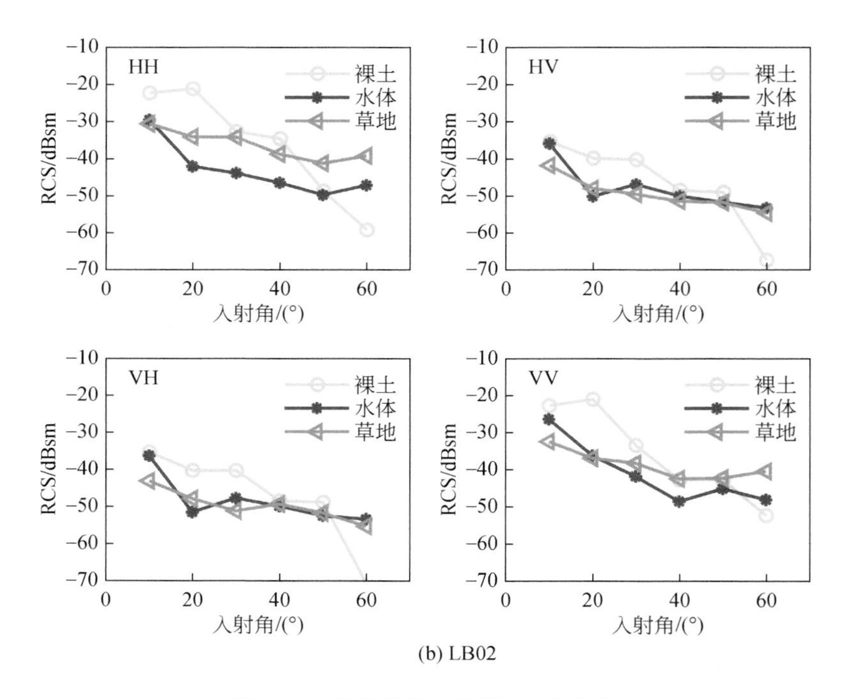

(b) LB02

图 6.10 陆表场景 C 波段 90°方位角

表 6.3 陆表场景 0°方位角 20°入射角向三类地物目标 RCS 统计值 （单位：dBsm）

地物目标	波段	LB01				LB02			
		HH	HV	VH	VV	HH	HV	VH	VV
土壤	L	-19. 37	-41. 68	-43. 54	-24. 15	-22. 71	-35. 49	-38. 32	-29. 45
	S	-32. 98	-51. 84	-50. 52	-32. 64	-26. 88	-47. 69	-46. 38	-27. 43
	C	-35. 79	-52. 93	-52. 51	-34. 54	-29. 33	-42. 84	-42. 43	-29. 97
	X	-36. 01	-47. 45	-47. 71	-35. 17	-33. 53	-43. 33	-43. 25	-33. 38
	Ku	-37. 22	-43. 86	-43. 88	-37. 29	-31. 42	-39. 19	-39. 58	-31. 86
水体	L	-23. 29	-38. 95	-40. 88	-24. 74	-16. 74	-34. 17	-34. 85	-16. 50
	S	-33. 17	-40. 04	-39. 16	-30. 81	-30. 54	-37. 59	-36. 89	-29. 86
	C	-30. 99	-41. 17	-39. 20	-34. 45	-31. 45	-47. 04	-47. 20	-32. 65
	X	-43. 93	-44. 99	-44. 76	-45. 32	-45. 20	-48. 27	-47. 28	-45. 17
	Ku	-42. 79	-42. 21	-42. 32	-42. 36	-47. 43	-49. 29	-49. 18	-47. 62
草地	L	-17. 77	-34. 17	-34. 88	-20. 40	-18. 91	-39. 34	-37. 22	-17. 21
	S	-24. 02	-39. 72	-39. 87	-23. 48	-22. 72	-39. 67	-38. 88	-21. 30
	C	-34. 66	-46. 73	-48. 00	-37. 64	-36. 26	-45. 85	-44. 38	-33. 99
	X	-42. 88	-44. 29	-44. 41	-43. 11	-43. 76	-46. 86	-46. 20	-40. 15
	Ku	-42. 37	-43. 57	-43. 22	-43. 09	-46. 81	-45. 80	-46. 48	-44. 76

3. 陆表场景多极化 SAR 成像特性测量结果

随着频率的增加，LB01、LB02 的三类地物目标成像效果越明显，尤其在 X 波段和 Ku 波段中，裸土与水体的成像更明显。C 波段的成像可以看出陆表场景的矩形轮廓，其中土壤和草地的 RCS 基本相同，无法在大小上区分（图 6.11 ~ 图 6.13）。

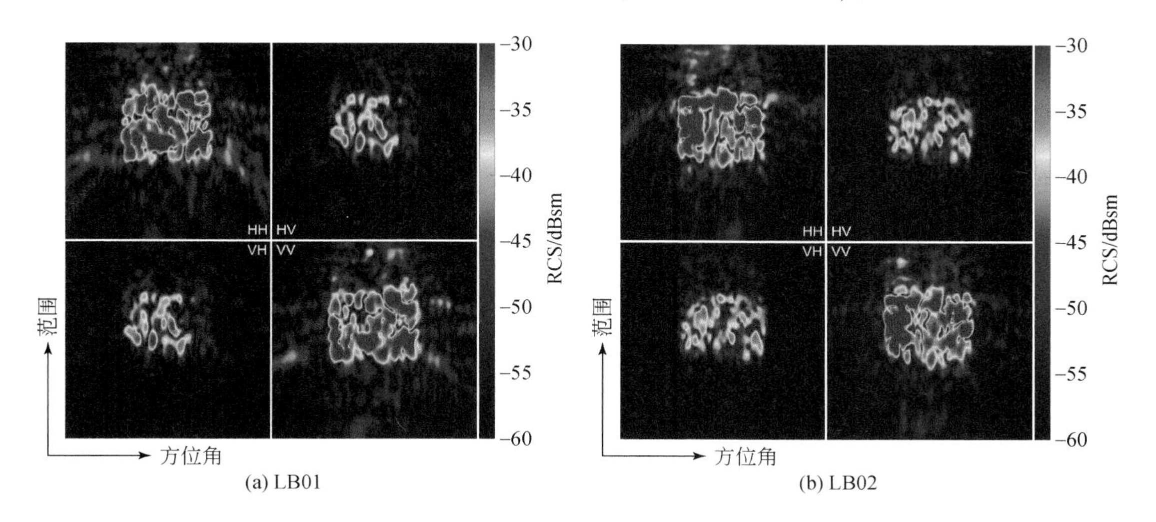

图 6.11　陆表场景 C 波段 0°方位角 20°入射角

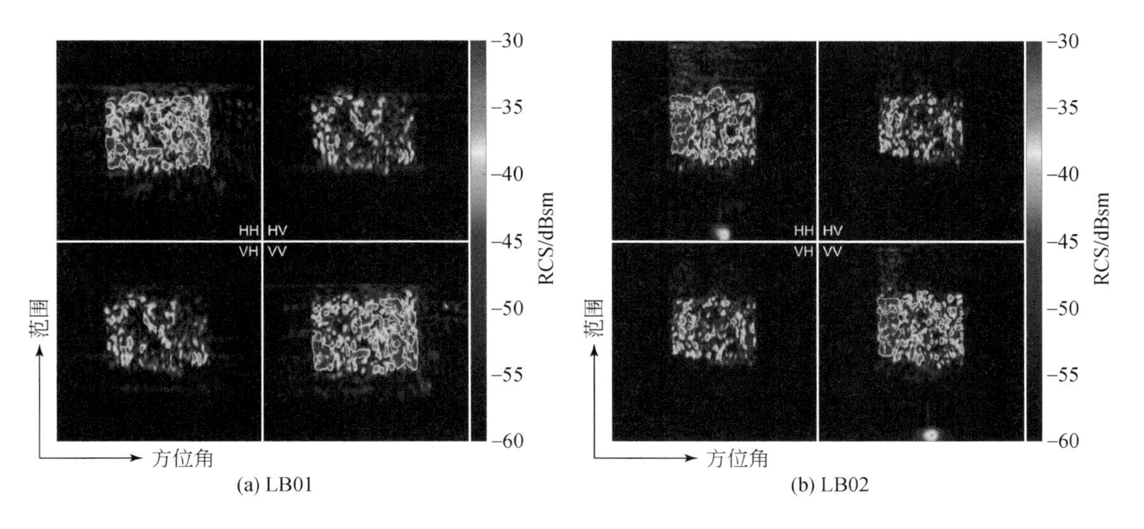

图 6.12　陆表场景 X 波段 0°方位角 20°入射角

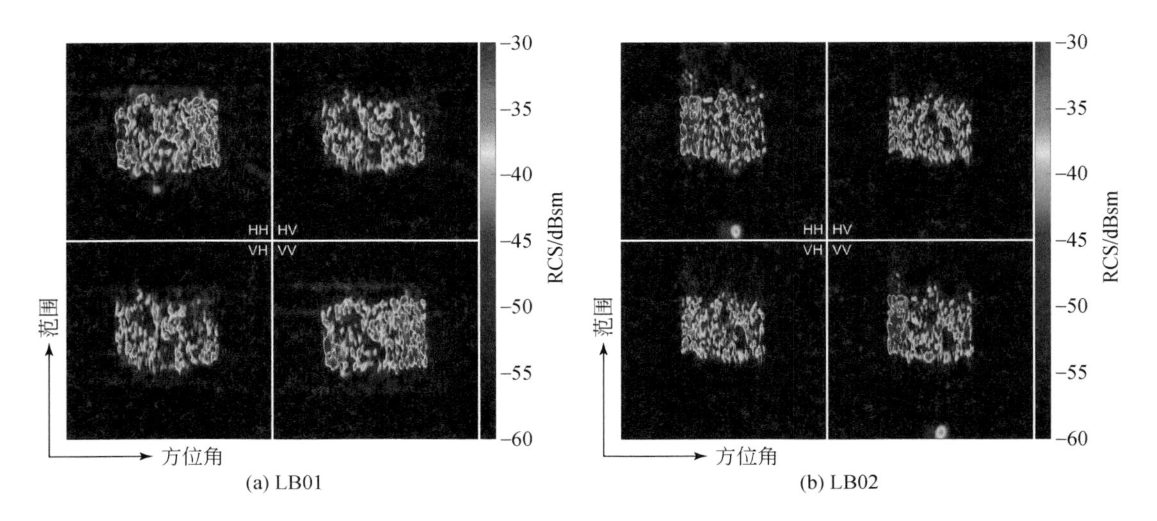

图 6.13　陆表场景 Ku 波段 0°方位角 20°入射角

在 C 波段中，随着方位角的变化，两个场景中三类地物目标区分不明显，在 LB02 场景 45°方位角下的 HV/VH 极化图像中可以明显看到较低的 RCS 水体，而对应的 LB01 场景却看不到（图 6.14、图 6.15）。

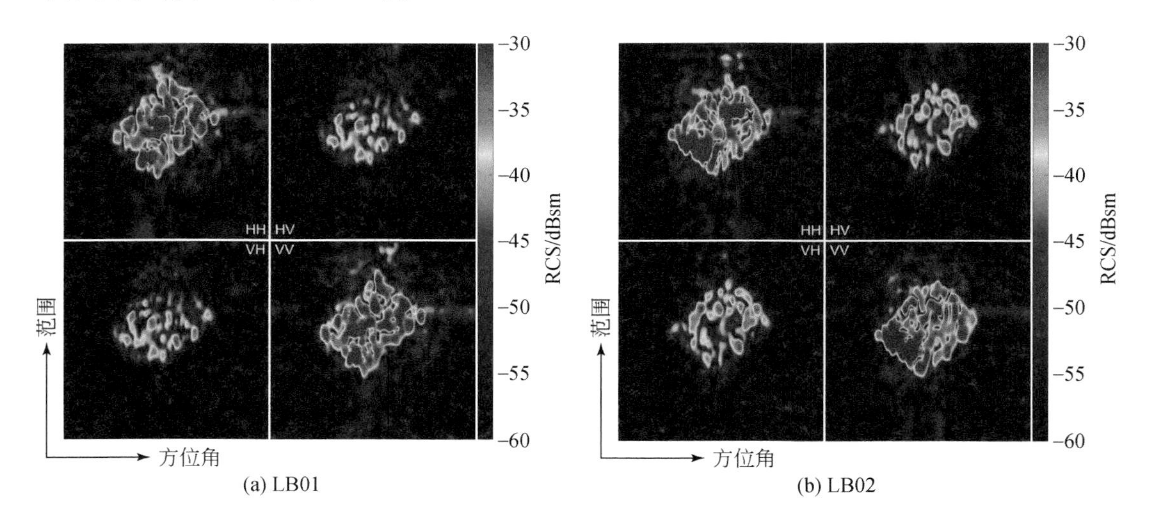

图 6.14　陆表场景 C 波段 45°方位角 20°入射角

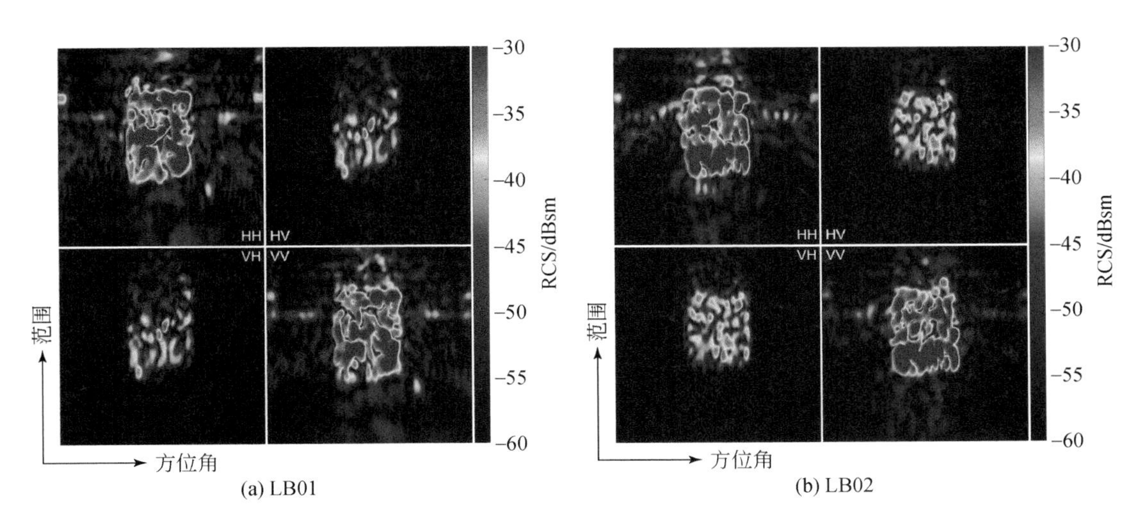

图 6. 15　陆表场景 C 波段 90°方位角 20°入射角